Licht, Glanz, Blendung

Beiträge zu einer Kulturgeschichte des Leuchtenden

Publikationen zur
Zeitschrift für Germanistik
Neue Folge

Band 18

PETER LANG
Bern · Berlin · Bruxelles · Frankfurt am Main · New York · Oxford · Wien

Licht, Glanz, Blendung

Beiträge zu einer Kulturgeschichte des Leuchtenden

Herausgegeben von

Christina Lechtermann
und
Haiko Wandhoff

unter Mitarbeit von

Christof L. Diedrichs
Kathrin Kiesele
Carsten Morsch
Jörn Münkner
Julia Plappert
Moritz Wedell

PETER LANG
Bern · Berlin · Bruxelles · Frankfurt am Main · New York · Oxford · Wien

Bibliografische Information Der Deutschen Bibliothek
Die Deutsche Bibliothek verzeichnet diese Publikation in der Deutschen Nationalbibliografie; detaillierte bibliografische Daten sind im Internet über ‹http://dnb.ddb.de› abrufbar.

Herausgegeben vom Institut für deutsche Literatur
an der Humboldt-Universität zu Berlin

Redaktion:
Prof. Dr. Inge Stephan
(Geschäftsführende Herausgeberin)
Dr. Brigitte Peters
Humboldt-Universität zu Berlin
Philosophische Fakultät II/Institut für deutsche Literatur
Universitätsgebäude am Hegelplatz, Haus 3, R. 515
D – 10099 Berlin

http://www2.hu-berlin.de/zfgerm
Tel.: 0049–30–20939609 – Fax: 0049–30–20939630

Redaktionsschluss: 01.10.2007

Abbildung auf der ersten Umschlagseite:
Franciscus Virgilius Grammatica:
Casualcarmen in Form eines Kometen (1726)

Bezugsmöglichkeiten und Inseratenverwaltung:
Peter Lang AG
Internationaler Verlag der Wissenschaften
Moosstrasse 1
CH – 2542 Pieterlen
Tel.: 0041 32 376 17 17 – Fax: 0041 32 376 17 27

ISBN 1424-7615
ISSN 978-3-03911-309-5

INHALTSVERZEICHNIS

Einleitung

Der Geschichte der skopischen Regime des Abendlandes stand seit der Antike eine Lichthegemonie zur Seite, die die jeweiligen Vorstellungen über das Sehen und die Konventionen des Blickens prägte, die Repräsentation von Herrschaft ebenso wie die Kommunikation mit dem Transzendenten, die Inszenierung von Heil ebenso wie die Theorien der Erkenntnis. Lange bevor Licht zum scharf schneidenden Werkzeug und zum geschwinden Datenträger werden konnte, hat sich die Kulturgeschichte der Bearbeitung von Licht als Versuch entfaltet, die Schöpfungsgeste des ersten Tages zu wiederholen und Licht dorthin zu bringen, wo es fehlt. Medien des Mittelalters und der Neuzeit stiften dabei nicht nur diejenige Helligkeit, die für das Sehen notwendig ist, sondern setzen Lichtpunkte, inszenieren Licht als Erfahrung von Glanz, Blendung, Halbschatten und Dunkelheit.

Die in diesem Band versammelten Beiträge sind hervorgegangen aus einer Tagung, die im Mai 2006 am *Herrmann von Helmholtz-Zentrum für Kulturtechnik* der Humboldt-Universität zu Berlin im Rahmen der Forschergruppe *Schrift – Bild – Zahl* stattgefunden hat. Initiiert durch die langjährige Arbeit von Horst Wenzel zur Visualität höfischer Kultur sollte es das interdisziplinäre Treffen, das seine Schwerpunkte in Mittelalter und beginnender Neuzeit fand, ermöglichen, Ästhetik und Experiment, Metaphysik und Metaphorik, Geistesgeschichte und Technikgeschichte unter den Stichworten *Licht, Glanz, Blendung* zusammenzuführen.

Den zahlreichen Fallstudien, die in loser chronologischer Ordnung den zweiten Teil des Bandes bilden, sind vier Beiträge vorangestellt, die sich in Form eines Überblicks je bestimmten Aspekten der Begriffs-, Geistes-, Wissens-, Kultur- und Technikgeschichte des Lichts widmen. Von ihnen aus lassen sich Themenstränge durch den Band ziehen, von denen einer etwa Licht und Glanz mit Herrschaft und Repräsentation verbindet. Die Beiträge von Thomas Macho, Karl Brunner, Christina Lutter, Claudia Brinker-von der Heyde, Christof L. Diedrichs, Ana Ofak und Erika Fischer-Lichte wären hier zu nennen. Den Zusammenhang von Licht und Wissen, Erkennen und Sehen schildern aus begriffsgeschichtlicher Perspektive und aus der Sicht der historischen Anthropologie die Überblicksdarstellungen von Haiko Wandhoff und Klaus Thieme sowie die Beiträge von Ulrich Ernst, Jörn Münkner und Moritz Wedell.

Den Zusammenhang von Lichttheorie und Ästhetik verfolgen Haiko Wandhoff, Daniela Hammer-Tugendhat und Ana Ofak, den von Licht und Technik Wolfgang Coy, Ulrich Ernst und Erika Fischer-Lichte. Neben den Lektürepotentialen dieses Kombinationsspiels, das hier keinesfalls erschöpfend ausgeführt ist, dokumentieren die Studien, wie Licht in der langen Geschichte seiner abendländischen Hegemonie – je nach Maßgabe seiner Inszenierung in Medien oder seiner Verwendung als Medium, seiner wissenschaftlichen Deutung oder metaphorischen Bedeutungskraft – dazu angetan ist, zugleich Episteme zu konturieren, als auch diese in höchst ambivalenter Performanz zu unterlaufen.

HAIKO WANDHOFF *(Von der kosmischen Strahlung zu inneren Erleuchtung. Mikrokosmische Perspektiven einer Kulturgeschichte des Lichts)* eröffnet die Reihe der vier einführenden Texte. Ausgehend von der Engführung von Licht und Äther einerseits und der Verbindung von Äther und Pneuma andererseits zeigt er eine doppelte Nobilitierung des Sehens auf. Zum einen insofern die Vorstellung eines pneumatischen Sehstrahls das fleischliche Auge medial an den Äther zurückbindet, zum andern insofern das geistige Auge für die Erkenntnis der Wahrheit zunehmend Relevanz gewinnt. Besonders die mittelalterliche Kunst und Literatur sei darauf angelegt, dieser Vorstellung durch mannigfaltige Inszenierungen des Leuchtenden zu antworten. Ein Ausblick in die Neuzeit, in der nach der „metaphorischen und metaphysischen Prämierung" des Gesichtssinns Licht nun auch technisch verfügbar geworden ist, zeigt, dass es nichtsdestoweniger an Topoi des Mythischen und Unerklärlichen geknüpft bleibt.

KLAUS THIEMEs Wortgeschichte *(Worte des Lichts – Licht der Worte. Anmerkungen zur Geschichte des Lichts)* rekonstruiert den etymologischen Zusammenhang von „Licht, Sein und Wahrheit" aus den indogermanischen Wurzeln der griechischen und lateinischen Ausdrücke für Licht, Sehen, Zeigen, Sagen, Erscheinen(lassen) und Wissen, der in eine Geistesgeschichte der Erhellung und Verdunkelung mündet. Diese zeigt, wie die mythologische Vorrangstellung einer Dunkelheit, die durch die Kombination von Licht, Wissen und Wort nur schlaglichtartig erhellt werden kann, sich zu derjenigen platonischen Lichthegemonie wandelt, die die christlich-abendländische Geistesgeschichte für lange Zeit bestimmen soll. In ihrem Zentrum jedoch steht das Licht der Ideen, das durch das Wort nicht mehr erreicht und nur im Inneren, mit dem geistigen Auge, wahrgenommen werden kann.

Spannungen, die quer zu der Trias von Lichtmetaphysik, -metaphorik und -technik verlaufen, untersucht THOMAS MACHO *(Licht und Fest. Konflikte zwischen Sonne und Feuer in der europäischen Kulturgeschichte)*. Ausgehend von der religionsgeschichtlichen Gegenüberstellung von alttestamentarischem Feuergott und ägyptischem Sonnenkult zeichnet er den

Agon zwischen Feuer und Sonne nach, der erst im „Siegeszug des künstlichen Lichts" sein Ende findet und der in politischen Legitimationsstrategien ebenso manifest wird wie in Zeitkonzepten und ihrer Computistik. In den Berechnungen Bedas, aber auch noch in den Sonnenlochmessungen Toscanellis wird dabei die Frage nach dem ‚Wann' der christlichen Lichtfeste untersucht, an denen das Licht in seinem astronomischen Zyklus, im metaphorisch-christlichen Sinn, vor allem aber als leuchtende Inszenierung zurückkehrt.

Techniken, die auf die Nutzbarmachung von Licht abzielen, stellt der Beitrag von WOLFGANG COY *(Licht als Botschaft und Information)* vor. In einem weiten historischen Bogen, der von den legendären antiken Signalfeuern über die wetterfühlige optische und erfolgreichere elektro-magnetische Telegraphie bis zu den Lasern und Lichtwellenleitern des letzten Jahrhunderts verläuft, schildert er eine Medien(vor)geschichte der Kommunikation mit Licht, deren Möglichkeiten noch bei weitem nicht ausgeschöpft sind. Neben den Fragen der Signalübertragung stellen dabei heute, wie an CD und DVD ersichtlich, einerseits die optischen Speicher, ihre Haltbarkeit und Lesbarkeit, ein Problem dar, andererseits bremsen vergleichsweise träge elektronische Prozessoren die geschwinden Lichtsignale im Moment ihrer Verarbeitung aus. Coys Mediengeschichte des Lichts endet entsprechend mit einem Blick auf diejenigen Herausforderungen, denen man zukünftig mit holographischen Speichern und optischen Prozessoren begegnen zu können hofft.

ULRICH ERNSTs Beitrag *(Leuchtschriften. Vom Himmelsbuch zur Lichtinstallation)* beschreibt in seinem ersten Abschnitt, wie in Antike und frühem Mittelalter mythische Sternschriften und Sternbilder im ‚Buch der Natur' sowie christlich visionäre Lichtzeichen zur Anschrift und materialiter ins Buch und zur Farbe gelangen. Damit ist die Geschichte einer *Mise en page* angesprochen, die Chrysographie und figuralen Text gleichermaßen zu nutzen weiß, und also dem brillanten Material das ikonische Potential der Schrift zur Seite stellt. In einem zweiten Abschnitt zeigt sich für die frühe Neuzeit eine Trennung von Form und Funktion der solaren und stellaren Textfiguren, die nun nicht mehr nur mythisches oder christliches Weltwissen konturieren, sondern etwa als Gratulationsgedichte zur Gebrauchs- oder Gelegenheitsform werden können. Der letzte Abschnitt legt Beispiele aus der bildenden Kunst der Neuzeit seit dem Ende des 19. Jahrhunderts vor, die an ältere Formate anknüpfen und neue Darstellungsformen entwickeln.

CLAUDIA BRINKER-VON DER HEYDEs Wortfeldanalyse zu *Lieht, schîn, glast und glanz in Wolframs von Eschenbach „Parzival"* fragt nach der textinternen semantischen Differenzierung des Leuchtenden im genannten Gralsroman. In drei Abschnitten, die je einem Begriff (bzw. im Falle von *glast* und *glanz* einem komplementären Begriffspaar) gewidmet sind, werden Unterschiede zwischen dem Lichten als Synonym weltlicher Schönheit und dem endogenem Strahlen als Auszeichnung einzelner Figuren, zwischen blendendem Glast und noblem Glänzen herausgearbeitet, die die erzählte Welt und ihr Personal in eine eigene Hierarchie des Beleuchtetwerdens und Selbstleuchtens, der weltlichen Noblesse und des transzendenten Lichts eintragen. Mit dem *schîn* jedoch, der auf die Wahrnehmung des Äußeren abzielt, ist dabei eine Begrifflichkeit aufgerufen, die in enger Verbindung zu ‚Repräsentation' steht und damit die Frage nach dem Abgleich von Erscheinen und Erkennen, von Sein und Schein offen hält und „ein eindimensionales Verstehen" des Textes verhindert.

KARL BRUNNER und CHRISTINA LUTTER untersuchen in ihrem Beitrag *Der Glanz des Heiligen und das Licht ihrer Töchter* Metaphern und Bilder von Bräutigam, Braut und Mutter vor dem Hintergrund sowohl einer traditionellen Metaphorik des Diaphanen und Leuchtenden als auch einer zeitgenössischen Lichtversessenheit. Diese wird manifest etwa in den Hochzeitsinszenierungen Hildegards von Bingen oder in den Schilderungen des *Hortus deliciarum.* Ein besonderes, weil kontextspezifisches Beispiel bieten dabei Schriften aus dem Reformkloster Admond, die nicht nur eine vergleichbare Inszenierung der Bräute Christi vermuten lassen wie in Bingen, sondern die in der *miracula*-Sammlung auch narrative Selbstbeschreibungen der strahlenden Dienerinnen Gottes vorlegen. Diese zeigen, dass bei der Aneignung komplexer theologischer Modelle, wie sie etwa in der Lichtmetaphorik ihren Ausdruck fanden, Widersprüche nicht gemieden wurden und als unterschiedliche „Auslegungsmuster" nebeneinander bestehen konnten.

Um klösterliche Selbstversicherung und Repräsentation geht es auch CHRISTOF L. DIEDRICHS *(Glänzende Geschichte. Zum so genannten Reliquienkasten Heinrichs I. im Schatz der Stiftskirche zu Quedlinburg),* der fragt, warum der ‚Heinrichskasten', ein geschlossenes und „auffällig plumpes" Reliquiar aus der ersten Hälfte des 13. Jahrhunderts, sich gerade gegen den Trend zur „Sichtbarkeit der Reliquie" stellt, den die Kunstgeschichte, nicht zuletzt auch der Verfasser selbst, für das späte 12. und beginnende 13. Jahrhundert beschrieben hat. In einer detaillierten Analyse, sowohl des scheinbar seitenverkehrten Aufbaus des Kastens als auch seiner Entstehungsgeschichte kann gezeigt werden, wie dieses Reliquiar nicht allererst für die Präsentation von Reliquien angelegt ist, sondern zur „Bühne" für altehrwürdige Elfenbein- und Walrosszahnspolien wird, die durch ihre Herkunft dazu angetan sind, das Frauenstift als Stiftung Kaiser Heinrichs I. auszuweisen, um so im Streit mit dem Bischof von Halberstadt den eigenen Status zu demonstrieren.

Für politische Verhandlungen werden z. T. auch diejenigen Lichtphänomene funktionalisiert, die JÖRN MÜNKNER *(Himmlische Lichtspiele in frühneuzeitlichen Einblattdrucken)* vorstellt. Zeigt er in einem ersten Abschnitt die Bandbreite der Verwendung von Licht in Bild und Metaphorik von Flugblättern, so widmen sich der zweite und dritte Abschnitt den Darstellungen und Erläuterungen von Kometen und Himmelserscheinungen. Die Inszenierungen und Kommentare solcher Lichtwunder variieren zwischen dem Erschrecken vor göttlicher Warnung und dem Beginn naturwissenschaftlich interessierter Faszination gegenüber dem leuchtenden bzw. sich verdunkelnden Spektakel, wobei sich auch ein Nebeneinander beider Positionen nicht ausschließt. Dass dabei die ‚Botschaften Gottes' im ‚Buch der Natur' auch in höchst dubiosen Erscheinungen, wie etwa einer gut sichtbaren himmlischen Seeschlacht gelesen werden wollten, unterstreicht die Gleichzeitigkeit unterschiedlicher Episteme.

Im Zentrum des Paradigmenwechsels vom theologischen zum naturwissenschaftlich orientierten Weltbild scheint sich auch Caravaggios Malerei zu bewegen, wie sie von DANIELA HAMMER-TUGENDHAT *(Gott im Schatten? Zur Bedeutung des Lichtes bei Caravaggio und Rembrandt)* vorgestellt wird. In der Berufung des Matthäus, so zeigt sie, macht die Verwendung eines ‚realen' Lichtstrahles, der gerade nicht gezielt den Auserwählten illuminiert und auch Christus und Petrus im Schatten stehen lässt, wahrnehmbar, was (noch) nicht denkbar und formulierbar ist: eine Unterordnung des Göttlichen unter das natürliche Licht, das die Optiken des späten 16. und des 17. Jahrhunderts erst neu zu beschreiben beginnen. Auch Rembrandt, der als Nachfolger Caravaggios begriffen werden kann, bietet – durch die Qualität des abgebildeten Lichtes ebenso wie durch eine unebene, selbst reflektierende Bildoberfläche – den gleichzeitigen Anschluss an Lichttheologie und neuzeitliche Optik als ‚Synopse', die sich besonders im Bild realisieren lässt.

In den Kontext eines der Strahlentheorie verpflichteten wissenschaftlichen wie spektakulären Interesses an Spiegelphänomenen stellt MORITZ WEDELL *(Licht, Sicht und Liebe zwischen literarischer Tradition und technischer Innovation in Giovan Battista Andreinis Komödie ‚Armor nello Specchio' [1622])* das genannte Stück der Commedia dell'arte. In drei Schritten wird gezeigt, wie durch die Fähigkeit des Spiegels, anderes erscheinen zu lassen als nur das Gesicht vor ihm, diese zentrale Requisite dazu angetan ist, traditionelle literarische Topoi, die Lieben und Sehen, Begehren und Spiegeln miteinander verbinden, aufzugreifen und um das Moment des zufälligen Lichtstrahls und der jähen Überblendung dramatisch zu erweitern. Der Spiegel, als didaktisches und optisches Instrument zugleich, wird dabei auch zur Metapher für ein Theater, das die komischen Anomalien und seltsamen Überblendungen, die es vorführt, als korrigierenden Blick legitimieren will, als reflexives und überraschendes Wahrnehmungsangebot, in dessen Logik die pompöse Simulationsmaschinerie des Hoftheaters gerade nicht greift.

Die Verbindung zwischen der ästhetischen Inszenierung von Licht und seiner Theorie erläutert auch ANA OFAK (*Lichte Wellen. Optische Medien, experimentelles Wissen und Lichtspiele um 1670*). Im Zentrum ihres Beitrages steht die Wende von der geometrischen Optik zur Wellentheorie des Lichts, die Christiaan Huygens entwickelte. Der Mathematiker, Astronom, „forschende Utilarist" und Linsenschleifer in Personalunion verband dazu die theoretische Arbeit an der Optik einerseits mit einer genauen Materialkunde und der Optimierung ihrer Untersuchungsinstrumente. Initiierten der Dopplungseffekt des von ihm experimentell verwendeten Kalkspat und das Funkeln geschnittener und polierter Bergkristalle hier die Wellentheorie des Lichts, so lag ihnen andererseits auch der Effekt des facettengeschliffenen Kristallbehangs barocker Kronleuchter zu Grunde. Damit treffen sich im Schillern der barocken Lichtinszenierung das vornehmste Moment höfischer Repräsentation und der Ausgangspunkt einer neuen Optik.

Das Beispiel einer aufwändigen Inszenierung stellt ERIKA FISCHER-LICHTE an den Beginn ihres Beitrags *Beleuchtung, Erleuchtung, Verklärung. Über praktische, symbolische und performative Funktionen des Lichts im Theater.* An der Lichtregie der Aufführung der *Erstürmung des Winterpalais* vom November 1920 mit großem Feuerwerk und immenser Scheinwerferarmatur werden die genannten Funktionen des Lichts exemplifiziert, um dann in drei Überblicksgeschichten des Theaterlichts seit dem Beginn der Neuzeit ausgeführt zu werden. Dabei wird ersichtlich, dass Licht das Verhältnis von Akteur und Publikum ebenso bestimmt, wie es das der Zuschauer untereinander prägt. Dem zur Seite steht eine Semiotik des Theaterlichts, das an die Dichotomie zwischen Hell und Dunkel anknüpft, jedoch auch Handlungsräume skizzieren kann. Als dominant wird dabei die performative Funktion verstanden, bei der sich als spezifische Wahrnehmungserfahrung, etwa einer besonderen Atmosphäre oder schlicht als Blendung, vollzieht, was gezeigt werden soll.[1]

Christina Lechtermann, Oktober 2007

1 Wir danken Kathrin Kiesele, Timm Reimers und Robert Schulz für die Unterstützung bei der Manuskriptbearbeitung sowie Ulrich Ernst für die freundliche Abbildgenehmigung auf der ersten Umschlagseite (aus: Jeremy Adler, Ulrich Ernst: Text als Figur. Visuelle Poesie von der Antike bis zur Moderne, Weinheim [3]1990 [Ausstellungskataloge der Herzog August Bibliothek, Bd. 56], Abb. 57, S. 108).

I. Einführungen

HAIKO WANDHOFF

Von der kosmischen Strahlung zur inneren Erleuchtung: Mikrokosmische Perspektiven einer Kulturgeschichte des Lichts

Will man aus kulturwissenschaftlicher Perspektive über das Licht schreiben, so steht man vor einem weiten Feld. Es reicht von der absoluten Geschwindigkeit des Lichts über den Zusammenhang von Licht und Zeit, die Epiphanie des Göttlichen in den Religionen, das Licht als Metapher in Philosophie und Literatur, das Auge als dominantes, lichtempfindliches Wahrnehmungsorgan des Menschen, das innere Licht in Mystik und Erkenntnistheorie, die Reflexionen des Lichts in Kunstwerken, Filmen oder Bildschirmen bis hin zu dem in Laserstrahlen gebündelten Licht in Glasfaserkabeln oder CD-Spielern – um nur einige wichtige Marksteine zu nennen. Wenn ich trotz dieser disparaten Überfülle in der nachfolgenden Skizze versuche, die lichthaltigen Phänomene ein wenig zu ordnen, dann orientiere ich mich dabei an einer sehr alten und noch immer faszinierenden Idee: der Vorstellung vom menschlichen Mikrokosmos, in dem sich der (mehr oder weniger göttliche) Makrokosmos spiegelt. Gerade für eine Kulturgeschichte des Lichts scheint mir dieses Deutungsschema, das in Antike und Mittelalter kaum je in Frage gestellt wurde, hilfreich zu sein, denn mit ihm lässt sich eine charakteristische Spannung beschreiben, die die Diskursivierung des Lichts von jeher geprägt hat. Schließlich hat die verbreitete Auffassung von einer ursprünglichen *Erleuchtung der Welt* immer schon die Frage aufgeworfen, welche Folgen dieser Schöpfungsakt für die *Erleuchtung des Menschen* hat. Was verbindet diese beiden Illuminationen, wenn sie denn überhaupt zusammenhängen? Welche Beziehung besteht zwischen dem lichthaften Kosmos und dem lichthaften Geist? Zur Nachzeichnung dieser Frage und ihrer möglichen Antworten seien im Folgenden einige Aspekte zusammengetragen.

I.

Dass allein schon die Sache mit der göttlichen Erschaffung des Lichts nicht so einfach ist, wie man vielleicht denken mag, offenbart ein Blick auf den biblischen Schöpfungsbericht. Das berühmte *Fiat lux* der Genesis (Gen 1,3) stellt gewissermaßen die erste Amtshandlung des Schöpfers dar: „Und Gott sprach: Es werde Licht, und es wurde Licht, und Gott trennte den Tag von der Nacht." Am Anfang der Weltschöpfung steht also eindeutig ein göttlicher Akt der Erleuchtung. Verwirrend wird es dann aber etwas später, am vierten Tag, wenn es heißt, Gott erschaffe nun mit der Sonne, dem Mond und den Sternen die eigentlichen Lichtspender innerhalb des Kosmos (Gen 1,14–19). Streng genommen müsste es aber seit dem ersten Schöpfungstag längst hell sein. Philologisch kann man diesen Widerspruch wohl aus der Entstehungsgeschichte der Bibel erklären, in der sich verschiedene Überlieferungsschichten überlagern. Für die mittelalterlichen Theologen musste er sich aber auch logisch lösen lassen, und darauf wurde nicht wenig hermeneutische Energie verwandt. *Eine* Lösung des Problems konnte nun darin bestehen, in dem Licht des ersten Tages ein anderes Licht zu sehen als in dem des vierten Tages, sozusagen eine initiale göttliche Illumination, ein metaphysisches Seinslicht, das allem irdischen Leuchten, aber auch dem Licht der Himmelskörper vorausgeht und dieses überhaupt erst ermöglicht. Verschiedentlich – etwa bei Augustinus und später bei Hildegard von Bingen – wurde diese Ur-Schöpfung des Lichts auch mit der Erschaffung der Engel als „Lichtwesen" in Verbindung gebracht.[1] Auf diese Weise hat das Mittelalter den Widerspruch aufzulösen versucht, wobei Wert darauf gelegt wurde, dass dieses primäre, „kosmisch nicht lokalisierbare, allem Seienden vorgängige Licht" ebenfalls *geschaffenes* Licht sei – und nicht etwa selbst ein Urquell der Schöpfung.[2]

Diese Unterscheidung war nicht immer leicht aufrechtzuerhalten. Bereits Philo von Alexandrien war bei seinem Versuch, die biblische Überlieferung mit der lichtgetränkten Metaphysik der Griechen in Einklang zu bringen, der Leitmetapher des Lichts weiter gefolgt – und er erlag in gewisser Weise ihrer Faszination. Das Licht des ersten Tages brachte er explizit in einen genetischen Zusammenhang mit dem Licht des vierten Tages, in dem Sinne, dass das *ästhetische* Licht aus dem

1 Die Schöpfung der Engel wurde in der Bibel nicht explizit erwähnt und musste sozusagen nachträglich in den Schöpfungsakt hineininterpretiert werden. Vgl. Johannes Zahlten: Creatio mundi. Darstellungen der sechs Schöpfungstage und naturwissenschaftliches Weltbild im Mittelalter, Stuttgart 1979, S. 110–114, 123 f.; Heinrich Schipperges: Die Welt der Engel bei Hildegard von Bingen, Freiburg i. Br. u. a. ³1998, S. 67–73.

2 Hans Blumenberg: Licht als Metapher der Wahrheit. In: Studium Generale 10 (1957), S. 432–447, hier S. 439. Hugo von St. Viktor z. B. sieht darin das Element des Feuers, das Gott in einem ersten Schritt von den anderen Elementen trenne. Aus diesem isolierten Feuer gehe dann das Licht hervor, während die drei anderen Elemente die Dunkelheit bildeten. Vgl. Zahlten (wie Anm. 1), S. 123.

noetischen Licht hervorgehe. Mit anderen Worten: Das göttliche Wirken wird von ihm als eine Art ‚Ausstrahlung' verstanden.[3]

Hat man sich an diesen Gedanken einmal gewöhnt, dann liegt die Vorstellung nahe, dass das Licht nicht mehr – wie etwa auch bei Platon – bloß „das Erschaffen-Weltliche" sei, sondern selbst die Rolle des „Schaffend-Überweltliche[n]" einnehme. Gott der Schöpfer wird auf diese Weise seinerseits zum Licht, eben zum Urquell des Seinslichts.[4] Hans Blumenberg hat auf diese ebenso grundlegenden wie weitreichenden Implikationen der abendländischen Lichtmetaphorik hingewiesen:

> Wird der Zusammenhang zwischen Seinsgrund und erscheinendem Seienden nach dem ‚Modell' des Lichts verstanden, so ist die Implikation des ‚natürlichen' Überfließens des Lichts auf das Erleuchtete, des emanativen Übergehens des Grundes in das Gegründete gar nicht auszuschließen. Das ist ja die immanente Aussagetendenz der Lichtmetapher, daß sich das Ganze des Grundes selbst mitteilt und verschwendet, ohne zu schwinden.[5]

Eine gewisse Unklarheit hinsichtlich des Lichts gibt neben der Genesis aber auch die griechische Naturphilosophie zu erkennen. Während etwa der Status der von Empedokles etablierten vier Elemente Erde, Wasser, Luft und Feuer als Grundsubstanzen des Weltenbaus schon früh und dann für über 2500 Jahre fast unverändert feststand, war die Rolle des Lichts weit weniger klar. Bisweilen, wie etwa im *Corpus Platonicum*, tauchte es als quasi fünftes Element auf, zumindest als eine fünfte, die Elemente vervollständigende Kraft.[6] Folgenreich ist dabei die Verbindung des Lichts mit dem Äther, die im Prinzip bis zum Anfang des 20. Jahrhunderts Bestand hatte. Erst Einsteins Relativitätstheorie wird die Annahme eines Äthers, also eines Mediums, in dem sich das Licht wellenartig fortbewegt, so etwa, wie die Schallwellen in der Luft, endgültig überflüssig machen. Aus dieser Verbindung des Lichts mit dem Äther speisen sich seit der Antike die immer neu anhebenden Versuche, den Licht-Äther-Komplex als eine Art fünftes Element zu etablieren.[7]

Besonders wichtig scheint dabei gewesen zu sein, dass auch Aristoteles das Licht mit dem Äther in Verbindung gebracht hatte, ohne es mit diesem zu identifizieren. Das Licht galt ihm als *enargeia*, als ein Erregungszustand des ‚Durchscheinens', als eine spezifische Eigenschaft

3 Vgl. ebenda, S. 439.

4 Ebenda, S. 439 f.

5 Ebenda, S. 439. Vgl. Josef Ratzinger: Licht und Erleuchtung. Erwägungen zur Stellung und Entwicklung des Themas in der abendländischen Geistesgeschichte. In: Studium Generale 13 (1960), S. 368–378.

6 Gernot Böhme, Hartmut Böhme: Feuer, Wasser, Erde, Luft. Eine Kulturgeschichte der Elemente, München 2004, S. 143.

7 Ebenda, S. 143–149.

also, die Dinge ‚durchsichtig' mache – so etwa die Luft, das Wasser oder eben auch jenen Äther, den Aristoteles als eine aus göttlicher Materie bestehende, erste und äußerste Himmelsschicht begriff. Folgenreich war dann erst eine Aristoteles-Rezeption, in der dieser Unterschied fallengelassen und das Licht bald umstandslos mit dem Äther gleichgesetzt wurde. Stellt man dann noch eine Verbindung zwischen diesem göttlichen Äther und dem menschlichen Pneuma her – wie etwa Ovid in seiner Kosmogonie, wo die Himmelsschicht des Äthers mit der menschlichen Seele korrespondiert –,[8] dann leuchtet das quasi-göttliche Licht des Äthers bald nicht nur den Himmel und den gesamten Kosmos aus, sondern auch die Seele des Menschen.

II.

In der griechischen wie in der jüdisch-christlichen Kosmogonie zeigt sich also nicht nur der ganze Kosmos in den Bereich der Lichtmetaphorik und Lichtmetaphysik einbezogen, sondern es zeichnet sich auch eine enge Verbindung des Lichts mit dem Göttlichen ab. Nicht zuletzt bildet sich diese Bindung im indogermanischen Sprachgefüge ab, wo „jedes Verständnis des Göttlichen, des Seienden und Erscheinenden, des Lebendigen und Geistigen" in seiner Verbalisierung grundlegend „auf die Semantik des Lichts angewiesen" zu sein scheint.[9] Gottes Erscheinen wird als Epiphanie verstanden, ein ‚ins Licht treten', und ist in fast allen Religionen ein numinos-luminoser Vorgang. Damit hängt eine Prämierung des Sehens und eine Hervorhebung des menschlichen Auges zusammen, dem als lichtempfindlichem Sinnesorgan eine besondere Aufmerksamkeit zuteil wird. Dies gilt mit Einschränkungen auch noch dort, wo – wie in der jüdisch-christlichen Tradition – eigentlich das göttliche Wort als ursprünglich und dem Licht immer schon vorausgehend gedacht wurde. Für Platon war das Auge nicht nur der „schärfste" und „köstlichste" Sinn, sondern es wurde von ihm zugleich „als Organ der Selbsterkenntnis des Menschen und darüber hinaus als Teil des Göttlichen definiert".[10] Aristoteles galt das Auge zwar nicht als göttliches, wohl

8 Ebenda, S. 147.

9 Ebenda, S. 148. Vgl. Dieter Bremer: Licht als universelles Darstellungsmedium. Materialien und Bibliographie. In: Archiv für Begriffsgeschichte 18 (1974), S. 85–106.

10 Donat de Chapeaurouge: „Das Auge ist ein Herr, das Ohr ein Knecht." Der Weg von der mittelalterlichen zur abstrakten Malerei, Wiesbaden 1983, S. 10 f. In der platonischen Philosophie ist das Licht eine „Metapher der Idee des Guten, dem das Schöne als substantielle Eigenschaft zukommt und dem die Finsternis des als Mangel an Sein, ergo am Guten *(privatio boni)*, gedachten Übels entgegengesetzt ist" (Michela Fabrizia Cessari: Der Erwählte, das Licht und der Teufel. Eine literarhistorisch-philosophische

aber als wichtigstes Sinnesorgan.[11] Entsprechend der hier angelegten und tief verwurzelten Verknüpfung des Lichts mit dem Schönen, Wahren und Guten wird das Auge fortan immer wieder als der „edelste Sinn" beschrieben.[12] Die Nobilitierung des Sehens in der antiken griechischen Philosophie und eine daraus resultierende „visuelle Epistemologie" gehört fraglos zu den Grundpfeilern der abendländischen Zivilisation.[13] Letztendliche Gewissheit kann in dieser Denktradition niemals das Hören allein, sondern immer nur das Sehen liefern. Im Prinzip gilt bis heute der Grundsatz Heraklits (oder Herodots),[14] wonach die Augen „genauere Zeugen als die Ohren" sind.[15] Und noch aus unseren gegenwärtigen Gerichtssälen wissen wir, dass es einen alles entscheidenden Unterschied zwischen dem ‚Hörensagen' und der Augenzeugenschaft gibt. Alles bloß Gehörte gilt als undeutlich und wenig verlässlich; seine Bestätigung muss es sich erst im Gesehenen holen.

Das Auge ist in dieser Tradition aber eben nicht nur ein genauerer, verlässlicherer Sinn als das Ohr, sondern es ist auch, wie bereits erwähnt, von edlerer Natur. So wurde das Sehen mit der Freiheit in Verbindung gebracht, während das Hören den Ruch der Unfreiheit trug. Davon kündet unsere Sprache noch heute, wenn wir *gehorchen* müssen bzw. jemandem *hörig* oder einfach nur *zugehörig* sind. Kurzum: „Das Auge ist ein Herr, das Ohr ein Knecht".[16] Denn das Sehen verbindet uns, so lesen wir in Platons *Timaios,* mit dem Göttlichen – und das finden wir am Himmel. Aus diesem Grund eben habe Gott „das Sehvermögen uns erfunden und verliehen, damit wir die Umläufe der Vernunft am Himmel erblickten und sie für die Umschwünge unseres eigenen Denkens benutzten".[17] Deswegen auch unterscheiden wir Menschen uns von den Tieren durch unseren aufrechten Gang, damit wir den Blick in den Himmel zu erheben vermögen und unser Denken und Tun am lichthaften Vorbild der kosmisch-göttlichen Ideen orientieren.[18]

Studie zur Lichtmetaphorik in Wolframs ‚Parzival', Heidelberg 2000, S. 15). In der neuplatonischen Philosophie, bei Plotin etwa, wird hieraus ein regelrechter Dualismus von Hell und Dunkel, Gut und Böse.

11 Chapeaurouge (wie Anm. 10), S. 11.

12 Grundlegend dazu Hans Jonas: The Nobility of Sight. A Study in the Phenomenology of the Senses. In: Philosophy and Phenomenological Research 14 (1954), S. 507–519.

13 Vgl. zur „visual epistemology" der abendländischen Kultur. Murray Krieger: Ekphrasis of the Illusion of the Natural Sign, Baltimore 1992.

14 Belege bei Chapeaurouge (wie Anm. 10), S. 9 f.

15 Blumenberg (wie Anm. 2), S. 442.

16 Vgl. Chapeaurouge (wie Anm. 10).

17 Platon: Timaios. In: Platon. Werke in acht Bänden. Griechisch und Deutsch, hrsg. v. Günther Eigler, Bd. 7, Darmstadt [2]1990, 47b, S. 82 f.

18 Vgl. dazu Jens Pfeiffer: Den Menschen ließ er das Haupt hochtragen. Antike und mittelalterliche Vorstellungen zur Seele und ihrem Körper. In: K. Philipowski,

Es mag nun überraschen, dass dieses Primat des Sehens über das Hören und die anderen Sinne mit nur wenigen Einschränkungen sogar im Mittelalter Gültigkeit behält, wo doch mit der Heiligen Schrift – wie in allen Buchreligionen – eigentlich das Hören des göttlichen Wortes die Quelle des Glaubens und das Nicht-hören-Wollen Abweisung des angebotenen Heils war.[19] Martin Luther wird diesen Aspekt später noch einmal stark machen, wenn er betont, dass allein die Ohren die Organe eines christlichen Menschen seien, denn durch sie finde er den Glauben: „Christi Reich ist ein hör Reich, nicht ein sehe Reich".[20] Dass gleichwohl die Dominanz des Sehens im christlichen Mittelalter zwar relativiert, aber kaum gebrochen wurde, hat nicht zuletzt Horst Wenzel in zahlreichen Arbeiten und vor allem in seinem Buch *Hören und Sehen, Schrift und Bild* gezeigt.[21] Die Gründe für das Fortbestehen einer ganz praktischen Dominanz des Sehsinns im Mittelalter sind vielfältig. Zum einen zeichnet sich mittlerweile in der neurobiologischen Forschung immer deutlicher ab, dass wir Menschen in ziemlich grundlegender Weise ‚Augentiere' sind, die den mit Abstand größten und wichtigsten Teil ihrer Informationen visuell prozessieren.[22] Der Mensch, so hat es der Philosoph Hans Jonas formuliert, ist „the pre-eminently seeing creature" schlechthin.[23] Zum anderen wirken im Mittelalter starke antike Traditionen fort. So herrscht unabhängig von theologischen Dogmen ein aus der Antike überkommener Authentizitätsdiskurs weiter, der verbindliche Überlieferung fest an Augenzeugenschaft bindet. Wahre *historia,* so lehrt etwa Isidor von Sevilla, unterscheidet sich von der nur erdachten *fabula* dadurch, dass sie auf Augenzeugenschaft beruht und sodann dem Medium der Schrift anvertraut wird – also gewissermaßen doppelt sichtbar ist.[24] Das Auge bleibt in diesem Sinne durch das gesamte Mittelalter „das allergenaueste Instrument, meisterhaft wie ein Spiegel gearbeitet. Bis zur hellen Milchstraße des Himmels dringt es hin."[25]

A. Prior (Hrsg.): *anima* und *sêle.* Darstellungen und Systematisierungen von Seele im Mittelalter, Berlin 2006, S. 39–57.

19 Vgl. Blumenberg (wie Anm. 2), S. 442.

20 Zitiert nach Chapeaurouge (wie Anm. 10), S. 13 f.

21 Horst Wenzel: Hören und Sehen, Schrift und Bild. Kultur und Gedächtnis im Mittelalter, München 1995. Ausführlich diskutiert wird dies – mit anderem Ergebnis – auch bei Chapeaurouge (wie Anm. 10), S. 1–14.

22 Vgl. dazu etwa Olaf Breidbach: Das Anschauliche oder über die Anschauung der Welt. Ein Beitrag zur neuronalen Ästhetik, Wien, New York 2000.

23 Jonas (wie Anm. 12), S. 515.

24 Vgl. den Überblick bei Dennis H. Green: Medieval Listening and Reading. The Primary Reception of German Literature 800–1300, Cambridge 1994, S. 237–239. Vgl. Wenzel (wie Anm. 21), S. 62.

25 Der Ackermann aus Böhmen, Kap. XXV, 8, 4 ff., Johannes de Tepla: Ackermann, hrsg. u. übers. v. Karl Bertau, Berlin 1994, 2 Bde., hier Bd. 1, S. 218.

Auch im theologischen Bereich ist die neutestamentarische Prämierung des Hörens nicht mehr so eindeutig wie noch im Alten Testament, sondern sie zeigt sich bereits tief beeinflusst von der griechischen Licht-Philosophie. Zwar deklamiert Paulus: „Der Glaube kommt aus dem Hören, das Hören aber aus dem Wort Christi" (Röm 10,17), doch steht dem etwa die Äußerung Christi in der Bergpredigt entgegen, in der es heißt: „Selig sind, die reinen Herzens sind, denn sie werden Gott schauen." (Mt 5,8) Das Hören, in dem der Glaube wurzelt, wird also relativiert und als ein vorläufiger Zustand markiert, der seine Überbietung und Erfüllung erst noch in einem zukünftigen, eschatologischen Sehen finden wird. Besonders stark kommt diese Vorstellung im Johannes-Evangelium zum Tragen; das Sehen wird dort zum „Modus der *eschatologischen* Endgültigkeit, die vorbehaltene und geschichtsendigende Parusie vollstreckt sich im Sichtbarwerden des bis dahin verborgenen Gottes".[26] Und dieses Ansichtigwerden Gottes im Himmelreich wird durch die Sichtbarkeit des Gott-Sohnes bereits in der Welt zeichenhaft vorweggenommen. Durch die Fleischwerdung des Wortes ist dasselbe ja nicht zuletzt sichtbar geworden. Die horchend-gehorchende Zeit des jüdischen Gesetzes wird folglich im Neuen Testament um eine bildhaft-visuelle Seite ergänzt, aus der sich nicht nur „die unübersehbar reiche ‚Lichtsprache' der christlichen Tradition"[27], sondern der christliche Bilderkult des Mittelalters speist. Der vollends und auf ewig unsichtbare Gott des Alten Testaments, dessen Herrlichkeit man bei Strafe des Todes nicht erblicken durfte – „Kein Mensch wird leben, der mich sieht", sagt Gott zu Moses (Ex 33,20)[28] –, wird im Neuen Testament von der verheißungsvollen Aussicht auf eine finale Begegnung mit dem göttlichen Licht überboten. Einen Abglanz davon hatte Johannes in der von Licht durchfluteten Gottesstadt des Himmlischen Jerusalem dargestellt (Apk 21,10 ff.).

In gewisser Weise jedoch war auch der Gott des Alten Testaments schon eine Lichtgestalt gewesen, zumindest sein Antlitz war Licht, das sich auf den Auserwählten übertrug, dem es anzublicken erlaubt war. Auch Moses, dem dies widerfuhr, umgibt ein göttliches Leuchten, denn auch sein Gesicht strahlt nun Jahves Lichtglanz ab, so dass man ihn seinerseits kaum anschauen kann; „so macht Gottes Licht den, der es schauen durfte, selbst zum ‚Licht'".[29] Das Mittelalter wird diese Ansätze der Heiligen Schrift entschieden weiterführen und das Licht mehr und mehr zum Sinnbild Gottes erheben, während die Finsternis zum Signum

26 Blumenberg (wie Anm. 2), S. 442.

27 Ebenda, S. 439.

28 Vgl. Chapeaurouge (wie Anm. 10), S. 4.

29 Johannes Hempel: Die Lichtsymbolik im Alten Testament. In: Studium Generale 13 (1969), S. 352–368, hier S. 366.

seines Widersachers wird: Luzifer, der gefallene Engel, der ursprünglich selbst einmal ein ‚Lichtbringer' war und noch so genannt wird, stürzt und wird finster, lichtlos. Fortan verkörpert der einstmals im göttlichen Licht Glänzende das Reich der Dunkelheit.[30]

Nun hat man im Mittelalter immer wieder versucht, einen Vorschein dieses eschatologischen, göttlichen Lichts bereits im irdischen Diesseits aufzuspüren. Von solchen Phänomenen des Leuchtens in ihren mannigfachen Ausprägungen als *lux, lumen, fulgor, radius, ardor, splendor* oder *claritas* kündet insbesondere die mittelalterliche Kunst und Literatur mit ihrem überreichen Repertoire des Farbigen und Glänzenden. Daraus lassen sich hier nur wenige Aspekte exemplarisch anführen. Ein Vorschein auf das himmlische Licht konnte man vor allem in Kirchen und Gotteshäusern erhalten. Insbesondere die gotischen Kathedralen mit ihren das Licht vielfach brechenden Fenstern tragen Züge eines himmlischen Glanz-Raums, dessen Licht-Architektur für die Gläubigen bereits im irdischen Diesseits das himmlische Leuchten präfigurierte.[31] Ähnlich verhielt es sich mit den Reliquien der Heiligen, die, wie man in zahlreichen Berichten von Graböffnungen lesen konnte, aus sich heraus einen wunderbaren Glanz abgaben. Gott selbst schützte die Leichname vor der Verwesung und ließ die Gläubigen stattdessen an ihnen zeichenhaft einen Vorschein auf den Glanz des Himmelsreichs wahrnehmen.[32] In Fortführung der *deformitas Christi* zeigen die Gebeine der Heiligen aber eben auch eine neue Ästhetik an, die das Leuchten und den Glanz von den schönen Oberflächen ablöst. So betritt hier, im Mittelalter, eine spezifisch seelische Schönheit und mit ihr ein inhärenter Glanz erstmals die Bühne, dessen von innen kommendes Scheinen sogar in Gegensatz zu einer äußeren, physischen Hässlichkeit treten kann. „Der von Gott Auserwählte strahlt wie eine Lichtquelle, substantiell, d. h. von innen heraus, nicht aufgrund von leiblichen Merkmalen."[33]

Hildegard von Bingen geht in ihrer kosmischen Anthropologie sogar noch einen Schritt weiter und beschreibt den prälapsarischen, also noch bei Gott wohnenden Menschen seinerseits als ein mystisches Lichtwesen, das erst durch den Sündenfall zu leuchten aufgehört und sich verdunkelt habe. „Ursprünglich", so fasst Heinrich Schipperges Hildegards Theorie zusammen,

30 Zum Engelssturz vgl. Zahlten (wie Anm. 1), S. 124–128.

31 Böhme, Böhme (wie Anm. 6), S. 156 f. Vgl. Manfred Schuller: 5000 Jahre Bauen mit Licht. Eine Einführung. In: Dom im Licht – Licht im Dom. Vom Umgang mit Licht in Sakralbauten in Geschichte und Gegenwart, Regensburg 2004, S. 21–58.

32 Vgl. Arnold Angenendt: Corpus incorruptum. Eine Leitidee der mittelalterlichen Reliquienverehrung. In: Saeculum 42 (1991), S. 320–348.

33 Cessari (wie Anm. 10), S. 25.

> […] – in der ‚genitura mystica' des Menschen – war aller Leib Licht, durchleuchtet, durchsichtig, ‚lumen corporis', ein Licht, kunstvoll gebrochen am Stoff zur Farbigkeit aller Gestaltung, ein Leuchten, durch die Dinge lediglich gehemmt zur Reichhaltigkeit aller Erscheinung, ein Glänzen, durch die Reibungen entzündet zur volleren Strahlkraft. Feuer war das Wesen der lichten Leiblichkeit, war ihr ‚opus'.[34]

Wenn aber Gott – und nach mystischer Vorstellung auch das Göttliche im Menschen – sich im Licht offenbart, dann ist es kaum verwunderlich, das alles Glänzende und Leuchtende, Bunte und Strahlende im Mittelalter eine besondere Hochschätzung erfährt. Davon zeugt neben den bildenden Künsten bereits die frühmittelalterliche Buchkunst. Allenthalben versucht man dort, das göttliche Wort und seine Verkündigung auf möglichst spektakuläre Weise sichtbar zu machen, es selbst zum Leuchten zu bringen, indem man den Körper und die Seiten der geistlichen Bücher reich mit Gold und Elfenbein, kräftigen Farben und funkelnden Edelsteinen verzierte. Auch der so erzeugte „Glanz des Wortes" vermittelte eine funkelnde Ahnung von der überwältigenden strahlenden Herrlichkeit des Gottesreiches.[35]

Der Glanz des Göttlichen geht aber auch schon früh auf besonders gottnahe Herrscher über. Vor allem Karl der Große, der sich im Aachener Dom eigens ein Lichtfenster bauen ließ, in dem er gottgleich leuchtend zu sehen war,[36] wird in der mittelalterlichen Literatur oftmals als Lichtgestalt beschrieben. Im *Rolandslied* des Pfaffen Konrad werden die ankommenden Boten des Heidenkönigs Marsilie von seinem strahlenden Anblick regelrecht geblendet.[37] Die antike, im Lateinischen von Cicero erstmals ausformulierte Vorstellung des *splendor imperii,* vom Glanz der Herrschaft, ist hier eine Verbindung mit christlicher Lichtmetaphysik eingegangen: Dem Aufgang eines segensreichen Gestirnes ähnlich verschreckt der Glanz des Herrschers die Feinde.

Dass hier stets auch eine Spannung bestehen bleibt zwischen dem göttlichen Licht und seinem Abglanz auf weltliche Herrschaft zeigt in ironischer Brechung noch Wolfram von Eschenbach, ein Meister der

34 Heinrich Schipperges: Das Menschenbild Hildegards von Bingen. Die anthropologische Bedeutung von ‚Opus' in ihrem Weltbild, Leipzig 1962, S. 21.

35 Vgl. dazu etwa Margit Bihler: Der Glanz des Wortes. Das Evangeliar der Äbtissin Theophanu. ein ‚Heiltum' der mittelalterlichen Stiftskirche zu Essen. In: F. Seibt (Hrsg.): Vergessene Zeiten: Mittelalter im Ruhrgebiet, Bd. II, Essen 1990, S. 223–227.

36 Herwig Wolfram: Splendor Imperii. Die Epiphanie von Tugend und Heil in Herrschaft und Reich, Graz, Köln 1963, S. 144.

37 Ausführlich zur Stelle und anderen Beispielen Horst Wenzel: Repräsentation und schöner Schein am Hof und in der höfischen Literatur. In: H. Wenzel, H. Ragotzky (Hrsg.): Höfische Repräsentation. Das Zeremoniell und die Zeichen, Tübingen 1990, S. 171–209.

narrativen Lichtregie, in seinem *Parzival.*[38] Herzeloyde, die Mutter des jungen Helden, den sie aus Sorge um sein Leben von jeder Ritterschaft fernhalten will, erklärt ihrem Sohn: „Gott ist heller als der Tag". Als der junge Parzival kurz darauf drei Ritter in ihren strahlenden Rüstungen sieht, ist er sogleich überzeugt, dass dies ja wohl nur Gott selbst sein könne.[39] Der *splendor armorum* lässt ihn die Differenz zwischen dem göttlichen Licht und seinem imperialen Abglanz überspringen. Er beschließt, das zu tun, was seine Mutter gerade verhindern wollte, ein gottgleicher Ritter wie jene zu werden. Am Ende schafft er es immerhin bis zum Gralskönig.

Überhaupt geht von der höfischen Literatur und Kunst ein starker Impuls aus, die Bedeutung des Sehens auch jenseits des Sakralen zu einer umfassenden ‚Kultur der Sichtbarkeit' zu erweitern.[40] Die selbstbewusster werdende weltliche Aristokratie vervollkommnet seit dem hohen Mittelalter ihren Kult der Repräsentation von Macht und Herrschaft, der auf öffentliche, sinnfällige Inszenierung von Statusinsignien und Statuszeremonien angelegt ist. Das höfische Fest wird dabei zu einem Fest für die Augen ausgestaltet, und all diese visuelle Pracht führt in ausführlichen Schilderungen und Beschreibungen die höfische Literatur ihren Hörern und Lesern vor Augen. Dazu gehört insbesondere das Glänzen der Waffen in Kampf und Turnier, das den Zuschauern und Lesern einmal mehr höfische Pracht und verschwenderischen Reichtum zeigt, zugleich jedoch an einer älteren Vorstellung vom *splendor armorum* partizipiert, in dem sich der ganz pragmatische Aspekt einer Einschüchterung des Gegners mit dem der göttlichen Legitimation verbindet. So nimmt Eneas in der mittelhochdeutschen Wiedererzählung von Vergils *Aeneis* sein Schwert mit auf die Unterweltfahrt, aber nicht etwa, um dort zu kämpfen, sondern um Licht in die Dunkelheit zu bringen.[41]

Hinzu kommt schließlich, dass in der höfischen Lyrik und Epik das neue Ideal einer erotischen Liebe entwickelt wird, in dem die Augenwahrnehmung eine Schlüsselrolle spielt. Man folgte darin weitgehend dem Modell des visuellen Liebesaffekts, das bereits Ovid in der Antike entwickelt und verbreitet hatte. Hierin wurden die Augen als „die Führer in der Liebe" angesehen, wie es ein lateinisches Sprichwort sagt.[42] Die Verbindung der wahren Liebe mit dem Sehen, das Hereinnehmen des

38 Vgl. den Beitrag von Claudia Brinker-von der Heyde in diesem Band.

39 Wolfram von Eschenbach: Parzival. Mittelhochdeutscher Text nach der 6. Ausgabe von Karl Lachmann, Übersetzung v. Peter Knecht, Berlin, New York 1998, V. 119, 16–123, 2.

40 Vgl. dazu die vielfältigen Beispiele und Analysen in Wenzel (wie Anm. 21).

41 Heinrich von Veldeke: Eneasroman, hrsg. u. übers. v. Dieter Kartschoke, Stuttgart 1986, V. 2865 ff.

42 Nach Gudrun Schleusener-Eichholz: Das Auge im Mittelalter, 2 Bde., München 1985, Bd. 2, S. 764, mit Anm. 435.

oder der Geliebten durch die Augen in das ‚Königreich des Herzens', wie es Romandichter und Minnesänger formulieren, wurde im Mittelalter so stark, dass man im Liebestraktat des Andreas Capellanus sogar liest, Blinde seien folglich zu wahrer Liebe nicht fähig.[43] Man kann diese Zuspitzung wohl kaum ohne die starke neoplatonische Strömung verstehen, die im 12. Jahrhundert vorherrscht und der zufolge nur der edelste Sinn, das ‚gottgleiche' oder zumindest ‚gottnahe' Auge, als Kanal für die Liebe in Frage kommt, diese vornehmste aller Beziehungs- und Erkenntnisformen, die auch in ihrer erotischen Version letztlich an der Gottesliebe modelliert ist.

III.

Hans Blumenbergs These, wonach die Metaphorik des Lichts in der abendländischen Kulturgeschichte immer wieder dazu verleitet hat, das Leuchten des Göttlichen als ein Überfließen zu verstehen und so – aller christlichen Dogmatik zum Trotz – von einer *Emanation des Göttlichen* auszugehen, wird man nicht widersprechen wollen. Aber seine Auffassung, dass das Licht geradezu als eine „absolute Metapher"[44] anzusehen sei, „unausweichlich, nicht ins Begriffliche überführbar, für mindestens eine Kultur universell, selbstreferentiell und auf nichts verweisend als sich selbst",[45] ließe sich vor diesem Hintergrund wohl noch um eine andere Beobachtung ergänzen. In der intensiven Beschäftigung mit Licht und Sehen, wie sie in Antike und Mittelalter zu beobachten ist, spielt neben der *Metaphorik* immer auch schon die *Medialität* des Lichts eine wichtige Rolle bei der Konzeptualisierung lichthafter Phänomene. Die Optik, die zu den frühesten Formen der griechischen Physik gehörte, impliziert von Beginn an die Erforschung der Medien, die dem Menschen das Sehen überhaupt erst ermöglichen.[46] Dabei gingen die Pythagoräer zunächst von der Annahme eines (pneumatischen) Sehstrahls aus, der vom Auge ausgesandt wird (wie das Licht von der Sonne) und nach Erfassung der hellen Objekte mit den entsprechenden Informationen wieder ins Auge zurückkehrt. Gemäß der antiken Mikrokosmostheorie war es das Element des Feuers, das in den menschlichen Blicken ebenso wie in den Strahlen der Sonne oder gar im Licht des Äthers wirkte. Bei

43 Andreas Capellanus: Von der Liebe. Übersetzung, Anmerkungen, Nachwort v. Fritz-Peter Knapp, Berlin, New York 2006, Buch 1, Kap. 5.

44 Hans Blumenberg: Paradigmen zu einer Metaphorologie. In: Archiv für Begriffsgeschichte 6 (1960), S. 7–142, hier S. 11.

45 Böhme, Böhme (wie Anm. 6), S. 148.

46 Vgl. ebenda, S. 151, Anm. 57.

Platon erfordert das Sehen gleich drei Arten von Feuer: Erstens das Tageslicht, zweitens das Feuer des Sehstrahls und drittens das von den Dingen der Außenwelt ausgehende Feuer, das in ihren Farben zum Ausdruck kommt.[47] Die Stoiker verstehen das im Sehstrahl zu findende Pneuma als eine Lichtwärme, eine Art Seelenfeuer, das den Körper zusammenhält und, wie bereits erwähnt, mit dem reinen Äther der Gestirnsphäre korrespondiert. Nach der Mikrokosmoslehre können unsere Sinnesorgane die Struktur der äußeren Welt nur wahrnehmen, weil sie selbst die gleiche Substanz besitzen wie diese: Mit dem Äther in uns sehen wir den göttlichen Äther, heißt es schon bei Empedokles. Dieses Prinzip der Erkenntnis des Gleichen durch Gleiches wird von Galen in der Spätantike ausdrücklich bestätigt. Die Natur der Sinne ist demnach „ein Analogon dessen, was sie erschließen".[48]

Diese mikrokosmische Vorstellung des Sehens dürfte die Gültigkeit der Emissionstheorie nachhaltig gefördert haben (auch wenn Demokrit schon früh eine Immissionstheorie verfolgte), ehe sich schließlich – beeinflusst durch die arabische Medizin – im Verlauf des 13. Jahrhunderts die noch heute gültige Reflexionstheorie durchsetzt, wonach die Augen lediglich das von den beleuchteten Dingen gespiegelte Sonnenlicht auffangen.[49] Aber noch Goethe beruft sich in seinen Schriften zur Farbenlehre auf die alte, mikrokosmische Vorstellung vom „sonnenhaften Auge" und die dahinter liegende Überzeugung von der Erkenntnis des Gleichen durch Gleiches.[50] Wie attraktiv und stimmig die Vorstellung vom aktiv ausstrahlenden, sonnengleichen Auge zu sein scheint, zeigen aber auch aktuelle Untersuchungen, wie sie etwa an der Ohio State University durchgeführt wurden. Demnach sind nicht nur die allermeisten Kinder, sondern auch bis zu 67 Prozent der erwachsenen Befragten der Meinung, dass vom Auge ‚Strahlen' ausgesendet werden. „Die Zahl der Strahlentheoretiker schnellte gar auf 86 Prozent empor, wenn die Probanden ihre Vorstellung selbst zeichnen mussten."[51] Die wohl jedem Zeitgenossen

47 Platon (wie Anm. 17), 45b–c, S. 76 f.

48 Zitiert nach Böhme, Böhme (wie Anm. 6), S. 150. Noch im Mittelalter ist diese Auffassung stets gegenwärtig. Nach Hildegard von Bingen etwa ist das Sehen dem Element des Feuers zugehörig, wohingegen die Luft das Hören, das Wasser die Beweglichkeit und die Erde den Gang des Menschen ermöglichen. Vgl. dazu Sara Stebbins: Studien zur Tradition und Rezeption der Bildlichkeit in der ‚Eneide' Heinrichs von Veldeke, Bern 1977, S. 113 f.

49 Grundlegend dazu: D. C. Lindberg: Auge und Licht im Mittelalter. Die Entwicklung der Optik von Alkindi bis Kepler, Frankfurt a. M. 1987.

50 Johann Wolfgang Goethe: Schriften zur Farbenlehre. In: J. W. Goethe. Sämtliche Werke in 18 Bänden, hrsg. v. Ernst Beutler u. a., Bd. 16: Naturwissenschaftliche Schriften. Erster Teil, Zürich 1949, S. 20 (Nachdruck Zürich, München 1977).

51 Rolf Degen: Im Kopf spukt Micky Maus. Unsere Vorstellung von der Welt wird vielfach von einer sehr naiven Physik bestimmt. In: Bild der Wissenschaft 2/2003, S. 86.

zugängliche Erfahrung, dass Blicke aktiv und transitiv sind, dass sie ‚stechen' und ‚durchdringend' sein können, dass sie uns erstarren lassen und vieles mehr, scheint sich hier widerzuspiegeln. Davon kündet auch unsere Sprache, wenn man etwa bedenkt, dass die im Neuhochdeutschen längst ausdifferenzierten Begriffe ‚Blick' und ‚Blitz' im Mittelhochdeutschen semantisch noch nicht unterschieden wurden: Mhd. *blic* bedeutete gleichermaßen ‚Glanz, Blitz, Blick der Augen'.[52]

Gerade diese Frage aber, die Debatte um die Emissionen des Auges bzw. seiner Empfangstätigkeit, zeigt noch einmal sehr deutlich, dass und inwieweit jede wissenschaftliche Beschäftigung mit dem Sehen immer schon ein Fragen nach der Medialität von Wahrnehmung einschließt. Bereits in der antiken Optik, so haben es Gernot und Hartmut Böhme formuliert, dürften daher „die Wurzeln aller Medien-Theorien liegen, derart, dass alle Wahrnehmung eines vermittelnden Mediums zwischen Gegenstand und Ding bedarf".[53]

IV.

Eigentlich interessant werden nun Auge und Sehsinn, philosophisch gesehen, erst in dem Moment, als die Selbstverständlichkeit der sehenden Erleuchtung schwindet, als ein einfaches und sozusagen selbsttätiges Überfließen des kosmischen, letztendlich göttlichen Lichts auf den Menschen nicht mehr ohne weiteres angenommen werden kann. Klassisch formuliert wird diese Erkenntniskritik, die vor allem eine Kritik des Sehens ist, schon von Platon, in seinem Höhlengleichnis, dem die Welt zum Schatten und das äußere Sehen zum Irrweg wird. Um das wahre, das göttliche Licht, das Scheinen der Idee zu erleben, muss man sich demzufolge aus den Finsternissen der Welt heraushalten, um den dadurch frei gewordenen Blick entweder hinauf zu den Sternen zu richten, wie wir bereits gesehen haben, oder aber ihn nach innen zu wenden. Weitere Szenarien einer Problematisierung des Sehens wären etwa das Verschließen der Augen vor der Wahrheit, die Trübung des Auges durch die Unreinheit des Sehenden oder aber die Blendung des Auges durch überhelles Licht, in dem sich die Gegenwart des Absoluten bezeugt. Doch als traditionsmächtigstes Verfahren, um das täuschende Potential des herkömmlichen Sehens zu umgehen, scheint sich die Wendung des Blicks auf die im Inneren liegenden Wahrheiten zu erweisen. Gerade das Schließen der Augen kann zum Einstieg in eine kontemplierende Selbst-

52 Matthias Lexer: Mittelhochdeutsches Handwörterbuch, Bd. 1, Sp. 305, 42.
53 Böhme, Böhme (wie Anm. 6), S. 151, Anm. 57.

versenkung dienen, deren Lohn schließlich eine nur noch die Innerlichkeit erhellende *illuminatio* ist. Hier öffnet sich die für das Mittelalter so charakteristische mystische Spielart der christlichen Tradition.

Es ist neben Dionysius Areopagita, der mit seiner Schrift *De caelesti hierarchia* dem Mittelalter „das Hand- oder Grundbuch der Lichtsymbolik“[54] überhaupt lieferte, wiederum Augustinus, der die neuplatonische Vorstellung eines quasi-göttlichen Lichts aufnimmt, um sie an einem entscheidenden Punkt umzudeuten. Die dogmatisch heikle Vorstellung einer göttlichen Erleuchtung des Menschen wird von ihm für die Christen nun dahingehend legitimiert, dass er die *illuminatio* nach innen kehrt. Augustinus wendet sich gegen die Idee eines homogenen, kosmischen Seinslichts (und erst recht gegen die verführerische Metaphorik des Überfließens), hält aber sehr wohl daran fest, dass Gott den Menschen ein Licht zum Erkennen der Wahrheit schenkt, ein *inneres* Licht. Dieses Licht *ist* nicht selbst die Wahrheit, aber es bietet die gleichsam inner-optische Voraussetzung dafür, die Wahrheit überhaupt erst sehen, das erhellte Seiende überhaupt erst wahrnehmen zu können. An die Stelle des *Sehens-ins-Licht* (der Neuplatoniker) tritt hier nun ein *Sehen-im-Licht,* wie es Hans Blumenberg formuliert hat, und zwar in einem inneren, verborgenen Licht, das doch zugleich auf das Außen entbergend wirkt. „Der ‚Ort‘ der *illuminatio* ist bei Augustinus die ‚Tiefe‘ der Seele, mit Vorzug der Innerlichkeitsgrund der *memoria.*“[55]

Diese schon bei den griechischen Kirchenvätern prominente, aus der Analogie zu den äußeren Sinnen entwickelte Vorstellung innerer Sinnesorgane,[56] eines Sehens mit dem Auge des Geistes *(oculus mentis* oder *acies animi)* oder dem Auge des Herzens *(oculus cordis),* wie es oft heißt, gehört ebenfalls zu den zentralen optischen Gewissheiten des Abendlandes. Die Vorstellung vom inneren Sehen, zu der implizit oder explizit ja immer auch ein inneres Licht gehört, ist seither in vielen Zusammenhängen greifbar, die sich im Laufe der Zeit in einen stärker psychologisch-naturalistischen und einen theologisch-mystischen Zweig aufspalten werden. Kursorisch seien hier nur einige wesentliche Aspekte genannt.

Einerseits steckt die Vorstellung von einem inneren, mentalen Sehen im Selbstverständnis der antiken Rhetorik, die vom Ideal eines ‚Durch-

54 Josef Koch: Über die Lichtsymbolik im Bereich der Philosophie und der Mystik des Mittelalters. In: Studium Generale 13 (1960), S. 653–670, hier S. 656.

55 Blumenberg (wie Anm. 2), S. 440 f.

56 Vgl. zu den inneren Sinnen bei Augustinus zusammenfassend Joachim Bumke: Die Blutstropfen im Schnee. Über Wahrnehmung und Erkenntnis im ‚Parzival‘ Wolframs von Eschenbach, Tübingen 2001, S. 35–53; zu den griechischen Kirchenvätern Niklaus Largier: Inner Senses – Outer Senses. The Practice of Emotions in Medieval Mysticism. In: C. St. Jaeger, I. Kasten (Hrsg.): Codierungen von Emotionen im Mittelalter, Berlin, New York 2003, S. 3–15.

scheinens' geprägt ist, wie es vor allem in den Begriffen *enargeia*, *evidentia* oder – wie Cicero ins Lateinische übersetzt – *perspicuitas* zum Ausdruck kommt. Wir treffen hier auf die Vorstellung einer durch das Wort hindurch scheinenden Wahrheit und Evidenz. Das Berichtete, Verbale soll so klar und anschaulich gemacht werden, dass der Hörer und Leser meint, er könne das Berichtete mit eigenen Augen sehen. Frei nach Sigmund Freud könnte man formulieren: ‚Wo Hören war soll Sehen werden!' Oder mit Horst Wenzel: Der Leser wird zum Augenzeugen.[57] Diese Grundüberzeugung der Rhetorik steht von jeher in Kontakt mit Vorstellungen antiker (und dann mittelalterlicher) Psychologie, die um das Konzept innerer, mentaler Bilder kreisen. Es handelt sich um Bilder, die im Herzen oder im Kopf, genauer: in der Kammer der *imaginatio* entstehen. Unsere Imagination versetzt uns in die Lage, lichthafte Gestalten und Dinge vermittels Phantasie und Vorstellungskraft vor das ‚innere Auge' zu zitieren. Diese Debatte um die Erzeugung und den Ort der *mental images* ist bis heute nicht abgeschlossen und wird gerade in den Neurowissenschaften mit ihren bildgebenden Verfahren, die die unterschiedlichen Hirnregionen mit ihren ‚feuernden' Neuronen zum Leuchten bringen, neu verhandelt.[58]

In der mittelalterlichen Mystik wird die augustinische Vorstellung vom inneren, göttlichen Licht dann mit einer anderen Perspektive weitergeführt werden. Bei den Viktorinern etwa findet man im 12. Jahrhundert die Überzeugung, dass wir mit unseren inneren Augen – mit den Augen des Herzens – viel schärfer, genauer und weiter sehen können als mit den ‚Augen des Fleisches' *(oculus carnis)*. Mit ihren inneren Augen vermögen die Mystiker mit Gott in Kontakt zu treten und ihn in seiner Herrlichkeit zu sehen, was in ihren Berichten immer wieder zu einem bildlosen Exzess des Lichthaften wird, so wie es etwa der Titel *Das fließende Licht der Gottheit* der Mechthild von Magdeburg andeutet.[59] Die Seele wird in der Mystik letztendlich in der einen oder anderen Weise selbst zu einem Lichtphänomen, das sich in der *unio* mit dem göttlichen Licht trifft und vermischt. Alles Bildhaft-Gegenständliche wird dabei ‚entbildet' und zu einer bildlosen Schau gesteigert, in der das Sehen seine Vollendung in der Blendung durch das überhelle Licht Gottes findet. Denn gegenüber dieser *bildlosen warheit,* die sich paradoxerweise in dem *bildrichen lieht der goetlichen einikeit* findet, so lesen wir bei Heinrich Seuse,[60]

57 Vgl. etwa Horst Wenzel: Der Leser als Augenzeuge. Zur mittelalterlichen Vorgeschichte kinematographischer Wahrnehmung. In: J. Huber (Hrsg.): Singularitäten – Allianzen, Zürich u. a. 2002, S. 147–175.

58 Vgl. Breidbach (wie Anm. 22).

59 Vgl. dazu Koch (wie Anm. 54), S. 665 f.

60 Heinrich Seuse: Deutsche Schriften, hrsg. v. Karl Bihlmeyer, Stuttgart 1907, Erste Abteilung: Seuses Exemplar, S. 1–195, hier S. 184 f.

verhalten sich die vom Menschen gemachten Bilder und Worte in etwa so wie *ein swarzer mor* gegenüber *der schoenen sunnen.*[61]

In gewisser Weise setzt sich diese Verinnerlichung des Sehens, die immerhin verhindert, „daß das Weltdunkel das Subjekt völlig durchdringen und entmachten kann",[62] in der frühen Neuzeit fort – auch wenn das nach innen Nehmen von Licht und Erkenntnis dort, etwa bei René Descartes, auf den ersten Blick ganz anders gedacht zu werden scheint. Was in den Forschungen Descartes' und anderer – 1637 erscheint in Leyden seine *Dioptrique* – nun bedeutsam wird, ist die Tatsache, dass die Bildentstehung beim Sehen ins Innere *des Auges* verlegt wird: Hier werden die Bilder experimentell aufgespürt, die sich auf der Netzhaut spiegeln – und zwar auf dem Kopf stehend –, ehe sie vom Sehnerv ins Gehirn weitergeleitet werden.[63] Man hat mit Recht darauf hingewiesen, dass damit gewissermaßen die Camera obscura zum Modell menschlicher Augenwahrnehmung erhoben wird. Zwischen die äußere Realität und ihre (innere) Wahrnehmung schiebt sich ein Bild, eine interne Repräsentation: „Der wahrnehmende Mensch betrachtet immer schon wie der Besucher einer Camera obscura ausschließlich Bilder, die sich zwischen ihm und der angeblich gesehenen Welt befinden."[64] Einerseits wird dadurch die mittelalterliche Verinnerlichung des Sehens fortgeschrieben, wird auch fortan das Heil nicht mehr in den Chimären der Außenwelt gesucht, denn – so Lambert Wiesing –: „Man schaut nicht in die Welt, sondern in sich selbst."[65] Und noch in den modernen Kognitionswissenschaften hat die alte Einsicht Bestand, dass unsere Bilder von der Welt letztendlich in unserem Inneren entstehen. Doch andererseits finden Descartes und seine Nachfolger nun im Inneren des Auges nicht etwa göttliches Licht, sondern lediglich das physische äußere Licht gespiegelt. In den aufgeschnittenen Ochsenaugen, die Descartes in seinem Traktat abbildet, offenbart sich eine Camera obscura, das heißt, der Sehapparat wird nun selbst zu einem *Apparat*. Das Auge kann fortan als ein Instrument inter-

61 Ebenda, S. 193 f. Zur Lichtmetaphorik der Mystiker vgl. Koch (wie Anm. 54), S. 662–668.

62 Blumenberg (wie Anm. 2), S. 445.

63 Vgl. dazu Karl Clausberg: Video, ergo sum. Licht und Sicht in Descartes' Selbstverständnis sowie Fludds Erinnerungsscheinwerfer. Ein Ausblick auf die Kunstgeschichte der virtuellen Bilder zwischen Mnemonik und Projektionstechnik. In: O. Breidbach, K. Clausberg (Hrsg.): Video ergo sum. Repräsentation nach innen und außen zwischen Kunst- und Neurowissenschaften, Hamburg 1999, S. 9–33.

64 Lambert Wiesing: Einleitung. Philosophie der Wahrnehmung. In: L. Wiesing (Hrsg.): Philosophie der Wahrnehmung. Modelle und Reflexionen, Frankfurt a. M. 2002, S. 9–64, hier S. 23 f. Vgl. Clausberg (wie Anm. 63), 14–24 sowie Jörg Jochen Berns: Film vor dem Film. Bewegende und bewegliche Bilder als Mittel der Imaginationssteuerung in Mittelalter und Früher Neuzeit, Marburg 2000, S. 17–23.

65 Wiesing (wie Anm. 64), S. 22–24, hier S. 24.

pretiert werden; das Sehen mitsamt der dazu nötigen Lichtquelle erscheint mithin als ein technisches Prozedere, das sich auch in der Außenwelt jenseits des menschlichen Körpers in Maschinen und Apparaten prinzipiell nachahmen lässt. Aber noch diese „instrumentelle Interpretation des Auges“[66], wie sie in den Magischen Laternen und Dunklen Kammern zum Ausdruck kommt und von dort kontinuierlich zu den Projektionsmedien Fotographie und Film weiterentwickelt werden wird, ist letztendlich in der mittelalterlichen Vorstellung vom inneren Sehen begründet. Denn, so hat Jörg Jochen Berns überzeugend dargelegt, erst wenn man sicher davon ausgehen kann, dass die eigentliche Instanz des sehenden Erkennens in unserem Inneren sitzt, dass also das ‚innere Auge‘ – als das eigentliche Subjekt der Erkenntnis – durch das äußere Auge wie *durch ein Instrument* in die Welt blickt, ist der Weg frei für ein instrumentelles Verständnis des Sehens, das dann zum Modell für alle weiteren Projektionsapparate wird.[67]

V.

Damit deutet sich schon an, dass mit dem Ausgang des Mittelalters einige über Jahrtausende hinweg vertraut und konstant gebliebene Parameter von Licht und Sehen in Bewegung geraten. Durch die neuen Experimente mit Ochsenaugen und technischen Seh-Apparaten sowie die Erfindung neuer optischer Instrumente von der Brille bis zum Teleskop wird das Sehen zunehmend technisiert. Zwischen den Menschen und das Licht werden Apparate geschaltet. Auf die metaphorische und metaphysische Prämierung des Gesichtssinns folgt nun seine technische Hervorhebung und Optimierung. In diesen Zusammenhang gehört ohne Frage auch die Einführung der Zentralperspektive in der Kunst, die den Blick des Malers auf sein Objekt fortan durch ein Gitternetz rastert und seine Wahrnehmung auf diese Weise ebenfalls technisch zurichtet. Es dürfte kein Zufall sein, dass einer der ‚Erfinder‘ dieser neuen, zentralen Perspektive, Leon Battista Alberti, die damit vollzogene technologische Heraushebung des Auges aus dem Gesamt der Sinnesorgane mit Worten metaphorisch unterfüttert, die so im Mittelalter wohl kaum sagbar gewe-

66 Berns (wie Anm. 64), S. 15 passim.

67 Zur Vorgeschichte der „instrumentellen Interpretation des Auges“ – etwa bei Leonardo da Vinci – vgl. Berns (wie Anm. 64), S. 12–23, hier S. 14: „Erst durch die Unterscheidung von äußerem und innerem Auge [...] ist die Entwicklung einer Projektionsapparatur denkbar, wünschbar und schließlich herstellbar geworden.“

sen wären: Das Auge, so liest man bei ihm, sei unter den Sinnen „sowohl König als auch fast ein Gott“[68].

Eine ähnliche Verbindung von technischer Zurichtung und metaphorischer Aufrüstung begegnet dann noch einmal in der Aufklärung, im *siècle des lumières* oder *Enlightenment,* einem Zeitalter des Lichts und der Erleuchtung also, wo das Scheinen der Wahrheit zum Signum einer ganzen Epoche wird. Hier strahlt das Licht metaphorisch noch einmal hell auf, während es gleichzeitig – sozusagen im Dunklen – bereits mächtig entmystifiziert und seinerseits ‚aufgeklärt‘ wird. Im Mittelpunkt dieser Entzauberung des Lichts steht dabei der Prozess, in dessen Verlauf die Rolle des universellen Lichtspenders von Gott auf den Menschen übergeht. Der Mensch selbst ermächtigt sich in großer Geste zum Aufklärer, zum „Akteur des Lichtes“[69]. Damit aber, so noch einmal Hans Blumenberg, „rückt ‚Licht‘ in den Bereich des zu Leistenden; die Wahrheit verliert ihre natürliche *facilitas,* mit der sie von jeher sich durchsetzt“.[70] Dass die Wahrheit sich unweigerlich zeige, das Gute und Schöne also aus sich heraus scheine, diese Auffassung wurde nun als die große Illusion des Mittelalters erkannt und abgetan. Tatsächlich muss nun der Mensch erst tätig werden, um die Wahrheit ans Licht zu bringen: „die Wahrheit zeigt sich nicht, sie muß *gezeigt werden*“[71]. Und ist der Mensch erst einmal dafür zuständig, dieses Licht der Wahrheit zu erzeugen, dann macht er davon ausgiebig Gebrauch. Genauestens wird nun alles durchleuchtet, vor allem aber der Mensch selbst, dem immer weniger Rückzugsmöglichkeiten ins Halbdunkel bleiben. Die aufklärende Erleuchtung paart sich mit panoptischer Kontrolle und allgegenwärtiger Durchleuchtung, deren Kamera-Augen, wie wir heute wissen, mit jeder technischen Weiterentwicklung in neue Sphären des ehemals Privaten vordringen. Angesichts eines solchen, vermeintlich aufklärerischen Licht-Terrors nimmt es nicht Wunder, dass die Romantiker diesen grellen Suchscheinwerfern der instrumentellen Vernunft ihre *Hymnen an die Nacht* entgegen gesetzt haben, ihren Kult des Dunklen und Geheimnisvollen, wie er in Schauerroman und *Gothic Novel* bis heute weiterlebt.

Unterdessen geht die wissenschaftliche Enträtselung des Lichts weiter, seine wissenschaftlich-technologische Aufklärung schreitet unaufhaltsam voran. Nachdem Johannes Kepler bereits 1604 den Beweis geliefert hatte, dass optische Sinneseindrücke als seitenverkehrte und auf dem Kopf stehende Bilder auf der Netzhaut gespiegelt werden – worauf

68 Zitiert nach Chapeaurouge (wie Anm. 10), S. 3 f. Dort auch weitere Belege zur metaphorischen Aufwertung des Auges nach dem Ausgang des Mittelalters.

69 Blumenberg (wie Anm. 2), S. 445.

70 Ebenda.

71 Ebenda, S. 446.

dann Descartes seine Lichttheorie stützen wird –,[72] versuchte Galileo Galilei 1638 als einer der Ersten, die Geschwindigkeit des Lichts zu messen – allerdings noch ohne Erfolg.[73] Erst einige Jahre später gelang es dem dänischen Astronomen Ole Rømer durch eine intensive, über zehn Jahre gehende Beobachtung der 1610 von Galileo Galilei entdeckten Jupitermonde, die Endlichkeit der Lichtgeschwindigkeit nachzuweisen. Aufgrund seiner Daten kann der holländische Wissenschaftler Christiaan Huygens zwei Jahre später die Geschwindigkeit des Lichts errechnen.[74] Sein Ergebnis von 144.000 Meilen bzw. von ca. 200.000 Kilometern pro Sekunde beinhaltet zwar noch einige Ungenauigkeiten, kommt aber der heute bekannten Zahl von 300.000 Kilometern pro Sekunde bereits recht nahe.[75] Erst rund 200 Jahre später können Albert Michelson und Edward Morley die Lichtgeschwindigkeit endgültig und exakt berechnen – auch wenn diese Forscher mit ihren aufwendigen Apparaturen eigentlich etwas ganz anderes wollten, nämlich die Existenz des Äthers nachweisen, den man sich in antiker Tradition noch immer als Medium des Lichts vorstellte. Das Ergebnis ihrer Forschungen war dann gleich doppelt bedeutsam: Einerseits zeigte es, dass es definitiv keinen Äther gibt, zum anderen wurde nun nachgewiesen, dass das Licht sich mit 300.000 Kilometern pro Sekunde durch ein Vakuum bewegt.[76]

Die Erkenntnis, dass die Geschwindigkeit des Lichts zwar sehr groß, aber dennoch endlich ist, hatte weitreichende Auswirkungen auf unser Bild von der Welt und ist sozusagen die Grundlage der modernen Kosmologie. Sie ermöglicht uns vermittels eines Lichts, das aus großer Ferne leuchtet, die *Zeit* wahrzunehmen. Das Licht, das sich mit einer endlichen Geschwindigkeit durch den Raum bewegt, wird zu einer „Sonde, die tief in die Zeit zurückreicht", und ermöglicht uns „den Blick in einen Zeittunnel, der an ganz frühen Ereignissen endet".[77] So ist es das Licht, das uns heute weitreichende Erkenntnisse über Ursprung und Zukunft unseres Kosmos erlaubt. Aber nicht nur der Geschwindigkeit des Lichts kam man auf die Spur, sondern auch seiner Zusammensetzung. Nachdem bereits einmal mehr René Descartes die Gesetze der Lichtbrechung im Auge erkannt hatte, fand Isaac Newton experimentell heraus, wie sich Sonnenlicht mit Hilfe von Prismen in die einzelnen Spektralfarben zerlegen und anschließend wieder – zur ‚Farbe' Weiß –

72 Vgl. Clausberg (wie Anm. 61), S. 14 f.

73 Vgl. Sidney Perkowitz: Eine kurze Geschichte des Lichts. Die Erforschung eines Mysteriums, München ²1999, S. 71 f.

74 Zu Huygens vgl. auch den Beitrag von Ana Ofak in diesem Band.

75 Vgl. Perkowitz (wie Anm. 73), S. 72–75.

76 Vgl. ebenda, S. 93–98.

77 Ebenda, S. 73 f.

zusammenführen lässt.[78] Zum ersten Mal in der Geschichte der Wissenschaft war nun Farbe als exakt messbarer Wert bestimmbar – allen Widerständen Goethes und der Romantiker zum Trotz. Aus dem einstigen mystischen Seinslicht wurde nun mehr und mehr eine Strahlenart unter anderen, die überhaupt nur noch zu geringen Teilen von der menschlichen Wahrnehmung erfasst werden konnte. Mit dem englischen Physiker James Clerk Maxwell, welcher 1873 den Wellencharakter des Lichts nachwies, der zuvor schon vielfach vermutet wurde, setzt sich dieser Prozess fort. Das Licht war endgültig „zu einem quantifizierbaren Sonderfall in einem kontinuierlichen Spektrum elektromagnetischer Schwingungen“ [79] mutiert, und auf diesem Weg hatte es „seine Evidenz und zugleich seine qualitative Sonderstellung“[80] verloren. Sinnlich wahrnehmen können wir nur einen kleinen Ausschnitt dessen, was das Licht zu sein scheint – gerade mal das, was zwischen 400 Billionen und 750 Billionen Hertz liegt. Jenseits dieses Ausschnittes bleibt sowohl das darüber liegende Ultraviolett-Licht wie das darunter liegende Infrarot-Licht für menschliche Augen unsichtbar.

Mit dem Nachweis seiner Wellenförmigkeit und der Messung seiner Geschwindigkeit schien das Licht am Ende des 19. Jahrhunderts vollständig erforscht und domestiziert zu sein. Mit der elektromagnetischen Theorie ließ sich nicht nur jeder bekannte Aspekt des Lichts beschreiben, sondern in Form von Wellen, Infrarot- oder UV-Strahlung traf es darüber hinaus dasselbe Schicksal, das auch andere, einst sinnlich erfahrbare Naturkräfte wie Elemente oder Krankheitsursachen getroffen hatte: Ihm wurde keine herausragende, sinnlich erfahrbare Qualität mehr zugeschrieben, sondern das Licht – wohlgemerkt: das Licht! – wurde nun schlicht unsichtbar: „Die Optik hörte auf, dasselbe Feld wie die Wahrnehmung zu beschreiben“.[81] Daran konnte auch Albert Einstein nichts ändern, doch als er zu Beginn des 20. Jahrhunderts mit seiner allgemeinen und besonderen Relativitätstheorie die Konsequenzen aus diesen Forschungsergebnissen zog, konnte er zumindest dem Licht in gewisser Weise seine alte Sonderstellung zurückgegeben. Vor allem durch Einsteins Erkenntnis der absoluten Konstanz des Lichts einerseits und die Einführung des Photons andererseits, mit der das Licht fortan auch

78 Eine plastische Beschreibung dieser Experimente und ihrer Vorläufer findet sich bei Peter von Zahn: Das Licht, in dem wir leben, Herne 1988, S. 19–22.

79 Stefan Rieger: Licht und Mensch. Eine Geschichte der Wandlungen. In: L. Engell, B. Siegert, J. Vogl (Hrsg.): Licht und Leitung, Weimar 2002, S. 61–71, hier S. 61. Zu Maxwell vgl. Perkowitz (wie Anm. 73), S. 87–90.

80 Rieger (wie Anm. 79).

81 Friedrich Kittler: Von der optischen Telegraphie zur Photonentechnik. In: VRR Saarbrücken (Hrsg.): Mehr Licht, Berlin 1999, S. 51–67, hier S. 59.

zur Quantenphysik der Materie gehörte, verwandelte er – wie Sidney Perkowitz es ausdrückt – das „klassische Licht in das moderne Licht und die klassische Physik in die moderne Physik".[82] Fortgeführt wurden seine Einsichten dann unter anderem in der Quantentheorie Max Plancks, der Einstein selbst zu Lebzeiten kritisch gegenüberstand. Im Welle-Teilchen-Dualismus der Quantenphysik ist Licht nicht einmal mehr ontologisch stabil, sondern relativ zum Betrachter. Die Entscheidung, ob das Licht als Welle oder Teilchen gegenwärtig ist, ist abhängig von der Versuchsanordnung.[83]

Einerseits setzten diese revolutionären Theorien also den im Übergang zur Neuzeit begonnenen Prozess fort, in dem das Wissen darüber, was Licht ‚eigentlich' sei, immer weiter von der sinnlichen Evidenz abgekoppelt und an Apparate und Rechner übergeben wurde. Doch mit den Relativitätstheorien und dem Welle-Teilchen-Dualismus der Quantenphysik entfernt sich das Licht so weit von all dem Vertrauten und Bekannten – während es gleichzeitig in jeder Hinsicht grundlegend für dieses Vertraute und Bekannte bleibt –, dass es plötzlich und unerwartet seine alten Züge des Absoluten und Numinosen zurückgewinnt. Je weiter wir das Licht erforschen, umso näher kommen wir den Rätseln des Kosmos und unserer eigenen Existenz, aber es wird immer deutlicher, dass wir damit auch an die Grenzen unseres Denkens und Vorstellens gelangen. So lässt sich die Geschwindigkeit des Lichts zwar von einem externen Beobachter als eine endliche messen, doch die Photonenzeit selbst erscheint dabei unendlich gedehnt, ihr Raum zugleich unendlich kontrahiert. Anders gesagt: Für das Licht selbst oder für einen imaginären Reisenden, der auf einem Lichtstrahl unterwegs ist, bleibt die Zeit buchstäblich stehen und der Raum schrumpft auf einen unendlich kleinen Punkt zusammen: „Photonen sind zeitlos, sie existieren ewig im gegenwärtigen Augenblick des *Jetzt*".[84] Man könnte also sagen, die Geschwindigkeit des Lichts ist endlich und unendlich zugleich – das Ergebnis hängt davon ab, wo man sie misst. Insofern ist auch Descartes' Überzeugung von einer unendlichen Lichtgeschwindigkeit nicht einfach ‚falsch', sondern lediglich einseitig. „Was die wissenschaftlichen Tatsachen anbelangt, hatte Descartes Unrecht, aber er hatte insofern recht, als er dem Licht absolute Eigenschaften zuschrieb."[85] Die alte, vorklassische Überzeugung, wonach das Licht eine absolute Grenze der Raumzeit unseres Universums darstellt und sich somit von allem anderen unterscheidet, was wir kennen, ist auf diese Weise zu Beginn des 20. Jahrhun-

82 Perkowitz (wie Anm. 73), S. 100.
83 Vgl. ebenda, S. 99–128.
84 Vgl. zu Einsteins Revolutionen der Lichttheorie ebenda, S. 99–128, hier S. 108.
85 Ebenda, S. 108.

derts wiederhergestellt worden. Gerade in den aktuellsten Ausprägungen der modernen Physik erhält das Licht seine einzigartige Sonderstellung im Kosmos zurück, die es in den ganz alten Entwürfen der Physik immer schon besessen hat.

Vielleicht kann man hier von einer hochwissenschaftlichen *Wiederverzauberung des Lichts* sprechen, die Einstein, wie es scheint, selbst als eine solche empfunden hat. Zumindest schreibt man ihm nach Vollendung seiner Relativitätstheorien die Aussage zu, dass er für den Rest seines Lebens über das Licht nachdenken wolle. Auch diese Anekdote ist ein treffender Ausdruck dafür, dass uns das Licht umso rätselhafter erscheint, je mehr wir darüber wissen. Mit dieser Einsicht kehren wir am Ende wieder zu einer alten Dichotomie zurück, die ich hier probeweise auf die Formel von kosmischer Strahlung und innerer Erleuchtung zu bringen versucht habe. Wie damals so steht auch dem heute wieder unerklärlichen, mystischen Seinslicht des Kosmos eine ‚Erleuchtung' – oder soll man sagen: ‚Aufklärung'? – des menschlichen Geistes gegenüber, die uns zwar sehr weit auf dem Weg geführt hat, das Licht zu durchschauen und zu erklären, und die es uns vor allem ermöglicht hat, dieses Licht auf vielfältige Weise zu instrumentalisieren. So können wir heute dank Relativitätstheorie und Quantenphysik das Licht nahezu optimal hervorbringen, kanalisieren und einfangen, es zu Laserstrahlen bündeln, durch Glasfaserkabel jagen und in Zukunft vielleicht sogar in lichtbasierten Computern zu einem neuen Super-Medium machen.[86] Doch bei der Frage, was denn dieses Licht eigentlich sei, stoßen wir wieder an die Grenzen des Unerklärlichen oder – wenn man so will – des Göttlichen. So bleibt uns wohl nur, das Licht als eine wesentliche Bedingung unseres Daseins zu akzeptieren, die wir ihrerseits nicht wirklich hintergehen können:

> Es ist das Licht, das das Universum definiert. Wenn es von den fernsten Rändern der Schöpfung zu uns dringt, eröffnet es uns den Zugang zu allen Zeiten und Orten. Alles, was wir vom Urknall oder dem Alter des Kosmos wissen, verdanken wir einer Streuung von Photonen, die eine Handvoll Moleküle in unserem Auge verändern, die ein Silberkörnchen in einer Photoemulsion verdunkeln, einen winzigen Elektronenfluß in einem Siliziumdetektor auslösen. Das universelle Licht ist zugleich ein allgegenwärtiges Licht. Wir sehen hinaus ins Universum und stellen fest, daß es die Photonenspur des Urknall trägt. Wir blicken nach innen und stoßen abermals auf das Licht: Seine Wahrnehmung beschäftigt das Gehirn und unterrichtet unser Bewußtsein. Es versetzt bestimmte Neuronenkomplexe in die Lage, die Daten über Galaxien voller Sterne zu beurteilen und einzuordnen.[87]

86 Vgl. dazu Kittler (wie Anm. 81), S. 65–67.
87 Perkowitz (wie Anm. 73), S. 258.

KLAUS THIEME

Worte des Lichts – Licht der Worte
Anmerkungen zur Geschichte des Lichts

Die Augen sind genauere Zeugen als die Ohren.
Heraklit: *fr. B 101a* [1]

Licht ist Gegenstand bzw. Darstellungsmedium der Physik, Religion, Theologie, Philosophie, von Mythos und Dichtung, der Malerei, Bildhauerei, Architektur, Kunsttheorie, der Bühnen- und Elektrotechnik, von Film, Fotographie, Pyrotechnik und – wenn Politiker oder Manager wieder einmal ‚Visionen' haben – auch von Politik und Wirtschaft: Es ist – last but not least – Folterinstrument aller Geheimdienste dieses Säkulums.

Licht ist der in Form von Quanten korpuskular oder wellenförmig mit einer Geschwindigkeit von 313 km/s sich ausbreitende Strahl; das in der Finsternis aufscheinende Orientierungszeichen, die dem Dunkel abgerungene Helle; als Metapher für Wahrheit und Sein das Signum der Reflexion des philosophischen Bewusstseins; das Unsichtbare, das alles Seiende sichtbar macht; das Medium, mit dem die Kunst Wirklichkeit reproduziert oder, Gott gleich, neu erschafft: Es ist jenes Phänomen, von dem Albert Einstein 1951 sagte: „Fünfzig Jahre intensiven Nachdenkens haben mich der Antwort auf die Frage: ‚Was sind Lichtquanten?' nicht näher gebracht. Natürlich bildet sich heute jeder ein, er wisse die Antwort. Doch da täuscht er sich." Es dürfte einleuchten, dass es hier nicht darum gehen kann, den Umgang der eben genannten Wissenschaften, Künste und Techniken mit ihrem Gegenstand umfassend zu referieren, noch darum, Licht zu bringen in die Frage nach dem Wesen des Lichts. Ausgehend von seiner Wortgeschichte soll vielmehr der Bedeutungsumkreis und Assoziationsspielraum erhellt werden, den ‚Licht' im Geltungs- und Wirkungsbereich verschiedener indoeuropäischer Sprachen entwickelt hat und damit – vertrauend auf das „Wissen" der Sprache – einsichtig zu machen, dass wir nicht nur, wie Aristoteles sagt,

1 Alle Zitate der vorsokratischen Philosophen Heraklit und Parmenides nach: Hermann Diels, Walther Kranz: Fragmente der Vorsokratiker, Berlin [6]1974.

„elenchisch“[2] an die Denk- und Seinsprinzipien, sondern auch an die Grundstrukturen der Sprache wie „an einen Pranger“ gebunden sind.

Die Aussagen der Sprache(n) sind in der Reflexion des Lichtphänomens trotz der Tatsache, dass die indoeuropäische Sprachwissenschaft auch in diesem Fall ganze Arbeit geleistet hat, relativ wenig in Betracht gezogen worden. Dies mag daran liegen, dass die europäische Tradition zumindest seit Platon, zu dem ja, wie Whitehead meint, die bisherige europäische Philosophie nichts als „Fußnoten“[3] darstelle, Worte als konventionelle Zeichen und damit als arbiträre Setzungen interpretiert hat. Nun ist aber das Wort nicht nur ein willkürlich gesetztes Zeichen, sondern auch, wie Aristoteles sagt, „ein Laut mit Bedeutung“[4]. Um diesen Konnex soll es im Folgenden gehen; genauer: um das Wort ‚Licht‘ und seinen Zusammenhang mit den Begriffen ‚zeigen‘, ‚sagen‘, ‚wissen‘ und ‚sehen‘, also um eine bestimmte und damit begrenzte Art, den Zusammenhang zwischen Licht, Sein und Wahrheit zu denken.

I.

Das deutsche Wort ‚Licht‘ benennt in etymologischer Verwandtschaft mit dem lateinischen *lux, lucere, lucus* (‚Hain‘, ‚Lichtung‘), dem griechischen *leukos* (‚weiss‘, ‚hell leuchtend‘) *lychnos* (‚Leuchte‘), dem altnordischen *logi* (‚Flamme‘) dem altbulgarischen *luca* (‚Strahl‘), dem altindischen *lokate* (‚erblickt‘) und *rokah* (‚Licht‘) im Wesentlichen die sinnliche Eigenschaft des Phänomens; lediglich das altindische Verb *rokayati* (‚beleuchtet‘) deutet kausativ dessen ebenfalls sinnliche Wirkungsweise an. Demgegenüber erweitert die Etymologie des griechischen Wortes für ‚Licht‘, *phos*, dessen Bedeutungsraum, indem es auf *Worte* verweist, die etwas ‚erleuchten‘ und ‚erscheinen lassen‘ durch Wort und Sprache akzentuiert und so einen engen Zusammenhang von Licht und Sprache herstellt. Griechisch *phos* geht zusammen mit *phemi* (‚sagen‘) und lateinisch *fari* (‚sagen‘) auf die idg. Wurzel *bha* (‚sagen‘, ‚erklären‘, ‚zum Vorschein bringen‘) zurück.[5] Damit entspricht griechisch *phainein* (‚erscheinen‘) dem sinnlichen und *phemi* (‚sagen‘) dem geistigen ‚Erscheinenlassen‘. Bremer weist in diesem Kontext darauf hin, dass die genannten Wörter die sinnlichen und geistigen Ebenen des Erscheinenlassens „gleichursprünglich umgrei-

2 Aristoteles: Metaphysik 1005 b 5 ff.

3 Zitiert nach: C. F. v. Weizsäcker: Ein Blick auf Platon, Stuttgart 1981, S. 5.

4 Aristoteles: De interpretatione 16a 19.

5 Alois Walde, Johann Baptist-Hofmann: Lateinisches etymologisches Wörterbuch, Heidelberg 1938; Stichwort ‚lucere‘, S. 823; Hjalmar Frisk: Griechisches etymologisches Wörterbuch, Heidelberg 1968; Stichworte ‚phaos‘, ‚phemi‘, S. 989.

fen".[6] Was die indogermanische Sprachwissenschaft für die Sanskritsprachen konstatiert,[7] gilt ebenso für das archaische Griechisch: Erleuchten und Sagen, Licht und Wort wurden prinzipiell zusammengedacht, Sinnliches und Geistiges weder als kontradiktorisch noch hierarchisch oder metaphorisch verstanden. Die kategorische Trennung von ‚sinnlich' und ‚geistig' und damit auch die für die europäische Tradition so bestimmende wie einengende Hierarchisierung entspricht einer späteren Bewusstseinshaltung: der platonischen. Einen inneren Zusammenhang zwischen ‚erleuchten' und ‚sagen', ‚sehen' und ‚wissen', Licht und Wort zeigen auch andere etymologisch verwandte Termini wie lat. *dicere* (‚sagen'), griech. *deiknymi* (‚zeigen'), altindisch *dis* (‚Anweisung'), aber auch lat. *videre*, *visum* (‚sehen'), griech. *[v]idein*, *[v]oida* (‚sehen'), altindisch *veda* (‚wissen'), idg. Wurzel (‚sehen').[8]

Wenn Platon die Funktion des Wortes darin sieht, uns die ‚Dinge durchsichtig' *(phanera)* zu machen und Aristoteles den Sinn von Wort und Rede im ‚klarmachen' *(daeloun)* und ‚zur Erscheinung bringen' *(apophainesthai)* sieht, wenn er am Anfang seiner Metaphysik als Grundzug der menschlichen Natur den Drang zum Wissen betont und dafür das griechische Wort ‚sehen' *(eidenai)* verwendet, so zeigen sich die von der Sprache angedeuteten Konnotationen auf der Höhe philosophischer Reflexion.[9] Das gilt auch für die in den indoeuropäischen Sprachen angelegte Bedeutung von ‚Licht' *(phos)* und ‚sagen' *(phemi)* als ‚sichtbar machen', ‚erscheinen lassen': Licht wie Wort werden damit als ungegenständliche Phänomene gedacht, die, obwohl selbst nicht sichtbar, alle Gegenstände sichtbar machen, also ihre Gegenständlichkeit konstituieren und ihnen so erst Bedeutung verleihen.

Nun setzt das Sprechen vom Offenbarmachen der Dinge, ihrem Erscheinenlassen und Zum-Vorschein-Bringen im Wort voraus, dass die durch das Wort wie durch einen Lichtstrahl erhellte Wirklichkeit vorher dunkel oder unerhellt war. Ohne auf die in vielen Religionen und Mythen verbreiteten Erzählungen vom Kampf zwischen Licht und Finsternis näher einzugehen, sei hier lediglich die im griechischen Denken deut-

6 Dieter Bremer: Licht als universales Darstellungsmedium. In: Archiv für Begriffsgeschichte 18 (1974), S. 5.

7 „Was die Bedeutungen betrifft, so beweisen die Sanskritwörter, daß hier ‚leuchten' und ‚sprechen' ursprünglich eins waren." In: G. Curtius: Grundzüge der griechischen Etymologie, Leipzig 1879, S. 297.

8 Friedrich Kluge: Etymologisches Wörterbuch der deutschen Sprache, Berlin 1960, Stichworte ‚sagen', ‚sehen', ‚wissen'; Walde, Hofmann (wie Anm. 1), Stichworte ‚dicere', ‚videre'; Frisk (wie Anm. 1), Stichworte ‚oida', ‚idea'; ferner: C. D. Buck.: Words of speaking an Saying in the Indo-European Languages. In: American Journal of Philology 36 (1915), S. 1–18.

9 Platon: Kratylos 422e; Aristoteles: Rhetorik 1404b 1, 2; De interpr. 17a 8.

lich werdende Entwicklung vom Aufstieg aus dem Dunkel zum Licht skizziert: der Weg vom Primat des Dunkels zur Verabsolutierung des Lichts und seine Verinnerlichung in der Vorstellung vom Aufstieg der ursprünglich lichthaften, dann ins Dunkel der Unwissenheit gefallenen Seele zum Licht der Wahrheit und des Wissens.

II.

Dem Dunkel ist das Licht fremd.
Aischylos: *Choephoren 319* [10]
Die Nacht verbirgt das Licht.
Aischylos: *Prometheus 24* [11]

Am Anfang war nach der Weltauslegung der griechischen Mythologie nicht das Wort, „das sich das Licht gebar"[12], sondern das Chaos, das die Nacht und dann das Licht gebar: „Aus dem Chaos entstand der Erebos und die dunkle Nacht, aus der Nacht aber entstanden wiederum der Äther und das Tageslicht."[13] Das Dunkel ursprünglicher als das Licht, das Licht immer von der ursprünglichen und eigenständigen Macht des Dunkels bedroht: In dieser frühen dualistischen Weltsicht sind Dunkel und Licht, Nacht und Tag streng getrennt:[14]

> Das Haus der finsteren Nacht schließt niemals beide ein, sondern immer durchstreift einer von ihnen, außerhalb des Hauses die Erde, der andere wiederum, der innerhalb des Hauses ist, wartet auf die Stunde seines Weges. Der eine hat vielsehendes Licht für die auf der Erde Lebenden, der andere hält den Schlaf in Händen, den Bruder des Todes, die verderbenbringende Nacht [...], Schlaf und Tod, gewaltige Götter.[15]

Wie das Licht immer vom Dunkel der „verderbenbringenden Nacht" bedroht ist, so wird in einem späteren, philosophischen Stadium der

10 Aischylos: Tragödien und Fragmente, hrsg. u. übers. v. Oskar Werner, Tübingen 1980.

11 Vgl. Anm. 10.

12 „Ich bin ein Teil des Teils, der anfangs alles war/ ein Teil der Finsternis, die sich das Licht gebar,/ das stolze Licht, das nun der Mutter Nacht,/ den alten Rang, den Raum ihr streitig macht." In: Goethe: Faust I, 1349 ff.

13 Hesiod: Theogonie 122–124. In: Texte zur Philosophie, Bd. 1, hrsg. u. übers. v. Karl Albert, Griech.–Dt., Kastellaun 1978.

14 Hans Blumenberg (Licht als Metapher der Wahrheit. In: Studium Generale 10 [1957], S. 433) weist darauf hin, dass der Lichtbegriff ursprünglich im Kontext einer dualistischen Weltauffassung entwickelt wurde: Licht und Finsternis als „elementare Urprinzipien", und er nennt in diesem Zusammenhang den 2. Teil des Lehrgedichtes des Parmenides sowie Aristoteles' Hinweis auf die Pythagoreer (Met. 986a 25 ff.). Nun gehört die Lehre des Parmenides einer späteren Bewusstseinshaltung an: Für ihn gehört der Dualismus zwischen Licht und Finsternis zum Bereich des Scheins, der Meinung.

15 Hesiod (wie Anm. 13), 749 ff.

Entwicklung die Wahrheit immer von Sinnestäuschung, Irrtum, Schein und Meinung bedroht sein. Das gilt auch für die Wirkung des Wortes: Was die Wirklichkeit ans Licht bringt, kann Erscheinung oder Schein sein. Aus dem Dualismus von Dunkel und Licht wird die Ambivalenz von Sichtbarmachen und Verbergen durch das Wort.

Täuschung und Selbsttäuschung durch das Wort ist ein zentrales Thema der griechischen Tragödie und Komödie, der Rhetorik und speziell der platonischen Philosophie. Bereits hier ist die Einheit von Wort und Licht zerrissen, das Wort nicht mehr Garant von Wahrheit. Die permanente Auseinandersetzung der griechischen Philosophie mit der Macht der Worte führte trotzdem nicht dazu, wie in der Neuzeit ein (mathematisches, physikalisches, chemisches, biologisches) Zeichensystem zu entwerfen, welches den Wissenserwerb von der Ambivalenz der Worte unabhängig gemacht hätte. Es ist dieser bewusste oder unbewusste Verzicht, der die griechische Naturwissenschaft vor dem Anspruch totaler Naturbeherrschung bewahrte.

Hesiods Rede vom „Haus", das nicht Tag und Nacht, Dunkel und Licht zugleich bergen könne, deutet zudem auf die in den indoeuropäischen und speziell in den Sanskritsprachen angelegte Beziehung der Worte für ‚Licht' und ‚Raum' hin, eine Beziehung, mit der auch Heideggers Metapher vom (menschlichen) Dasein als der „Lichtung des Seins" spielt.[16]

III.

> Der Gott ist Tag und Nacht, Winter und Sommer, Krieg und Frieden, Sattheit und Hunger, er ist wandlungsfähig wie Öl.
>
> Heraklit: *fr. B67* [17]

> Lehrer der meisten ist Hesiod; sie sind davon überzeugt, dass er am meisten Wissen hatte, er, der keinerlei Wissen hatte von Tag und Nacht: sie sind doch eines.
>
> Heraklit: *fr. B57* [18]

Dem Dualismus von Licht und Finsternis setzt Heraklit seinen Begriff von der Einheit beider entgegen, und „Einheit" ist das sich aus dem spannungsvollen Gegensatz zweier Momente Konstituierende: „Das Widerstrebende zusammenstimmend und aus dem Unstimmigen die

16 Martin Heidegger: Sein und Zeit, Tübingen 1972, S. 133. „Dasein ist nicht durch ein anderes Seiendes gelichtet, sondern so, dass es selbst die Lichtung ist. Nur einem existenziell so gelichteten Seienden wird Vorhandenes im Licht zugänglich, im Dunkel verborgen." Vgl. Bremer (wie Anm. 2), S. 2; Ernst Cassirer: Philosophie der symbolischen Formen II: Raum und Licht, Darmstadt 1994, S. 116 ff.

17 Vgl. Anm. 1.

18 Ebenda.

schönste Harmonie." *(fr. B8)* Das Eine, in dem alles Gegensätzliche gründen soll, wird von Heraklit metaphorisch als „immerlebendiges Feuer" *(pyr aeizoon)*, begrifflich als *logos* bestimmt: Benennung des Gesetzes, das Gegensätzliches eint und sein Werden, sein Entstehen und Vergehen, sein Übergehen in sein Gegenteil lenkt. Die Ambivalenz des Wortes ‚Feuer' (Leuchten und Wärmen, Verbrennen, Wechsel von Hell zu Dunkel, von Dunkel zu Hell, das immerwährende Aufflammen und Verlöschen) und die Vieldeutigkeit des Wortes *logos* (Sprache, Wort, Berechnung, Rede, Sammlung usw.) indizieren einen Zweifel an dem simplen Dualismus des mythischen Weltbildes sowie das Bestreben, über den alten Gegensatz von Licht und Dunkel hinauszugehen, ihn in einem allgemeinen Prinzip ‚aufzuheben'. An die Stelle des mythischen Wortes für das höchste, alles umfassende Prinzip bei Homer oder Aischylos, nämlich ‚Zeus', treten bei Heraklit ein Naturphänomen (‚Feuer') und ein abstrakter Begriff *(logos)*. Die Fähigkeit des Wissens und Erkennens (bzw. Sehens), die im homerischen Kosmos noch den Lichtgöttern Zeus (etymologisch: skr. *dyau* ‚heller Tag', ‚lichter Himmel', lat. *dies* ‚Tag' und *Iuppiter*, skr. *dyaus pitar* ‚Vater' ‚Tag', griechischer Genitiv zu Zeus: *dios*) und dem Sonnengott Helios, „der alles sieht und alles hört"[19], zugesprochen wurde, geht nun auf die ‚logische' Erkenntnis des Weltgesetzes durch den mit dem Logos der Welt korrespondierenden menschlichen Verstand über. Diese Instanz wird Cicero als *lumen naturale* (‚natürliches Licht') bezeichnen, die in der späteren Überlieferung einer angeblich Heraklit'schen Unterscheidung zwischen einem sinnlich wahrnehmbaren und einem geistigen Licht *(aisthetos phos und noetos phos)* dokumentiert wird.[20]

Wenn Parmenides in seinem Lehrgedicht den Gegensatz von Licht und Finsternis als „Schein" und „der Sterblichen Scheinsicht" enthüllt und beide als „gleichwertig", weil dem „Sein" zugehörig darstellt,[21] so ist damit, ähnlich wie durch Heraklit, der Dualismus von Licht und Finsternis in einem philosophischen Begriff aufgehoben. Damit ist allerdings noch nicht geklärt, ob Parmenides der Wahrheit oder dem Sein Licht-

19 Homer: Ilias 3, 277.

20 Vgl. Dieter Bremer: Hinweise zum griechischen Ursprung und zur europäischen Geschichte der Lichtmetaphysik. In: Archiv für Begriffsgeschichte 17 (1973), S. 10, Anm. 25. Dort auch ein Hinweis auf die Terminologie Hegels, der das „reine Sein" als „Lichtwesen" benennt, dessen „Bewegungen Lichtgüsse und Feuerströme" seien. In: G. W. F. Hegel: Phänomenologie des Geistes VII A a, hrsg. v. Hoffmeister, Hamburg 1952, S. 484.

21 Parmenides: fr. B9; auch U. Hölscher: Parmenides, Frankfurt a. M. 1969; Uvo Hölscher: Anfängliches Fragen, Göttingen 1968; ferner: W. J. Verdenius: Parmenides' conception of light. In: Mnemosyne IV 2 (1949).

charakter zuspricht,[22] schildert doch das Prooemion zu seinem Werk eine „von Sonnenmädchen, die das Haus der Nacht verließen“, geleitete Wagenfahrt „hin zum Licht“, in dem ihm, dem Philosophen, „Wahrheit“ (*aletheia*, ‚Unverborgenheit‘) enthüllt wird.[23] Dass Parmenides sich selbst als „wissenden Mann“ bzw. „sehenden Mann“ *(eidota phota)* darstellt,[24] deutet sprachlich wieder auf die Beziehung von ‚wissen‘, ‚sehen‘ und ‚Wahrheit‘ *(aletheia)* hin. Licht ist hier nicht mehr das vom Dunkel Bedrohte wie im mythischen Denken Hesiods, es ist auch nicht metaphorisch das „Feuer“ Heraklits: Es steht vielmehr für ein Medium, *in* dem sich die Wahrheit zeigt. Die „gegensätzlichen Prinzipien des Seienden“[25] Dunkel und Licht sind unter zunehmender Dominanz des Lichts durch philosophische Begriffe überhöht worden. Die ‚Erleuchtung‘ des Parmenides wird – philosophisch gesprochen – in der Erkenntnis bestehen, dass Sein und Nichtsein einander ausschließen und nur das Sein wahrhaft *ist.* Sie besteht ‚logisch‘ in der Entdeckung des Identitäts- oder Widerspruchsprinzips und ontologisch im absoluten Primat des sich immer gleich bleibenden Seins, und das liegt jenseits von Licht und Dunkel. Unausgesprochen ist dabei die Annahme stets mitgedacht, dass, wer die Wahrheit erkennen und nicht im Bereich von Schein und Meinung verharren will, sich selbständig auf den Weg machen muss: auf den Weg „hin zum Licht“.

IV.

Galilei: Auch das Sehvermögen ist vollkommen. Die Menschen haben sehr gute Augen.
Apicius: Welche schwachen Augen sind es denn, denen Eure Gläser zu Hilfe kommen sollen?
Galilei: Es sind die Augen der Philosophen.

Fontenelle: *Totengespräche*

Bestand die innere Beziehung zwischen Licht und Wort bisher darin, Seiendes erscheinen zu lassen und uns so die Wahrheit über das Sein zu vermitteln, wobei diese immer in der Möglichkeit des Verdunkeltwerdens durch die Ambivalenz des Wortes stand, so stellt erst Platon jene enge Verbindung zwischen Licht, Erkenntnis, Sein und Wahrheit her, die für das europäische Denken prägend geworden ist. Für kaum einen grie-

22 Vgl. Blumenberg (wie Anm. 14), S. 433; Bremer (wie Anm. 20), S. 22, Anm. 60.

23 Parmenides: B1,9.

24 Das in seiner Etymologie ungeklärte *phós* kann mit dem altindischen *bhas* (‚Licht‘, ‚Schein‘) und *bhati* (‚leuchtet‘, ‚scheint‘) in Verbindung gebracht werden. Vgl. Frisk (wie Anm. 1), Eintrag zu ‚phós‘.

25 Aristoteles: Met. 986a 22.

chischen Philosophen spielt das Licht als metaphysische Kategorie eine so fundamentale Rolle wie für Platon. Die Verbindung, die Platon zwischen Licht und Wahrheit sieht, ist nicht mehr nur metaphorisch, sondern ontologisch-metaphysisch: Die Wahrheit leuchtet selbst.[26] Dass der Rückgriff auf Worte des Sehens zur Darstellung geistiger Prozesse für die Entwicklung der platonischen Ideenlehre von den frühen Dialogen an bis zum Spätwerk der *Politeia* prägend geworden ist, ist vielfältig belegt: Die Begriffe *eido*s und *idea* verweisen auf das indogermanische Wortfeld *(v)eid* und damit auf ‚sehen' und ‚wissen'.[27] Die höchste Idee, die Idee des Guten, erleuchtet als Seins- wie als Erkenntnisgrund, als „das Leuchtendste alles Seienden", als „wahrhaftes Licht", als „unsichtbares, geistiges Licht" die Wirklichkeit, indem es diese in die „Unverborgenheit" *(aletheia)* setzt; es ermöglicht uns „theoretische", also betrachtende, schauende Erkenntnis. Hier ist das höchste, weil unwandelbare Sein selbst Licht, dessen Ausbreitung die Welt erhellt, und dieses Licht ist gleichsam omnipräsent. Das Dunkel ist in dieser Metaphysik des Lichts nur noch negativ bestimmbar als „Mangel an Licht".[28] Ideenschau, Erkenntnis ist Erkenntnis dessen, was „sonnenklar" ist. Erkenntnis setzt „Übung" *(askesis)* voraus, der Weg zum Licht die „Reinigung" *(katharmos)* der Seele von allem Blendwerk sinnlichen Sehens, das dem Sehen im Dunkel der Höhle gleicht. Wahres Sehen bedarf der „Umkehr der ganzen Seele" *(peristrophé hóles tes psychés)* aus einem „nachthaften" in den „wahren Tag".[29]

In welchem Ausmaß der lichthafte platonische Wahrheits- und Seinsbegriff auf dem Weg über den Neuplatonismus und Augustinus das christliche und überhaupt das europäische Denken bestimmt hat, kann hier nicht ausgeführt werden. Angemerkt sei lediglich, dass Erkenntnis als Absehen vom konkreten sinnlichen Sehen und die platonisch-aristotelische Eliminierung des Dunkels als exemplarischer Verdrängungsprozess das Dunkel eben nur ‚eliminiert', d. h. ‚der Schwelle verwiesen' hat. Es fand seine Zuflucht in der zunehmenden Verdunkelung des Wortes und seiner Beziehung zur Wahrheit. Von der Sprach- und Schriftskepsis Platons über die sophistische Entkoppelung von Wort und Wahrheit, die Sprachkritik des Augustinus und seinen Versuch, Wahrheit in den vor- und übersprachlichen Bereich des Inneren zu verlegen, dem tiefen Ungenügen an der Sprache, das Dante im Schlussgesang des *Paradiso* angesichts des göttlichen Lichts zum Ausdruck bringt *(Che cio' che dico è un*

26 Vgl. Platon: Politeia 508d 5; 514a (Höhlengleichnis); 508a (Sonnengleichnis).

27 C. J. Classen: Sprachliche Deutung als Triebkraft platonischen und sokratischen Philosophierens. In: Zetemata 22 (1959), S. 43 ff.

28 Aristoteles: Met. 10653 b 31: De anima 418 a 26 ff.; b 18 ff.; Augustinus: Conf. 12, 3,3.

29 Platon: Politeia 521 c.

semplice lume: „das was ich sage, ist nur ein schwaches Leuchten“[30]) bis hin zum spätmittelalterlichen Nominalismus dominiert die Einsicht, dass Worte als konventionelle Zeichen jederzeit in die Irre führen können. Die platonische Hypertrophie des Lichts hat das Licht des Wortes verdunkelt.

V.

Verbum quod foris sonat, signum est verbi, quod intus lucet.
Augustinus: *De trinitate 15, 11, 20*

Platons Licht der Idee ist das Licht des unsichtbaren Allgemeinen. Wer es ‚sehen‘ und damit ‚Wissen‘ erwerben will, muss die Höhle der konkreten Dinge verlassen und den Aufstieg ins Licht und das Sehen *des* Lichts wagen. Damit wird das Licht aus einem transzendentalen, das Sehen der Dinge ermöglichenden universalen Medium zu einem ‚Gegenstand‘ besonderer Art – freilich nur für das im richtigen Umgang mit dem Licht geübte Auge des Philosophen. Er sieht im Licht selbst den ungegenständlichen Grund aller Gegenständlichkeit. Jedes ungeübte Auge wird geblendet. Die spätere christliche Gleichsetzung des Lichts mit Gott macht für Augustinus – in Abwehr der manichäischen Lichtmetaphysik – die Unterscheidung von göttlichem und geschaffenem Licht notwendig: Die Manichäer unterschieden nicht zwischen dem „Licht, das Gott selbst ist und dem, das er schuf“.[31] Gott ist nicht nur Licht, sondern „lichtschaffendes Licht *(lucifica lux)*“.[32]

Platons Absehen vom ‚äußeren‘, sinnlichen Sehen, seine scharfe Trennung der geistigen von der sinnlichen Welt kehrt – vermittelt durch einige Traktate Plotins – bei Augustinus wieder: in seiner Differenzierung des Lichts in das Licht, „durch das wir wahrnehmen“, und das, „wodurch wir erkennen“.[33] Die augustinische Verinnerlichung des Gottesbildes wie der Wahrheit, seine Gleichsetzung von Gott, Licht, Wahrheit sind die Voraussetzung für seine Lehre von der „Erleuchtung“ *(illuminatio)* durch das „innere Licht“[34]. Wie bei Platon und Plotin ist die Voraussetzung für dieses nicht-empirische ‚Sehen‘ des Unwandelbaren, das „beständig ist und sich immer gleich bleibt“[35] das Absehen von der gegenständlich-empirischen Wirklichkeit. Erleuchtung meint aber für Augusti-

30 Dante: Par. 33, 90.
31 Augustinus: Contra Faustum Manichaeum 22, 8.
32 Ebenda 22, 7.
33 Ebenda.
34 Vgl. Werner Beierwaltes: Lux intelligibilis, München 1957.
35 Seneca: De beata vita II,8.

nus über alle asketische Reinigung der Seele und jede Einkehr in sich selbst hinaus auch das Nichtverfügbare der Erkenntnis intelligibler Wesenheiten. Selbst wenn Kurt Flasch einen Zusammenhang zwischen der Illuminations- und Gnadenlehre bei Augustinus bestreitet,[36] ist das innere Sehen, von dem Augustinus spricht, nur denkbar im Licht der die Seele auf Grund ihrer Gottesebenbildlichkeit erfüllenden göttlichen Hintergrundstrahlung.

Erkenntnis durch ‚Schau' oder ‚Anschauung': In säkularisierter Form erfasst die Erkenntnis ihren Gegenstand in einer inneren Anschauung, wobei das für jede „Anschauung" notwendige Licht dann nicht mehr das Licht göttlicher Hintergrundstrahlung ist, sondern das transzendentale Licht des menschlichen Bewusstseins.[37] Für Augustinus ist jede sprachliche Vermittlung unzulänglich, weil das zeitlos Gesehene auf die Ebene diskursiven Sprechens und Hörens übersetzt und das Licht durch den Laut ersetzt werden muss: „Das Wort, welches außen tönt, ist nur ein Zeichen für das Wort, das innen leuchtet."[38]

Die platonische Hypostase des Lichts und der Ideen, seine Ideomanie bewirkte für lange Jahrhunderte eine ‚Blendung' des Wissens: das Ausblenden der konkreten Lebenswirklichkeit, der Natur als dem Bereich des Werdens, des ‚unaussprechbaren' Individuums, das zum Fall und Beispiel für allgemeine Gesetzmäßigkeiten und Strukturen schrumpfte. Offen blieb in dieser Konstituierung einer Hinterwelt, *was* es in diesem Licht eigentlich zu sehen gibt: „Ideen"? Das Licht selbst? Eine Antwort auf diese Frage gibt vielleicht noch einmal das Prooemion zum Lehrgedicht des Parmenides:

Die Fahrt der Sonnenmädchen aus dem Haus der Nacht endet vor einem Tor „aus Ätherlicht" und „ausgefüllt mit großen Türflügeln". Als diese aufspringen, geben sie den Blick frei auf „einen gähnenden Schlund" *(chasma).* Was sich dem „wissenden" („sehenden Mann") hier auftut, ist nicht der Blick ins Licht, sondern der Blick in eine gähnende Leere – jene Leere, aus der das Licht die Dinge heraushebt – sofern es Dinge gibt. Wo nichts „ist", herrscht Dunkelheit: die Dunkelheit der „Ideen" wie des leeren Raumes, des Nichts. Hier endet das „Sehen" des Parmenides, dem die Wahrheit anschließend von der Göttin durch das *Wort* enthüllt wird.[39]

36 Kurt Flasch: Augustin. Eine Einführung in sein Denken, Stuttgart 1980, S. 305.

37 Vgl. René Descartes: Regulae ad directionem ingenii 1; Gottfried Wilhelm Leibniz: Meditationes de cognitione, veritate et ideis; Immanuel Kant: De mundi sensibilis atque intelligibilis forma et principiis 25, Kritik der reinen Vernunft B 33 ff.

38 Augustinus: De trinitate 15, 11, 20 (vgl. Motto vor Kap. V).

39 Parmenides: Vom Wesen des Seienden. Die Fragmente griechisch und deutsch, hrsg., übers. u. erl. v. Uvo Hölscher, Frankfurt a. M. 1986, S. 11; dazu auch Walter Burkert:

VI.

Die in den indoeuropäischen Sprachen etymologisch angelegte Beziehung zwischen ‚Licht', ‚sagen', ‚sehen', ‚wissen' und ‚Wahrheit', zwischen Licht und Wort führt über die (unvermeidliche) metaphorische Verwendung der Worte für Licht zur Entwicklung einer letztlich vom Licht dominierten Ontologie und Erkenntnistheorie. Die archaisch-mythische Konzeption der Ursprünglichkeit von Nacht und Finsternis wird zunächst durch eine Gleichwertigkeit beider Phänomene unter dem philosophischen Begriff des *logos* bzw. des Seins ersetzt. Sie mündet in die Eliminierung des Dunkels und den Triumph des Lichts, in dem die Dinge auf Grund seiner Bewusstsein und Wirklichkeit erhellenden Kraft klar und deutlich im äußeren wie im inneren Raum stehen. In dem Maße wie das Licht sich überallhin ausbreitet, verliert das anfänglich Licht spendende, uns die Wirklichkeit zum Erscheinen bringende Wort seine Leuchtkraft. Angesichts der *visio* des göttlichen Lichts selbst sind Worte nur „ein schwaches Leuchten" (Dante).[40] Die Wahrheit wird zunehmend nicht mehr in der unaufhörlich sich wandelnden Außenwelt gesucht, sondern im Innern unseres Bewusstseins, dessen Licht auf das Unwandelbare und Allgemeine, in selbstgenügsamer Identität Verharrende fällt und das bald den Namen ‚Idee', ‚unbewegt Bewegendes', ‚Gott', ‚Monade', ‚Weltgeist' usw. angenommen hat.

Die zwanghafte Eliminierung des Dunkels in und seit der platonischen Philosophie, seine Abspaltung und negative Besetzung u. a. als Hölle (das ‚Verborgene'), seine Gleichsetzung mit dem Bösen sowie die ebenso zwanghaften Versuche, begrifflich einen von allen dunklen Flecken gereinigten, in jedem Sinne lichtvollen und daher guten Gott aufrechtzuerhalten, kurz: alle Versuche, dem Dunkel sein eigenes Recht zu nehmen und es rein negativ als Abwesenheit des Lichts zu verstehen, konnten es nicht beseitigen. Es bekommt eine neue, der alten mythischen Vorstellung von seiner Eigenständigkeit und Ursprünglichkeit sowohl entsprechende als auch kontrastierende Bedeutung in dem seit dem 19. Jahrhundert zu konstatierenden Verfügbarmachen des Lichts als der technischen Möglichkeit künstlicher Beleuchtung in Film, Theater, Innenräumen und Öffentlichkeit.

Künstliche Beleuchtung setzt statt des allgegenwärtigen natürlichen Lichts als Ur-Zustand Dunkelheit voraus. Sie will den Blick lenken, fixieren, manipulieren und eliminiert damit die dem Sehen und Umhersehen

Das Prooemion des Parmenides und die Katabasis des Pythagoras. In: Phronesis 14 (1969), S. 12 f. Burkert versteht das Wort *chasma* vor dem Hintergrund der Chaos-Vorstellung des Hesiod.

40 Vgl. Anm. 30.

immanente Freiheit. Der metaphysische Lichtzwang Platons wird auf diese Weise abgelöst vom Lichtzwang der modernen Zivilisation und ihren vorgefertigten Bildern. Der künstlich vollkommen ausgeleuchtete Raum signalisiert wohl nicht zufällig Isolation und Gefahr:

> Wir lagen
> schon tief in der Macchia, als du
> endlich herankrochst.
> doch konnten wir nicht
> hinüberdunkeln zu dir:
> es herrschte Lichtzwang.[41]

41 Paul Celan: Gesammelte Werke, Bd. 2, Frankfurt a. M. 1983, S. 239.

Thomas Macho

Licht und Fest
Konflikte zwischen Sonne und Feuer in der europäischen Kulturgeschichte

I.

Dunkelheit, Finsternis, Nacht, Kälte, Ausweglosigkeit, Not. Plötzlich wird es hell: Ein Licht erstrahlt, befreit, erwärmt, verwandelt die feindliche Welt in eine freundliche Umgebung. „Und das Licht leuchtet in der Finsternis" (Joh 1,5).[1] So lautet die Kurzfassung einer sakralen Botschaft, die in den verschiedensten Religionen ausdifferenziert und verbreitet wurde, und zwar einerseits in Gestalt kosmogonischer Mythen, die sich an den Vegetationszyklen orientierten und die rituelle Inszenierung von Naturwahrnehmungen begründeten, andererseits in Gestalt narrativer Erlösungslehren, die zur Erinnerung an historische Taten und Ereignisse aufriefen. Die ersehnte Vertreibung der Finsternis ließ sich passiv erfahren und begleiten, etwa bei Vollmond oder Sonnenwende; sie ließ sich aber auch aktiv provozieren – etwa durch die Entzündung von Feuern oder Lampen. Der kultischen Verehrung der Gestirne als Gottheiten antwortete die Verherrlichung der Kulturheroen und Feuerdiebe wie Prometheus oder Luzifer; und der agrarischen Kalenderordnung – mit ihrer Bewirtschaftung der wiederkehrenden Zeiten zwischen Aussaat und Ernte – lässt sich eine genealogisch-historische Kalenderordnung mit Namensfesten und kulturellen Feiertagen gegenüberstellen. „Das Licht leuchtet in der Finsternis" (Joh 1,5): Doch für die jeweilige Religion und Kultur hing alles davon ab, *was* konkret erstrahlte – ein Stern oder eine Kerze, die Sonne, der Mond oder ein Feuer.

Ägypten und Israel bildeten die frühen Gegenpole dieser beiden Varianten der Lichtmetaphysik. Ein hirtennomadischer Feuergott, der sich im brennenden Dornbusch und in vulkanischen Feuersäulen offenbarte, stritt gegen den agrarischen Sonnenkult; die Ideale eines historischen

1 Alle Bibelstellen werden fortlaufend im Text zitiert nach: Neue Jerusalemer Bibel, hrsg. v. Alfons Deissler u. Anton Vögtle, Freiburg i. Br. 1985.

Zeitbewusstseins entwickelten sich im Konflikt mit den Regeln einer vegetationszyklisch orientierten Kultur. Der Sonnengott stand bereits im Zentrum babylonischer Kulte: Er wurde als Inbegriff von Wahrheit und Gerechtigkeit verehrt. Als Ausdruck der Ma'at, des Prinzips der Unsterblichkeit und einer dauerhaften Solidarität zwischen den Lebenden und den Toten, dominierte die Sonne auch das Imperium der Pharaonen. Im Sonnenlauf erfuhr die altägyptische Hochkultur eine archetypische Überwindung des Bösen und des Todes; Aufgang, Untergang und neuerlicher Aufgang des Zentralgestirns figurierten gleichsam als Urszenen „gelingender Wohlfahrt auf den Ebenen des kollektiven und des individuellen Lebens": als Sieg des Lichtes, der Bewegung und des Lebens über Finsternis, Stillstand und Tod, als Triumph des Reichs und der Herrschaft über Chaos und Aufruhr. Jan Assmann betont: „Mehr als die Hälfte der zahllosen Hymnen, die uns aus dem alten Ägypten erhalten sind, sind Sonnenhymnen. Es gibt keinen anderen Gott, dessen Kult eine solche Textproduktion veranlaßt hätte."[2]

Noch in den Schriften der Hebräer lassen sich – bei aller Distanz zum zyklischen Sonnenkult – manche Spuren der ägyptischen Lichtmetaphysik entdecken. Wer erinnert sich beispielsweise nicht an das Horus-Auge, wenn darum gebetet wird, dass Gott sein Angesicht „über uns leuchten" lasse (Ps 4,7). Und wer denkt nicht an die Sonne der Gerechtigkeit, wenn Hiobs Klage ertönt: „Gott macht mein Herz verzagt, der Allmächtige versetzt mich in Schrecken. Denn bin ich nicht von Finsternis umschlossen, bedeckt nicht Dunkel mein Angesicht" (Hi 23,16–17). Doch darf dieser Gott nur metaphorisch mit dem Licht identifiziert werden. Er ist zwar die „Wohnstatt des Lichts" (Hi 38,19), nicht aber das Licht selbst. Das Licht logiert gleichsam an seiner Adresse, als Untermieter des Absoluten, der nicht mit dem Hausherrn verwechselt werden darf. Gott „enthüllt tief verborgene Dinge; er weiß, was im dunkeln ist, und bei ihm wohnt das Licht" (Dan 2,22). Der Gott Israels unterscheidet sich vom Licht – so wie er am ersten Schöpfungstag das Licht von der Finsternis (Gen 1,3–5) und dieses Licht wiederum von den Gestirnen schied, diesen Beleuchtungskörpern, die er erst am vierten Tag installierte (Gen 1,14–18). Gott kennt höhere Instanzen des Leuchtens als Sonne, Mond und Sterne, denn „in deinem Licht schauen wir das Licht" (Ps 36,10). Von zwei Arten des Lichts wird also gesprochen; das ewige Licht verhält sich zur Sonne wie der elektrische Strom zur Glühbirne. Daher heißt es von den künftigen Bürgern des himmlischen Jerusalem (in der Apokalypse des Johannes): „Es wird keine Nacht mehr geben,

2 Jan Assmann: Ma'at. Gerechtigkeit und Unsterblichkeit im Alten Ägypten, München 1990, S. 196, 193.

und sie brauchen weder das Licht einer Lampe noch das Licht der Sonne. Denn der Herr, ihr Gott, wird über ihnen leuchten" (Offb 22,5).

II.

Die Differenz zwischen einer Religion, die den zyklischen Sonnenkult praktiziert, und einer Religion, die der Offenbarungsevidenz eines brennenden Dornbuschs folgt, ist ebenso fundamental wie die Unterscheidung zwischen „lux" und „lumen", welche die Kirchenväter – und nach ihnen die Gelehrten des Mittelalters – behaupteten:

> Lux ist nach dieser Auffassung das gottgegebene Licht, die Essenz des Lichts und als solche ein Widerschein des Schöpfers. Laut Augustinus ist es das einfachste, erhabenste, beweglichste und vielfältigste aller Körperwesen. Lumen dagegen ist das materielle Medium, das es uns ermöglicht, das Wesen des Lichts (der lux) wahrzunehmen.[3]

In diesem Sinne wurde Christus als das Lumen gedeutet, das die Erfahrung des göttlichen Lichts, Lux, erschließt: „Ich bin das Licht der Welt. Wer mir nachfolgt, wird nicht in der Finsternis umhergehen, sondern wird das Licht des Lebens haben" (Joh 8,12). Das „Licht der Welt" referiert (wie die brennende Kerze) auf das „Licht des Lebens" (gleichsam die Sonne), doch wird dieses Licht aus freiem Willen entzündet. Darum verkörpert das Lumen stets auch den Geist der Rebellion, so wie das jüdische Chanukkafest, das – just zur Wintersonnenwende – an die erfolgreiche Neueinweihung des Tempels nach dem Aufstand der Makkabäer, also an die glückliche Zurückdrängung hellenistischer Herrschaft erinnert. Christus, das Lumen der Welt, verweist nicht nur auf die (neuplatonisch spiritualisierte) Sonne – als Lux –, sondern widersetzt sich auch ihrer Regel durch die einmalige und freiwillige Erlösungstat; in manchen apokryphen Quellen wurde er folgerichtig als Engelsbruder Luzifers bezeichnet: „Christus verus Lucifer".

Beinahe von selbst versteht sich, dass der Widerstreit zwischen agrarischer Sonnenreligion und hirtennomadischer Feuerreligion – selbst in subtilen und spirituellen Fassungen – die Gestaltung der religiösen Zentralfeste entscheidend prägte. Spätestens seit dem Jahr 274, seit Kaiser Aurelians Einführung des Kults der „unbesiegten Sonne" *(sol invictus)*, ging es beispielsweise um die Frage, ob am 25. Dezember das vegetationszyklisch relevante Ereignis der Wintersonnenwende oder ein historisch singuläres Ereignis, die Geburt des Messias in Palästina, gefeiert

3 Arthur Zajonc: Die gemeinsame Geschichte von Licht und Bewusstsein, übers. v. Hainer Kober, Reinbek b. Hamburg 1994, S. 121.

werden sollte. Im Konflikt zwischen Rom und Jerusalem – vor der Konstantinischen Wende – bekämpften einander nicht bloß verschiedene Herrschaftsansprüche, sondern auch zwei konkurrierende Systeme der Zeitordnung: eine mythisch-zyklische und eine historisch-eschatologische. Im Horizont der mythisch-zyklischen Zeitordnung ließ sich ein Übergangsritus, eine Art von Wiedergeburt, nur zelebrieren, indem an die Empfindungen des Einschlafens und Erwachens, der Auf- und Untergänge von Sonne, Mond und Sternen erinnert wurde: Jede Nacht und jeder Winter bildeten gleichsam eine vorgeburtliche Höhle, aus der regelmäßig ein neuer Tag und ein neuer Frühling hervortreten sollten. Im Horizont der historisch-eschatologischen Zeitordnung ließ sich dagegen eine Wiedergeburt gar nicht voraussehen: Sie musste als kontingentes Ereignis unverfügbar bleiben und als Offenbarung (wie am Berg Sinai, wie vor Damaskus) unerwartet eintreten. Im Horizont der mythisch-zyklischen Zeitordnung wurde wiederholt und vorausgesagt (was noch Nietzsche in seiner Vision von der ewigen Wiederkehr des Gleichen auszudrücken versuchte); im Horizont der historisch-eschatologischen Zeitordnung wurde erinnert und gehofft.

Die Polarität von Licht und Dunkel muss wahrscheinlich als religionshistorisches Universale betrachtet werden. Darum kommt es einzig auf die Differenz zwischen den beiden Möglichkeiten an, diese Polarität zu begreifen: als Planetenzyklus oder als luziferische Erlösungstat (der Passion des Martyriums oder der aktiven Rebellion), als natürlichen Wandel oder als messianischen Bruch. Beide Optionen lassen sich nicht zuletzt an ihren politischen Konsequenzen unterscheiden. Die Sonnenkulte dienten meist der Legitimation von Herrschaft und Hierarchie durch Berufung auf natürliche Rhythmen und Prozesse: Von Aurelian bis zu Ludwig XIV. identifizierten sich Kaiser, Feldherren und Führer gern mit der Sonne, um ihr Regiment als unabänderliches Schicksal darzustellen. Umgekehrt führte die historisch-eschatologische Interpretation der Polarität von Licht und Dunkel zu einer auf die Zukunft gerichteten Moralisierung der Parteien. „Die Nacht ist vorgerückt, der Tag ist nahe. Darum laßt uns ablegen die Werke der Finsternis und anlegen die Waffen des Lichts“, proklamierte Paulus im Brief an die Römer (Röm 13,12); er meinte nicht den Zyklus der Tage, Nächte und Jahreszeiten, sondern eine historisch singuläre Wende. Der Kaiser als *sol invictus* wurde gleichsam mit den Waffen des apokalyptisch-messianischen Lichts bekämpft; ab jetzt gab es eine Partei der Guten (der Streiter für das Licht) und eine Partei der Bösen (die „Armee der Finsternis“). „Ihr alle seid Söhne des Lichts und Söhne des Tages. Wir gehören nicht der Nacht und nicht der Finsternis“ (1 Thess 5,5).

III.

Zur „Armee der Finsternis" gehörten – der Metapher zum Trotz – die Gläubigen aller Gestirns- und Astralkulte, die potentielle Kundschaft jeder astrologischen Interpretation. Schon in der zunehmend christlichen Spätantike kam es zu staatlichen Verdikten gegen die Astrologie. Nicht umsonst beschloss Augustinus seine berühmte Analyse des Zeitbegriffs und der Zeitrechnung – im 11. Buch der *Confessiones* – mit dem Lob Gottes, „daß du vor allen Zeiten der ewige Schöpfer aller Zeiten bist und daß keine Zeit und kein Geschöpf teilhat an deiner Ewigkeit, mag es auch ein Schöpfungswerk geben, das über den Zeiten steht".[4] Seither galt für alle christlichen Theologen und Wissenschaftler – von Gregor dem Großen bis zu Beda Venerabilis, von Isidor von Sevilla bis zu Johannes Scottus Eriugena –[5] als oberste Maxime, dass die Zeit Gott allein gehöre. Die Zeit durfte nicht zum eigenen Nutzen erfasst, gemessen oder umgekehrt werden; verboten wurde beispielsweise der Zinswucher, weil er die Unverfügbarkeit der göttlichen Zeit – gleichsam durch Unterschlagung eschatologisch reservierter Zukunft – in Frage zu stellen schien.[6] Die einzige Ausnahme von solcher Regel wurde durch das Osterfest erzwungen. Während auf dem Konzil von Nicäa, in Gegenwart des als Sonnengott kostümierten Kaisers Konstantin,[7] das Geburtsfest Christi auf den Termin der Wintersonnenwende verlegt wurde, beschloss die Versammlung, dass Ostern künftig am ersten Sonntag nach dem ersten Vollmond nach den Frühjahrsäquinoktien gefeiert werden sollte. Anders gesagt: Wer die Daten künftiger Osterfeste ankündigen wollte, musste zuvor die Sonnen- und Mondzyklen miteinander verrechnen. Während die Geschichte des Osterfests auch als eine wissenschaftshistorisch relevante Abfolge von immer umfangreicher konstruierten Periodenrechnungen dargestellt werden kann, und zwar bis zur Computistik, blieb Weihnachten ein seltsamer Kompromiss zwischen einem Sonnengöttergeburtstag und dem historisch singulären Beginn jenes neuen Zeitalters, das später „Inkarnationsära" genannt werden sollte. Die Mehrdeutigkeit der Weihnachtsfeier führte zu zahlreichen theologischen Konflikten und

4 Aurelius Augustinus: Bekenntnisse, übers. v. Joseph Bernhart, Frankfurt a. M. 1987, S. 667 f.

5 Vgl. Udo Reinhold Jeck: Zeitkonzeptionen im frühen Mittelalter. Von der lateinischen Spätantike bis zur karolingischen Renaissance. In: T. Ehlert (Hrsg.): Zeitkonzeptionen – Zeiterfahrung – Zeitmessung. Stationen ihres Wandels vom Mittelalter bis zur Moderne, Paderborn u. a. 1997, S. 179–202.

6 Vgl. Jacques Le Goff: Wucherzins und Höllenqualen. Ökonomie und Religion im Mittelalter, übers. v. Matthias Rüb, Stuttgart 1988.

7 Vgl. Franz Altheim: Der unbesiegte Gott. Heidentum und Christentum, Reinbek b. Hamburg 1957, S. 105.

häretischen Abweichungen, wie schon Papst Leo der Große, der als Nachfolger von Sixtus III. zwischen 440 und 461 wirkte, in seinen *Sermones de Nativitate Domini* betonte. Dort rügte er in seiner zweiten Weihnachtspredigt die „vom Teufel verführten", „einfältigeren Seelen", denen

> [...] dieser Tag unserer Festfeier nicht so sehr wegen der Geburt Christi verehrungswürdig erscheinen will, als vielmehr – wie sie sagen – wegen des ‚Aufgangs der neuerstandenen Sonne'. Die Herzen dieser sind von dichter Finsternis umhüllt und von aller Aufnahme wahren Lichtes weit entfernt. Stehen sie doch immer noch unter dem Einfluß der albernsten Irrtümer des Heidentums.[8]

Die Himmelskörper sollten eben nicht mit den christlichen Festen assoziiert werden. Anders als Weihnachten ist Ostern ohnehin – allen Anstrengungen der Berechnung seiner Termine zum Trotz – ein Fest des Feuers und der Kerzen geblieben. Auf die Exaktheit der Bestimmung von Äquinoktien kam es weniger an. Beda Venerabilis, der in *De temporum ratione* (von 725) die mittelalterliche Computistik begründet hatte, berechnete zwar die Frühjahrsäquinoktien des Jahres 730 auf den 22. (an Stelle des 25.) März; aber die Methode seiner Berechnung, bei der er offenbar eine Sonnenuhr verwendete, teilte er nicht mit. Im Übrigen berief er sich wie Augustinus im Zweifelsfall auf Gott, „der als ewig Bleibender die Zeiten schuf, wann er wollte, und das Ende der Zeiten kennt, vielmehr den schwankenden Zeitläuften das Ende setzt, wann er will".[9] Unter solchen eschatologischen Vorbehalten konnten manche Details getrost vernachlässigt werden. Bei den

> [...] Rechenregeln gab Beda als Lehrer dem menschenfreundlichen Hang nach, den er als Gelehrter bekämpfte, und vereinfachte hie und da zur Erleichterung des Rechnens, *calculandi facilitas* oder *facilitas computandi*, seine Formeln für die verwickelten Abläufe der Natur. Ob der Mensch die gleitenden Bewegungen der Himmelsleuchten restlos auf jene ganzen Zahlen festlegen könne, die er für seinen Kalender brauchte, bezweifelte Beda, vor allem bei dem für die Osterberechnung maßgeblichen Mondumlauf, dessen Maß, *mensura*, er für ‚nicht genau erkennbar' erklärte.[10]

Beda rechnete mit den Fingern; kleinere Teilungen der Zeit als die Stunde lehnte er ab, um möglichen Missbrauch durch Astrologen und „heidnische Mathematiker" zu verhindern.

> Wenn er bei seinen Zeitberechnungen mit komplizierten Brüchen konfrontiert wurde, rundete er einfach ab oder auf; möglicherweise bestand er wie seinerzeit Isidor darauf, daß Gottes Abacus, soweit er bis dahin bekannt war, aus einstelligen Zahlen bestehen

8 Leo der Große: Sämtliche Predigten, übers. v. Theodor Steeger, München 1927, S. 85.
9 Zitiert nach: Arno Borst: Computus. Zeit und Zahl in der Geschichte Europas, Berlin 1990, S. 34.
10 Ebenda.

musste – also den Zahlen, die mit den Fingern einer menschlichen Hand gezählt werden konnten.[11]

Erst sehr viel später wurde das Feuerfest Ostern noch einmal an die Sonne und die Astronomie „verraten". Mehr als ein Jahrhundert vor der gregorianischen Kalenderreform erhielt Paolo dal Pozzo Toscanelli – ein Geograph und Mathematiker aus Florenz, der 1474 eine Karte mit dem Seeweg nach Indien und China gezeichnet und darüber mit Christoph Kolumbus korrespondiert hatte – den Auftrag, seine Berechnung der Äquinoktien ausgerechnet im Dom von Florenz *Santa Maria del Fiore* voranzutreiben. 1475 konstruierte er in dieser Kirche ein „Sonnenloch" und einen „Meridian". Dabei ging es um folgendes Verfahren: Ein kleines Loch in einer Südwand oder im Süddach sollte einen Sonnenstrahl auf den Boden projizieren, der bogenförmig wandert. Im Laufe der Jahreszeiten verschiebt sich auch dieser Bogen; die Markierungen der Gipfelpunkte der verschiedenen Lichtbögen bilden indes eine gerade Linie, den gesuchten Meridian. Toscanellis Meridian blieb nicht der einzige. Knapp hundert Jahre später befestigte Egnatio Danti, Dominikaner, Astronom und Mathematiker in den Diensten Cosimos I., astronomische Messinstrumente an der Fassade der Kirche *Santa Maria Novella* in Florenz, mit deren Hilfe er 1574 feststellte, dass die Äquinoktien elf Tage vor ihrer kalendarischen Datierung eintraten; danach konstruierte er einen Meridian in derselben Kirche. Nach dem Tode Cosimos 1574 musste er allerdings – binnen 24 Stunden – die Toskana verlassen und ging nach Bologna, wo er in der Kathedrale *San Petronio* gleichfalls einen Meridian errichten ließ, der später durch Giovanni Domenico Cassini verbessert wurde. Es war dieser Meridian, der Bernard de Fontenelle zu dem Kommentar veranlasste, *San Petronio* sei offenbar ein neuer „Orakeltempel" Apolls, in dem die Sonne in allen astronomischen Fragen konsultiert werden könne.[12] 1583 wurde Danti von Papst Gregor XIII. zum Bischof von Alatri ernannt; zuvor hatte er an der großen Kalenderreform mitgewirkt und im Torre dei Venti (im Vatikan) einen weiteren Meridian konstruiert.

11 David Ewing Duncan: Der Kalender. Auf der Suche nach der richtigen Zeit, übers. v. Kristina Ruhl, München 1999, S. 151. Zur Geschichte der Hand- und Fingerrechnung vgl. auch Horst Wenzel: Von der Gotteshand zum Datenhandschuh. Über den Zusammenhang von Bild, Schrift, Zahl. In: S. Krämer, H. Bredekamp (Hrsg.): Bild – Schrift – Zahl, München 2003, S. 25–56.

12 Zitiert nach: John L. Heilbron: The Sun in the Church. Cathedrals as Solar Observatories, Cambridge (Massachusetts), London 1999, S. 91.

IV.

Das kaiserliche Prinzip der Sonne musste immer wieder gegen Brandreden, gegen die Feuer der Empörung und der Revolution verteidigt werden. In gewisser Hinsicht triumphierte erst mit der bürgerlichen Revolution das künstliche Licht über die Strahlkraft der Gestirne. In diesem Sinne wurde die Freiheitsstatue mit einer respektablen Fackel ausgestattet; und einhundert Jahre nach der Französischen Revolution schlug der Architekt Jules Bourdais vor, einen Leuchtturm mitten in Paris zu errichten, der anlässlich der Weltausstellung die „Hauptstadt des 19. Jahrhunderts“ dem Wechsel von Tag und Nacht entziehen sollte. Dieses Projekt wurde zwar zugunsten des Eiffelturms abgelehnt, jedoch durch Scheinwerfer, Halogenlampen, Schaufensterspots oder Neonreklamen weitgehend realisiert. Das Jahrhundert der Aufklärung gipfelte in der Erfindung der Glühbirne: Der Siegeszug des künstlichen Lichts beendete den jahrtausendealten, mythogenen Widerstreit zwischen Sonne und Feuer.[13] Seither gibt es kaum einen Ort mehr, der seinen Status nicht durch künstliche Lichteffekte markieren würde. Beleuchtungsexperten regeln den gesellschaftlichen Verkehr. Die urbane Bedeutung einer Straße erschließt sich aus dem Grad ihrer Beleuchtung, die Bedeutung einer politischen Ansprache aus der Anzahl von Scheinwerfern, die auf den Redner gerichtet werden. Ohne Rampenlicht kann keine Bühne aufgebaut werden, ohne raffinierte Lichtreklame kein Kaufhaus oder Geschäft; von den optischen Medien sei ganz geschwiegen. Die Intensität der Beleuchtung unterstreicht den Standard technischer Präzision, der beispielsweise in einem Operationssaal gilt; die Installation weicher, gedämpfter Lichtquellen signalisiert, welche kommunikativen oder erotischen Begegnungsversuche unternommen werden können. Die Zentralbeleuchtung mancher repräsentativen Räume definiert hierarchische Strukturen; indirekte Beleuchtung kann dagegen den Anschein demokratischer Verfassung erzeugen, die Empfindung kollektiver Chancengleichheit. Kurz und gut: An der Art der Beleuchtung erfahren die Bürger, an welchem gesellschaftlichen Ort sie sich jeweils gerade aufhalten; und diese Orientierung lässt sich nicht leichtfertig ignorieren.

Und auch zu den ehemals christlichen Hauptfesten blitzt und funkelt es an allen Ecken. Wer danach fragt, welche Elemente möglicher Orientierung der Weihnachtsfeier sich in der Moderne durchgesetzt haben – Sonnwendrituale und Feuerzauber oder die Lichtprophetie Jesaias: „Das Volk, das im Dunkel lebt, sieht ein helles Licht; über denen, die im Land

13 Vgl. Wolfgang Schivelbusch: Lichtblicke. Zur Geschichte der künstlichen Helligkeit im 19. Jahrhundert, München, Wien 1983.

der Finsternis wohnen, strahlt ein Licht auf" (Jes 9,1) – mag vom Text eines stilisierten Gesprächs belehrt werden, das Friedrich Schleiermacher im Jahre 1806 als ein geradezu programmatisches „Weihnachtsmanifest" veröffentlicht hat. In diesem Gespräch wird das Weihnachtsfest ganz in die Innerlichkeit bürgerlicher Familien projiziert; ein geschichtlicher Sinn wird dem Fest dagegen weithin abgesprochen. „Denn das Christentum will ich allerdings als eine starke und kräftige Gegenwart gelten lassen; aber wie wenig hängt doch Christus, die wirkliche Person, damit zusammen!" Dass die „Geburt und das wirkliche Vorhandensein Christi in der Geschichte gar wenig mit dem Christentum selbst zusammenhängt, ist offenbar". Nicht an Geschichte ist Schleiermacher interessiert, sondern an der Natur: „Denn das Leben gehört dem Planeten an, und was sich von demselben trennen lässt, kann gar nicht in einem lebendigen Zusammenhang mit ihm gestanden haben".[14] Was der Theologe, Philosoph und Platon-Übersetzer postuliert, ist die Selbstwahrnehmung bürgerlicher Haushalte als Orte „heiliger Familien", die Umwertung geschmückter Wohnungen zu bethlehemitischen Ställen und Krippen, die Identifikation der Mutter mit Maria und die Verwandlung beschenkter Kinder in „Christkinder", an deren Glück sich eine – musikalisch eingestimmte – Gemeinschaft, *ad maiorem nationis gloriam,* erfreuen soll.

Schleiermacher bricht mit der historisch-eschatologischen Dimension des Festes:

> Du nämlich sahest nur darauf, daß jedes Fest ein Gedächtnis ist von irgend etwas; mir aber liegt daran, von was? Demnach sage ich, daß nur zu dessen Gedächtnis ein Fest gestiftet wird, durch dessen Vorstellung eine gewisse Gemütsstimmung und Gesinnung in den Menschen kann aufgeregt werden; und daß dieses in dem ganzen Gebiet einer solchen Anordnung und in einem lebhaften Grade erfolge, darin besteht eines jeden Festes Vortrefflichkeit. Die Stimmung aber, welche unser Fest hervorbringen soll, ist die Freude; und daß es diese weit verbreitet und lebhaft erreget, liegt so klar vor Augen, daß nichts darüber zu sagen wäre, als was jeder selbst sieht.[15]

Weihnachten wird zur Tautologie erklärt: Weihnachtsstimmung besteht darin, dass wir uns freuen, dass Weihnachtsstimmung herrscht. Zu viele Erklärungen wären schädlich, zu viele Erinnerungen abträglich. Nicht umsonst schwärmt Schleiermacher von den Wirkungen der Musik, vom Licht spricht er hingegen kaum. Wer weiß, ob nicht leise Gespräche und Gesänge, ein stimmungsvolles Gemeinschaftsleben in heiliger Nacht, in romantischer Dunkelheit, ohnehin genugen? Der Theologe will die Weihnachtsfreude von der Geburtstagsfreude abgrenzen: Kein Geburtsfest soll ja gefeiert werden, nein, ein Mutterfest, ein Mutterleibsfest, eine

14 Friedrich Schleiermacher: Die Weihnachtsfeier. Ein Gespräch, Zürich 1989, S. 65 f., 67.

15 Ebenda, S. 81.

uterine Feier der Innerlichkeit, die zuletzt Christus als „Erdgeist“ auferstehen lässt – als einen „Erdgeist“, in dessen Zauberreich die Familie ihrerseits wohnen mag. In Schleiermachers Weihnachtshöhle glänzen die Augen der Kinder mit den Christbaumkerzen um die Wette. Im Zeichen elektrischer Weihnachtsfreude haben Sonnenkult und Feuerschein ausgespielt. Illuminiert wird allenfalls die Sehnsucht nach einem Kurzschluss: wie in dem satirischen Dialog zwischen Travnicek (alias Helmut Qualtinger) und seinem Freund (alias Gerhard Bronner), in dem es heißt:

> Für mich ist zu Weihnachten die ganze Stadt ein Märchen. Überall auf den Geschäftsstraßen blitzt es und flimmert es. Kranzeln, Girlanden und Sterndeln. Wenn Sie's so funkeln und leuchten sehn, Travnicek, was wünschen Sie sich? – An Kurzschluß.[16]

16 Qualtingers beste Satiren. Vom Travnicek zum Herrn Karl, hrsg. v. Brigitte Erbacher, München, Wien 1973, S. 125–128, hier S. 127 f.

Wolfgang Coy

Licht als Botschaft und Information

I. *Prometheus*

Sieh nieder, Zeus,
Auf meine Welt: Sie lebt!
Ich habe sie geformt nach meinem Bilde,
Ein Geschlecht, das mir gleich sei,
Zu leiden, weinen, zu genießen und zu freuen sich
Und dein nicht zu achten
Wie ich![1]

Bekanntlich mussten die vom spöttischen Prometheus geformten Menschen rohes Fleisch essen, bis er ihnen das Feuer brachte. Ein Raub, der den Griechen das Gekochte, ihrer Welt aber auch die Büchse der Pandora brachte.

Feuer, das ist die Zähmung und das Speichern der Wärme und des Lichts, der Energie, die vorher vom Lauf der Sonne abhing. Feuer dezentralisiert, funktionalisiert und lokalisiert Hitze und Licht. Wer das Feuer beherrscht, kann Licht und Wärme nach Lust und Laune an- und ausschalten.

Aischylos' (und Shelleys) entfesselter Prometheus ist zum Sinnbild des gezähmten Feuers, vom Herd bis zur Dampfmaschine, geworden. Doch nicht nur der Dampfmaschine, dem ‚prime mover' der Industrialisierung wird als *Prometheus Unbound* gehuldigt – die Metapher des geraubten Feuers geht auch bruchlos auf die zweite Phase der Industrialisierung, die elektrische Energie, über, wie es Paul Manships gewaltiges goldenes Prometheus-Denkmal von 1934 vor dem New Yorker Zentralgebäude der *General Electric Corporation* belegt.

Freilich zeigt das gezähmte Feuer nicht nur nützliche Eigenschaften. Das wärmende häusliche Feuer kann schnell das ganze Haus verschlingen. Feuer kann als verheerende Kriegswaffe dienen. Und es kann verräterisch wirken. Feuer als Licht ist auch ein Zeichen und ein Signal.

1 Johann Wolfgang Goethe: Prometheus. II. Akt.

II. Optische Nachrichtenübertragung

Signalfeuer sind im Altertum bekannt. Der Leuchtturm auf der Insel Pharos vor Alexandria gilt sogar als Weltwunder. Auch von Signalketten aus Flaggen und Fackeln wird im Altertum auf allen Seiten, bei Persern, Griechen, Römern, berichtet – manchmal mit maßlos übertriebenen Aussagen über die Entfernungen, die auf Sichtweite überwunden wurden (so etwa im *Agamemnon* des Aischylos). Auf dem Fries der Trajanssäule wird eine dichte römische Feuerkette als Teil der Limesbefestigungen dargestellt. Trotzdem bleiben institutionalisierte optische Signalketten in den nächsten Jahrhunderten militärhistorische Singularitäten. Die typische Verbreitungsgeschwindigkeit einer Nachricht beschränkt sich auf die Geschwindigkeit der reitenden Boten.[2]

Die Brüder Claude und Ignace Chappe, der eine Erfinder, der andere Politiker, heben diese Schranke in der Französischen Revolution, die ja auch eine militärische Revolution ist, auf. Ihr optischer *Telegraphe* mit Signalbalken, Signaltürmen und Kodebuch wird von 1793 an für fast ein halbes Jahrhundert zum militärischen Weitverkehrsstandard in Europa. Sehr französisch treffen sich die ersten Telegraphenlinien zentral auf dem Louvre in Paris, von Bayonne, Toulon, LeHavre, Mainz, Straßburg, Amsterdam und sogar Venedig kommend – ein Netz von 5.000 km mit mehr als 500 Stationen. Auch der preußische Generalstab versteht die Zeichen der Zeit, wenngleich etwas später und sparsamer. Die Berliner Sternwarte am Ende der Dorotheenstraße wird mit 60 Zwischenstationen über rund 600 km mit der Garnison im Koblenzer Schloss verbunden. Der Nachrichtenverkehr wird damit von Tagen auf Stunden verkürzt: Die telegraphische Übertragungsgeschwindigkeit zwischen Berlin und der Rheinprovinz betrug etwa 40 kodierte Zeichen pro Stunde.

Freilich ist die optische Telegraphie mit Flaggen und Semaphoren langsam, aufwändig und fehleranfällig. Auch jenseits der Ökonomie sind ihre Nachteile offensichtlich: einige wenige Nachrichten am Tag, nur am Tage einsetzbar, empfindlich gegen Regen, Schnee und Nebel. Hinzu kommt ihre freie Beobachtbarkeit, die den Einsatz von Kodebüchern erzwingt, die eine geheime Nachricht aber auch nur schützen, solange sie

2 Noch 1860 verspricht der berühmte Pony Express die 4.125 km lange Strecke von San Francisco nach New York in 9 (später 10) Tagen zurückzulegen. Das entspricht einer Durchschnittsgeschwindigkeit von 17–19 km/h. Der Dienst wird freilich ein Jahr später, nach dem Bau einer durchgehenden elektrischen Overland Telegraphenlinie, eingestellt. Die Pferde früherer Jahrhunderte werden nicht schneller gewesen sein.

geheim bleiben. Telegraphie muss unter diesen Bedingungen ein militärisches Unterfangen bleiben.[3]

Voltas, Ampères, Oerstedt und Ohms Versuche mit elektrischen Leitungen am Anfang des 19. Jahrhunderts versprechen eine Alternative, zuerst mit geringem Erfolg als Sömmerings elektrochemische Versuchsanordnung (Napoleon zufolge „une idee germanique“[4]), dann elektrostatisch über den Dächern von Göttingen von Gauß und Weber betrieben und schließlich erfolgreich als elektromagnetische Telegraphie zwischen Washington und Baltimore. Diese elektromagnetische Morse-Telegraphie trifft also auf ein erwartungsvolles Publikum, da sie die Nachteile der optischen Telegraphie weitgehend überwindet. Ihr Schwachpunkt allein ist die Leitung, was sich bei Kriegshandlungen oder Naturkatastrophen, aber auch bei schlichtem Diebstahl zeigt. Doch im Kern zeigt sich die elektrische Signalleitung, später erweitert durch Telephonie, Fernschreiber und Datenleitungen, der optischen überlegen – für mehr als ein Jahrhundert. Einzig Schiffe lassen sich nicht mit Leitungen erreichen. Das ändert sich 1895 mit Giuseppe Marconis epochaler Erfindung, der Anwendung Maxwell'scher Theorie und Hertz'scher Experimentalphysik. Der elektrische Funke erlaubt die drahtlose Signalübertragung, die das nur vom atmosphärischen Rauschen begleitete 19. Jahrhundert radikal vom 20. Jahrhundert der Radiowellen scheidet. Drahtlose Telegraphie, Rundfunk, Fernsehen, Satellitenfunk, Mobiltelephonie – sie alle bauen auf dem gezähmten irdischen Funken auf, den Prometheus dem Sonnenwagen entrissen hat. Zwar ist es ein elektrischer Funke, kein Lichtsignal, doch hat Maxwells Theorie längst die physikalische Einheit der elektromagnetischen Strahlungen in einem breiten Spektrum postuliert, in der Licht nur den ganz kleinen Ausschnitt von 380–780 nm belegt.

III. Optics redefined

Die Dominanz der elektrischen Leitung wird mit zwei Erfindungen in den 1960er Jahren in Frage gestellt: mit dem Laser und den Lichtwellenleitern. Mit dem Halbleiter-Laser, dessen Theorie auf eine Arbeit von Einstein aus dem Jahr 1917 zurückgeht, steht eine optische Signalquelle zur Verfügung, die ein äußerst intensives Lichtsignal einer eng definierten Frequenz generiert, das auch über riesige Entfernungen eine

3 Nur die reichen Hansestädte Hamburg und Bremen errichten kommerzielle Linien zu ihren Häfen an den Mündungen von Elbe und Weser.

4 Nach Volker Aschoff: Geschichte der Nachrichtentechnik, Bd. 2, Berlin u. a. 1995.

enge Bündelung beibehält – viel enger als irgendeine andere Optik. Ein Laserstrahl, der von der Erde den Mond anvisiert, überdeckt dort trotz der unvermeidlichen Streuung in der Erdatmosphäre eine Fläche von nur 7 km Durchmesser – über rund 400.000 km Entfernung.[5] Laser erzeugen kohärentes, phasengleiches Licht einer einzigen Spektralfarbe, das mit geeigneten Mitteln modulierbar ist. Damit ist es zur hochfrequenten Übertragung von Nachrichten geeignet.

Der modulierbare Laser ist eine ideale Ergänzung des Lichtwellenleiters. Diese leiten Licht entlang ihres transparenten Kerns (in der Regel Glasfasern), der nur einige µm dick ist – entweder durch genau kalkulierte Totalreflexion an ihrer Außenseite oder in einem Wellenleitermodus. Das Prinzip der Lichtwellenleiter ist seit der Mitte des 19. Jahrhunderts bekannt. Obwohl sich der Name ‚Glasfaser' durchgesetzt hat, besteht der transparente Kern nicht immer aus Glas; in weniger kritischen Fällen können dies billiger herzustellende und einfacher zu verarbeitende transparente Kunststoffe sein.[6] In den 1960er Jahren wurden Glasfasern erstmals als Transportmedium für Laserstrahlen eingesetzt. Damit wurde eine neue Form der Signalübertragung geboren. Die erreichbaren Übertragungsfrequenzen liegen weit oberhalb von elektrischen Leitungen. Seit den 1970er Jahren wird diese Technik praktisch eingesetzt. Vorrangiges Ziel der Lichtwellenleiter zur Signalübertragung ist es, möglichst das ganze Lichtsignal im Wellenleiter zu halten, so dass alle Verluste allein durch die Lichtverluste im transparenten Kernmaterial bedingt sind. Und diese Materialien können immer reiner hergestellt werden.

Aus Lasern und Lichtwellenleiter lassen sich optische Signalstrecken aufbauen, die eine nahezu verlustlose Signalübertragung über große Strecken erlauben. Im Multimode-Betrieb, wo viele Spektralfarben gleichzeitig in einer einzigen „dicken", Faser (d. h. etwa ein zweihundertstel mm) übertragen werden, sind verstärkungsfrei gut 600 m überbrückbar. Beim Einsatz in lokalen Rechnernetzen ist dies meist eine ausreichende Distanz, die im Parallelbetrieb auf einem einzigen Kabel eine vielfach höhere Bandbreite erlaubt als dies mit elektrischen Leitungen möglich wäre. Im Single Mode-Betrieb der „dünnen", weniger als ein Tausendstel Millimeter dicken Fasern mit nur einer einzigen Spektralfarbe lassen sich

5 Dort von den Apollo-Missionen hinterlassene Spiegel erlauben die Bestimmung der Entfernung Erde-Mond auf etwa 3 cm (oder einem 100-millionstel Prozent). Vgl. <http://www.astrolabium.net/archiv_science_nasa/science_nasa_juli2004/20-7-2004.html> (7.7.07).

6 Die ersten Glasfasern wurden als Feen- oder Engelshaar gegen Ende des 19. Jahrhunderts hergestellt – für Dekorationszwecke, später auch als textiles Gewebe zur Schall- oder Wärmeisolation. Anfang des 20. Jahrhunderts nutzte man die Lichtwellenleiter zum „Biegen" von Lichtstrahlen – hauptsächlich für medizinische Operationen (z. B. bei Magen- oder Darmspiegelungen).

lesbare Signale im GHz- und THz-Bereich über 250 km ohne Verstärkung übermitteln. Experimentell gelang 2006 die Übertragung von 2,56 Terabyte pro Sekunde über 100 Meilen; das entspricht der Übertragung von 60 Daten-DVDs in einer Sekunde. Solche Übertragungsleistungen sind nur mit optischen Signalen erreichbar.[7]

Zudem sind Glasfaserbündel anders als elektrische Leitungen immun gegen Signalinterferenzen zwischen parallel verlegten Kabeln. Single Mode-Fasern sind deshalb die Bauelemente der Wahl bei globalen transozeanischen Daten- und Telefonverbindungen geworden. Sie haben die dicken elektrischen Transatlantik- und Transpazifikkabel abgelöst. Die Weltkommunikation beruht nun auf Lichtsignalen. Des Prometheus Raub trägt neue irdische Früchte.

Perspektivisch werden die elektrischen Signalleitungen von optischen Kabeln abgelöst. Auch Funksignale sind da keine ernsthafte Konkurrenz, sondern nur eine Ergänzung. Zwar erlauben Satelliten und lokale Funksender die Abdeckung großer Flächen, doch Funksignale müssen sich Wellenbereiche und damit eine prinzipiell, weil physikalisch beschränkte Ressource teilen. Kabel, elektrische ebenso wie optische, kennen dagegen keine solche Mangelwirtschaft; sie dienen als unerschöpfliche Quelle breitbandiger Kommunikation. Soll die Bandbreite erhöht werden, kann immer ein weiteres Kabel gelegt werden. Das Telefonnetz beruht deshalb weiterhin trotz aller Handy-Euphorie auf Kabeln, vor allem Glasfaser-Backbones. Gleichwohl sind zum Verlegen von Kabeln Erdarbeiten erforderlich, weshalb der direkte Anschluss privater Teilnehmer (FTTH-*Fiber to the Home*) noch immer selten ist.

Optische Kabel sind Teil eines umfassenden Systems, zu dem Signalwandler, Signalverstärker und Empfänger gehören. Hier sind vorerst noch viele elektrische Bauteile vorhanden. Noch wird das Lichtsignal aus elektrischen Signalen erzeugt und beim Empfänger in solche zurückgewandelt. Solche Wandlungen sind freilich mit vielen Nachteilen verbunden. In der Perspektive wird eine vollständig optische Signalverarbeitung gesucht.

IV. Optische Speicher

Die Transformation des elektrischen Nachrichtensystems in ein optisches System verlangt die Transformation in drei unterschiedlichen Be-

7 Vgl. <http://arstechnica.com-20061002-7878.html> und <http://www.physorg.com-news 62776076.html> (1.7.2007).

reichen: der Übertragung, der Speicherung und der Signalverarbeitung durch geeignete Prozessoren.

Mitte der 1970er Jahre dachten Ingenieure bei Philips, aber auch bei Sony, über einen digitalen Nachfolger der Compact Cassette nach. Statt einer wieder bespielbaren Kassette, die erst sehr viel später als Digital Audio Tape (DAT) vorgestellt wurde, einigten sich Philips und Sony auf eine kleinere Version der analog aufzeichnenden Bildplatte *(Laservision)* aus dem Trägermaterial Polykarbonat, die mit einer Galliumarsenid-Laserdiode abgetastet werden konnte. Wie eine Schallplatte besaß die einseitig bespielte Scheibe nur eine einzige spiralförmige Datenspur, die jedoch von innen nach außen beschrieben war. Philips stellte im März 1979 erfolgreich einen Prototypen des Systems vor. Zusammen mit Sony einigte man sich auf eine Stereo-Aufzeichnung mit der Abtastfrequenz von 44.1 kHz und 16-Bit-Quantisierung des Audiosignals sowie auf einen Reed-Solomon-Code für die Fehlerkorrektur. Die maximale Spielzeit wurde auf 74 Minuten fixiert, das Außenmaß richtete sich nach der DIN-normierten Breite für Autoradios. 1980 wurde der Philips-Sony-Standard des „Red Books" formell erklärt; weitere Firmen schlossen sich an. Die Audio-CD löste um 1990 die Schallplatte als meistverkauften Tonträger ab und wurde zum Vorreiter der Digitalisierung der Unterhaltungsmedien.

Anfang der 80er Jahre klangen 750 MB fehlerkorrigierter Speicherplatz auf einem Massenspeicher für Informatiker und Computernutzer wie ein unerreichbarer Traum. Aber es gab diese digitalen Speicher, wenngleich nur für HiFi-Fans. Es lag also nahe, solche Speicher in die Computertechnik zu übertragen. Die Fehlerkorrektur erwies sich dabei als ernst zu nehmender Engpass. Ein Bitfehler im Datenstrom einer Tonaufnahme ist nicht zu hören, in einem Computerprogramm kann er zum Absturz führen. Die computertaugliche CD-ROM erhielt deshalb ein eigenes Format mit tausendfach erhöhter Fehlertoleranz und etwas niedrigerer Kapazität von 650 MB, verteilt auf konzentrische Datenspuren. Der neue Standard wurde 1985 im „Yellow Book" festgelegt. Zusätzlich zu den materiellen Spezifikationen steht dort mit ISO-9660 auch ein Standard der Datenstruktur. Neben CD-ROMs, die wie Audio-CDs gepresst werden, sind die laserbeschreibbare CD-R und in geringerem Maße die CD-RW zu wichtigen Archivmedien geworden. Als Backup-Medium wird auch eine CD-RAM angeboten.

90–100 Minuten Spielfilm lassen sich nur mit Qualitätsverlusten auf eine CD-ROM pressen. Als große kostengünstige Medienspeicher wurde 1995 die DVD (ursprünglich *Digital Video Disc*, später *Digital Versatile Disc*) standardisiert. DVD-Spieler und bespielte Medien wurden Mitte der 1990er Jahre erst in Japan, dann in den USA und in Europa eingeführt. 1999 kamen erste DVD-Brenner auf den Markt. 2003 wurden in den USA erstmals mehr bespielte DVDs als bespielte VHS-Kassetten verkauft.

In der Grundversion besitzen DVDs eine nutzbare Speicherkapazität von 4,3 GB. Diese kann durch zweilagig beschreibbare Bauformen auf 7,9 GB erhöht werden. Zudem wird diese Kapazität pro Platte gelegentlich durch beidseitig beschriebene Varianten verdoppelt. Die standardisierte maximale Datenübertragungsrate der DVD liegt bei 1,4 MB/s. Das DVD-Forum neben der gepressten DVD-ROM, Bauformen der einmalig beschreibbaren DVD-R und der mehrfach beschreibbaren DVD-RW und DVD-RAM definiert.

Zum Speichern von hochauflösendem Fernsehen, HDTV, reicht die Speicherkapazität der DVD mit den heutigen Kompressionsverfahren nicht aus. Ihre Ablösung durch Medien mit deutlich höheren Kapazitäten ist im Gange. Diese arbeiten mit blauem Laserlicht; einen gemeinsamen Standard gibt es trotz mancher Bemühungen noch nicht. Blu-ray und HD-DVD mit 20–30 GB stehen gegeneinander. Neben den bespielten Medien gibt es auch schon einmalig beschreibbare Bauformen (Sony bzw. NEC), so dass die DVD-Nachfolger auch als Backup- und Archivmedien einsetzbar sind.

Unabhängig davon haben andere Firmen für professionelle Archivierungszwecke bereits hoch kapazitative optische Kassetten auf den Markt gebracht: die einmal beschreibbare und mehrfach beschreibbare 5,25"-Ultra-Density-Optical-Kassette (UDO) von Plasmon und die Professional Disc for Data (PDD) von Sony. Die Plasmon UDD mit hoher zweiseitiger Speicherkapazität von 30 GB und mit einer Roadmap für 60 GB und 120 GB scheint dabei marktbeherrschend zu werden. Sony hat jedenfalls angekündigt, die Produktion und Weiterentwicklung des Blu-Ray-Derivats PDD einzustellen.[8]

Optische Medien sind vergleichsweise billig, robust und leicht handhabbar. Ihre Fehlerstabilität liegt bei etwa einem unkorrigierbaren Fehler bei 10^{13} bis 10^{15} gespeicherten Bits (CD-Rom bzw. DVD). Das entspricht einem unkorrigierbaren Fehler bei 1000 CD-ROMs. Diese Fehlerrate ist freilich alterungs- und umweltabhängig und sie ist bei selbst beschriebenen Medien (CD-R) und insbesondere bei wiederbeschreibbaren Formen wie der CD-RW deutlich schlechter. Die reale Haltbarkeit der optischen Medien bleibt deshalb ein ungelöstes Problem. Sie wird bei guter Lagerung an Hand von Simulation und Tests auf ein oder zwei Jahrzehnte und mehr geschätzt. Da Erfahrungen seit 1982 mit der Audio-CD und seit etwa 1987 mit der CD-ROM vorliegen, mag jedermann

8 Dies demonstriert ein weiteres Mal ein Grundproblem langfristiger digitaler Datenhaltung: Unzuverlässige Verfügbarkeit von Geräten, Medien und Support bei „Archivmedien".

dies nachvollziehen – oder auch nicht. Problematischer als die CD-ROM sind zweifellos die beschreibbaren CD-R Medien und insbesondere die mehrfach beschreibbaren Bauformen der CD-RW.

V. Die Speicher des nächsten Jahrzehnts

Als vielversprechende Form optischer Speicher werden seit Jahrzehnten holographische Speicher genannt, ein Bereich, in dem seit langem eine fleißige Forschergemeinde aktiv ist, deren Arbeit aber bislang nicht zu kommerziellen Formen geführt hat. Die ersten Arbeiten dazu hat Pieter Jacobus van Heerden 1963 vorgelegt. Große Fortschritte in der Materialforschung und der Lasertechnik lassen dieses Ziel realistischer erscheinen. Der Grund ist einfach: Die erwartete Speicherdichte könnte die modernsten optischen Medien wie Blu-Ray und HD-DVD um den Faktor 10–30 und vielleicht mehr übertreffen. Der entscheidende Vorteil holographischer Speicher liegt darin, dass sie das ganze Volumen des Speichermediums und nicht nur die Oberfläche oder wie bei der DVD zwei Schichten nutzen. Ihr offensichtlicher Nachteil liegt darin, dass es bislang keine breit verfügbaren Produkte gibt.

Ein wichtiger Player in diesem Bereich könnte der Bell Lab-Offspring InPhase Technologies in Denver, Colorado werden, der im Jahr 2004 ein holographisches Speichersystem vorgestellt hat, das auf der Fläche einer CD 88 Stunden Video oder 15 Stunden HDTV-Video speichert (das wären ca. 150–200 GB). Die Kapazität wurde im Prototypen seitdem auf 300 GB bei 20 MB/s Übertragungsrate erhöht. InPhase, die mit der japanischen Firma Hitachi Maxell zusammenarbeiten, plant Platten bis 1,6 TB mit Übertragungsraten um 120 MB/s. Die Einführung ihrer holographischen Tapestry-Speicher wurde erst für 2003, dann für 2004 angekündigt. Seit Ende 2005 werden Evaluation Kits angeboten – käufliche Produkte gibt es auch Ende 2006 noch nicht. Derzeit angekündigt werden Rekorder für 2007 zum Stückpreis von 18.000 US-$. Auch ein japanisches Konsortium unter Führung der Firmen Optware, Fuji Photo und CMC Magnetics hat zusammen mit derzeit 16 weiteren Firmen eine „HVD Allianz“ gebildet, um eine „Holographic Versatile Disk“, zu standardisieren. Ziel ist es, optische Platten mit einer Kapazität von einem Terabyte zu definieren.

Alle holographischen Speicher nutzen, im Unterschied zu optischen CD- und DVD-Speichern, die optische Schicht in ganzer Dicke und nicht nur eine oder beide Oberflächen oder Zwischenlagen. Das technische Grundproblem bei der Entwicklung holographischer Speicher liegt in der Entwicklung und Wahl geeigneter Speichermedien. Viel versprechend scheinen Medien aus Glas mit winzigen Löchern, die mit Acryl gefüllt sind. Ein Vorteil von Glas ist seine hohe Volumenstabilität, da Polymermaterialien bei der Bearbeitung schrumpfen und das Hologramm verfälschen können. Acrylgefülltes Glas schrumpft kaum und ist damit deutlich stabiler als Polymere. Hinzu kommt, dass Glas eine dickere Speicherschicht als Polymer zulässt, womit ein größeres holographisches Speichervolumen bereit stünde. Häufig wird als photorefraktives Material mit Eisen dotiertes Lithium-Niobat ($LiNbO_3$) genannt; auch $LiTaO_3$-Kristalle oder $BaTiO_3$ werden untersucht. Solche Materialien sind freilich sehr teuer und empfindlich.

Bei einfachen Prototypen werden Daten bei mehrfachem Lesen zerstört. Dies versucht man mit zweifarbigem Laserlicht und geeignet dotiertem Lithium-Niobat zu vermeiden. Mit einer Laserlichtfarbe wird das Material aktiviert und dann mit der anderen Farbe beschrieben und später gelesen. Zum Schreiben muss das Material lichtempfindlich sein, beim Lesen darf dies aber nicht mehr eintreten. Die meisten bislang vorgeschlagenen holographischen Speicher sind deshalb nur einmal beschreibbar. Sie eignen sich damit vor allem zum Archivieren, was aber ihrer Verwendung in digitalen Medien nicht entgegensteht.

Anders als herkömmliche optische Speichermedien können holographische Speicher als seitenweise organisierte Direktzugriffspeicher entwickelt werden, die sich zur Dokumentenverarbeitung anbieten und mit denen Assoziativspeicher realisiert werden können. Sie sind zwar optische Speichermedien, können aber wie Halbleiterkristalle frei von mechanischen Zugriffen gebaut werden. Die Speicherwelt wandelt sich von der Scheibe zum Kristall. Wie weit sich holographische Speicherbausteine durchsetzen und zu welchen Kosten dies möglich ist, bleibt vorerst abzuwarten. Beide zeigen ein Potential für völlig neue Speicherarchitekturen, aber die technischen Probleme bei einer ökonomisch vertretbaren Umsetzung sind nach wie vor enorm.

VI. Optische Prozessoren

Computer nutzen Licht als gespeichertes und übertragenes Hochfrequenzsignal. Die Verarbeitung erfolgt freilich so wie es die Informatik und Informationstechnik in den letzten Jahrzehnten zu einer reifen Technik entwickelte – elektronisch. Computerprozessoren arbeiten im einstelligen Gigahertz-Bereich. Optische Übertragungen erreichen die zehnfache Geschwindigkeit und mehr – für eine einzelne Frequenz oder Farbe. Um eine optische Übertragung einem elektronischen Prozessor zugänglich zu machen, muss die Geschwindigkeit der Glasfaser also deutlich vermindert werden. Drastischer noch wird dies beim eigentlichen Vorteil der optischen Übertragung sichtbar, nämlich mehrere Frequenzen, also Farben, gleichzeitig, parallel zu übertragen. Die so derzeit erreichbaren Übertragungsgeschwindigkeiten betragen Petabit pro Sekunde mit einer einzigen Faser. Das ist das millionenfache der Verarbeitungsgeschwindigkeit schneller Prozessoren. Eine naheliegende, wenngleich schwer zu realisierende Lösung läge darin, parallel verarbeitende optische Prozessoren zu entwickeln, die mit Photonen statt Elektronen operierten und auf die Wandlung zwischen Licht und Elektrizität verzichten können.

Die Entwicklung solcher Prozessoren ist seit Jahren ein Forschungsthema, sie hat aber bislang nicht zu einsetzbaren Systemen geführt. Eine Vielzahl von Schaltelementen wurde erdacht, entwickelt, untersucht und verworfen. Es konnten lediglich prototypische Schaltungen im Labor gezeigt werden; eine Integration von zigtausenden optischen Bauelementen ist derzeit nicht möglich.

Die meisten Systementwürfe gehen von binärer Signaltechnik aus. Gesucht sind optische Schalter und optische Verstärkungselemente – Äquivalente zum elektronischen Transistor. Aus diesen würden binäre Schaltelemente und Speicher aufgebaut und aus diesen eine CPU. Ein solcher Weg böte eine gewisse Anschlussfähigkeit an die bestehende elektronische Technik – mit dem Versprechen massiver Parallelität der Verarbeitung. Dies wäre für die Verarbeitung medialer Daten wie Bilder oder Bewegtbilder, aber auch für Such- und Sortierprozesse in großen Datenmengen ein enormer Fortschritt. Andererseits wird ein solch konservativer Weg dem Potential optischer Prozessoren vielleicht nicht gerecht, so dass auch neue, vom Modell des Binärrechners radikal abweichende Vorstellungen verfolgt werden. Die Transformation solcher Prototypen in technisch einsetzbare und ökonomisch vertretbare Geräte bleibt aber vorerst eine ungelöste Herausforderung.

Optische Prozessoren sind ernsthafte Konkurrenten für die gleichfalls im Prototypstadium befindlichen Quantencomputer – und im Gegensatz zu diesen scheint eine großtechnische Umsetzung bei optischen Schaltungen einfacher. Doch beides sind Zukunftstechnologien, deren erfolgreiche Einführung nicht gesichert ist. Es bedarf weiterer, wahrhaft prometheischer Anstrengungen, um das Licht von der himmlischen Botschaft zur irdenen Nachricht zu transformieren.

Sieh nieder, Zeus,
Auf meine Welt: sie lebt!

II. Fallstudien

ULRICH ERNST

Leuchtschriften
Vom Himmelsbuch zur Lichtinstallation

Die konstellation ist die einfachste gestaltungsmöglichkeit der auf dem wort beruhenden dichtung. Sie umfasst eine gruppe von worten – wie sie eine gruppe von sternen umfasst und zum sternbild wird.

eugen gomringer

Obwohl für die Allegorese des Mittelalters der Grundsatz gilt, dass jede *res* axiologisch kontrastiv gedeutet werden kann: *in bonam et in malam partem,* ist Licht in der europäischen Bildtradition ein Signifikant mit beinahe ausnahmslos positiven Konnotationen, sieht man einmal ab von der gleisnerischen Schönheit eines Luzifer, etwa in der *Wiener Genesis*[1], oder der luziferischen Ausstrahlung eines Genelun, etwa im *Rolandslied* des Pfaffen Konrad[2]. Schon im Alten Testament erscheint Gottvater als Schöpfer des Lichts (Gen 1,1–5/14–19) sowie als *sol iustitiae* (Mal 4,2), und das Neue Testament feiert Christus als das Licht der Welt (Joh 1,4/9), qualifiziert die Gläubigen als Kinder des Lichts (Mt 5,14 ff.) und zeigt Jesus auf dem Berg Tabor im Strahlenglanz der Transfiguration (Mt 17,2 ff.). Von der mittelalterlichen Marienhymnik bis hin zur *Lauretanischen Litanei* wird die Gottesmutter liturgisch und paraliturgisch mit zahllosen Licht-Prädikationen bedacht,[3] und in Otfrids monumentalem *Liber Evangeliorum*[4] apostrophiert sie der Erzengel Gabriel in der Annuntiationsszene als *Gimma thiu wiza/ maged scinenta* (I,5,21), womit sich die Lichtschönheit der Jungfrau und künftigen *Dei genetrix* als Gnadenschönheit enthüllt.

Puristische Lichtgestalten ohne Beimischung von Materie sind die Engel im Himmel, während die Heiligen auf Erden, mit einem charismatischen, oft ätherischen Körper ausgestattet, einen Nimbus oder, wie im

1 Wiener Genesis. In: Frühmittelhochdeutsche Literatur, hrsg. u. übers. v. G. Vollmann-Profe, Stuttgart 1996, V. 25–34.

2 Pfaffe Konrad: Rolandslied, hrsg. u. übers. v. D. Kartschoke, Stuttgart 1993, V. 659 f.

3 Reiches Material bei Anselm Salzer: Die Sinnbilder und Beiworte Mariens in der deutschen Literatur und lateinischen Hymnenpoesie des Mittelalters, Nachdr. der Ausg. 1886–1894, Darmstadt 1967.

4 Otfrid von Weißenburg: Evangelienbuch, hrsg. v. W. Kleiber, Bd. I, T. 1–2, Tübingen 2004.

Fall Marias, gar eine Aureole tragen. Projektion einer Lichtutopie ist das himmlische Jerusalem, eine Stadt aus Glas, Kristall und Edelsteinen, mit dem göttlichen Lamm als unerschöpflichem, permanent Licht emittierendem Energiezentrum (Apk 21,9 ff.). Licht als energetisches Prinzip mit epiphaner Konnotation manifestiert sich im Mittelalter nicht nur in Lichtarchitekturen wie der zum Himmelslicht emporstrebenden und durch die polychromen Glasfenster von oben Sonnenstrahlen empfangenden Kathedrale, sondern darüber hinaus in einer Materialität verschiedener Zeichenfelder: So gilt z. B. Weiß als Lichtfarbe, die Lilie als Lichtpflanze und Gold als Lichtmaterie.[5] Nicht nur Vorstellungskomplexe und Metaphernfelder, sondern auch theologische Konzepte wie die Logos-Lux-Theologie der griechischen Kirchenväter,[6] die letztlich gnoristische Illuminationstheorie Augustins und die Lichtmetaphysik des Ps.-Dionysius Areopagita haben neben platonischen Einflüssen ihr Fundament in der biblischen Lichttheologie.

Wie von der literatur- und mediengeschichtlichen Forschung bislang nicht suffizient beachtet wurde, besitzt auch die Schrift in der jüdisch-christlichen Zeichentradition ursprünglich einen luminaristischen Charakter und eine als Widerschein göttlicher Herrlichkeit zu deutende epiphane Struktur – man denke nur an den Stern von Bethlehem (Mt 2,2) –, die als *scriptura caelestis* später einen Profanierungsprozess durchlebt. Unter dem Aspekt einer Poetik des Luminosen soll im Folgenden Skripturalität als semiotisches Areal epochenübergreifend am Beispiel von Texten exploriert werden, die sich durch Visualität[7] auszeichnen.

I. Stellare Schrift und Chrysographie

Schon im Alten Testament wird der Thora, oszillierend zwischen Metaphorologie und Ontologie, ein lichthafter Charakter unterstellt (Bar 4,1 f.; Ps 19,5–11; Sap 18,4; Is 51,4), bei den alten Babyloniern lesen Götter und Dämonen in den von dem dunklen Nachthimmel leuchtenden Ster-

5 Red.: Licht, Lichterscheinungen. In: LCI 3 (1971), Sp. 95–99, hier Sp. 98.

6 Vgl. Franz Josef Dölger: Die Sonne der Gerechtigkeit und der Schwarze, Münster i. W. ³1971, S. 100–110 (§ 14. Christus als Sonne der Gerechtigkeit).

7 Zum Komplex Visualität möchte ich auf einige wichtige Sammelbände hinweisen, an denen Horst Wenzel mitgewirkt hat, dem ich an dieser Stelle für fachliche Anregungen und Gespräche über Jahrzehnte hinweg danken möchte: Wilfried Seipel, Horst Wenzel, Gotthart Wunberg (Hrsg.): Audiovisualität vor und nach Gutenberg, Wien 2003; Kathryn Starkey, Horst Wenzel (Hrsg.): Visual Culture in the German Middle Ages, New York 2005; Wolfgang Harms, C. Stephen Jaeger, Peter Strohschneider, Horst Wenzel (Hrsg.): Visualisierungsstrategien in mittelalterlichen Text- und Bildzeugnissen, Berlin 2005.

nen, und in den jüdischen Apokryphen ist von himmlischen Schicksalstafeln[8] die Rede. Auch der vom Emanationsgedanken dominierte Neuplatonismus greift die Vorstellung einer astralen Schrift auf, sind doch für Plotin die Sterne „wie Buchstaben, die immer wieder an den Himmel geschrieben werden oder auch ein für allemal geschrieben sind".[9] Der Eingeweihte kann zwar aus den stellaren Figuren prognostische Schlüsse ziehen, doch determinieren sie nicht das irdische Geschehen, fungieren also als Signa oder Prodigien, nicht aber als Energiespender. Im Rekurs auf Is 34,4 *(conplicabuntur sicut liber caeli)*, wo es heißt, beim Weltende werde das Firmament wie ein ausgelesener Rotulus zusammengerollt, sieht auch Origenes in seinem Genesiskommentar den Sternenhimmel als Gottes Buch an,[10] in dem die Zukunft versiegelt ist. Engel und Mächte können die siderischen Buchstaben lesen, die so stark verschlüsselt sind, dass sie nur von Angehörigen des göttlichen Hofstaats dekodiert werden können.

Für die Idee der Sternenschrift ist in der Antike auch von Bedeutung, dass die Vorstellung von Apotheose nicht nur mit astrologischen Anschauungen, sondern auch mit Schriftphantasmen durchsetzt ist. So berichtet Lukan in seinen *Pharsalia* von einem prophetischen Traum des Pompeius vor seinem Tod, nachdem das Volk im Theater seinen Namen zu den Sternen emporgetragen hätte.[11] Aitiologisch, ja sogar euhemeristisch angehaucht sind hingegen die Ausführungen von Plinius d. Ä., der im Hinblick auf die Verstirnung des Kaisers Vespasian konstatiert: „Dies ist die älteste Sitte, hochverdienten Männern sich dankbar zu erweisen, daß man solche Helfer unter die Götter versetzt. Denn auch anderer Götter Namen und die oben erwähnten Namen von Gestirnen sind aus verdienstvollen Taten von Menschen erstanden."[12]

Über die Entstehungsmythen der Sternenbilder unterrichtet in der Antike ausführlich das didaktische Epos *Phainomena* des Aratos, das von Cicero ins Lateinische übertragen wurde. Der berühmte englische *Codex Harleianus 647* (BL, London) aus dem 9. Jahrhundert überliefert das Werk mit Schriftfiguren, die der Vorstellung von der Sternenschrift visuellen Ausdruck verleihen.[13] Wie das Sternbild der *Lyra* (fol. 5r) dokumen-

8 Vgl. Leo Koep: Das himmlische Buch in Antike und Christentum, Bonn 1952, S. 42.

9 Plotin: Enneaden. In: Ders.: Schriften, Bd. 1–12, hrsg. v. R. Harder u. a., Hamburg 1956–1971, 2,3,7; vgl. Koep (Anm. 8), S. 43 f.

10 Origenes: Genesim commentaria. In: Ders.: Opera, Bd. 1–25, hrsg. v. K. H. E. Lommatzsch, Berlin 1831–1848, 8,39 (3,13); weitere Belege bei Koep (Anm. 8), S. 42 f.

11 Lukan: Bellum civile, hrsg. u. übers. v. G. Luck, Berlin ²1989, VII,11 f.

12 Plinius: Historia naturalis, hrsg. u. übers. v. R. König, Bd. II, München 1974, 2,5,19, S. 24 f.; Koep (wie Anm. 8), S. 119.

13 Vgl. Ulrich Ernst: Carmen figuratum, Köln 1991, S. 583–601, hier S. 585–588 (vgl. Abb. 209). Zur höfischen Literaturtradition vgl. Peter Strohschneider: Sternenschrift. Textkonzepte höfischen Erzählens. In: Wolfram-Studien XIX (2006), S. 33–58.

tiert (vgl. Abb. 1), befindet sich am Fuß der Seite der ciceronianische Text mit der Erläuterung des Sternbilds, das sich in kunstvoller *Mise en page* als Textbild mit schwarzen Punkten, welche die Position der Hauptsterne markieren, darüber erhebt. Der die wenigen rein ikonischen Bestandteile des Textbildes dominierende figurative Text, der aus astrologischen Exzerpten, insbesondere aus dem Werk *De astronomia* des Gaius Julius Hyginus, besteht, skizziert eine mythologische Aitiologie des Sternzeichens der Lyra, gemäß der Zeus das Instrument an den Himmel erhoben hat, nachdem Orpheus mit seinem Spiel Eurydike nicht aus der Unterwelt befreien konnte. Wenn ein Musikinstrument als Sternbild eingesetzt wird, so alludiert das auch auf die antike, letztlich auf Pythagoras zurückgehende Vorstellung von einer Sphärenharmonie.[14] Da die Handschrift der Reihe nach alle Sternbilder als visuelle Schriftfiguren aufführt, präsentiert sie sich in toto als ein Himmelsbuch voll mythischer Narrationen.

Von der Spätantike an nimmt Chrysographie eine wachsende Bedeutung für das Handschriftenwesen ein und begegnet, den Charakter von Gold als Lichtmaterie und Lichtfarbe evozierend, früh bevorzugt im Kontext mit hochkarätigen Autoren und im sozialen Umfeld von Eliten. Ein vom Autor selbst intendierter Einsatz von Farbe in visuellen Texten lässt sich erstmals in der christlichen Spätantike bei Publilius Optatianus Porfyrius nachweisen, der am Hof Konstantins des Großen wirkte und eine Reihe von stark verschlüsselten Huldigungsgedichten auf den Herrscher verfasste. Als Formkünstler hat er den neuen Typus des *Carmen cancellatum* geschaffen, das als Quadrat aus *Capitaneae litterae* angelegt ist – es weckt die Assoziation an die nach hippodamischem Prinizip konstruierte *Roma quadrata* – und bei dem sich bestimmte aus dem Fließtext herausgehobene und kontrastiv kolorierte Buchstaben intermittierend zu visuellen Figurationen fügen. Als er nach einem Zerwürfnis mit dem Kaiser aus Rom exilieren muss, beklagt er sich, dass er seine Gittergedichte nicht mehr auf Purpurgrund mit silbernem Basistext und goldenen Intexten schreiben kann, sondern sich vielmehr – Konstantins unwürdig – mit gewöhnlichem Pergament, schwarzer Tinte und Minium zufriedengeben muss.[15]

Bei Optatianus Porfyrius übernimmt die Farbgebung mehrere Funktionen: Einmal tritt sie, wie der Dreiklang der Rangfarben Purpur, Silber und Gold dokumentiert, in den Dienst imperialer Symbolik, zum andern hat die visuelle Kontrastierung von Basistexten und Intexten die Aufgabe, dem Rezipienten zu helfen, die kunstvoll eingewebten figurativen Steganogramme zu dekodieren, und drittens erweist sie sich als Träger christlicher Sinnbezüge, deutet doch gerade das luminose Gold, nament-

14 Vgl. Hans Schavernoch: Die Harmonie der Sphären, Freiburg i. Br. 1981.

15 Publilius Optatianus Porfyrius: Carmina, hrsg. v. I. Polara, Bd. 1: Texte, Turin 1973, Carmen I, V. 1–10, S. 7.

lich im Nexus mit spezifisch religiösen Signa wie den *Nomina sacra*, auf die Sphäre christlicher Transzendenz und auf Christus als *Sol salutis*. Bei Porfyrius verbinden sich mit diesem christlichen Konzept allerdings noch die antike Anschauung einer von Konstantin herbeigeführten *Aetas aurea* sowie der Anklang an den prächristlichen, paganen Sonnenkult mit der Verehrung des *Sol invictus*.[16]

Von entscheidender Bedeutung für die Tradition der sakralen Leuchtschrift ist nun, dass das von Porfyrius in zwei Gedichten verwandte Christusmonogramm mit den Namensinitialen X und P (Carmen VIII, XIV, XIX, XXIV) nach dem Bericht des Eusebius von Caesarea auf eine Vision Konstantins zurückgeht, der vor der Schlacht bei der Milvischen Brücke gegen Maxentius 312 ein Lichtzeichen über der Sonne erblickt hat: „About the time of the midday sun, when day was just turning, he said he saw with his own eyes, up in the sky and resting over the sun, a crossshaped trophy formed from light, and a text attached to it which said, ‚By this conquer'."[17] Von der visionär geschauten Lichterscheinung lässt Konstantin auf göttlichen Auftrag hin aus Gold und Edelstein ein Signum mit dem Christusmonogramm anfertigen, das von ihm als Feldzeichen *(Labarum)* mit apotropäischer Funktion angesehen wird: „A tall pole plated with gold had a transverse bar forming the shape of a cross. Up at the extreme top wreath woven of precions stones and gold had been fastened. On it two letters, intimating by its first characters the name ‚Christ', formed the monogram of the Saviour's title rho being intersected in the middle by chi. These letters the emperor also used to wear upon his helmet in later times."[18] Da Konstantin aufgrund dieser Vision letztlich zum Christentum übertritt, ist die Konstantinische Wende als Grundlage für die Entstehung eines christlichen Europas mit der Idee der Glanz- und Himmelsschrift verbunden.

Schüler des Optatianus Porfyrius ist Hrabanus Maurus mit seinem *Liber de laudibus s. crucis*, in dem die *Figura VIII* von Porfyrius' *Carmen III* übernommen wurde, deren Intextgitter entsprechend der originären Farbkonzeption des spätantiken Dichters in der Wiener Hs. 652 (Mainz; nach 847)[19] in gold-gelber Farbe erscheint (fol. 13v; vgl. Abb. 2). Die zwölf Kreuzenden der intextuellen Figur deutet Hraban in seinem beige-

16 Vgl. Marianne Bergmann: Die Strahlen der Herrscher. Theomorphes Herrscherbild und politische Symbolik im Hellenismus und in der Römischen Kaiserzeit, Mainz 1998, S. 282–284.

17 Eusebius: Life of Constantine, übers. u. komm. v. A. Cameron, S. G. Hall, Oxford 1999, I, 28, S. 81.

18 Ebenda, I,31, S. 81.

19 Hrabanus Maurus: Liber de laudibus sanctae crucis, Faksimile-Ausgabe des Cod. Vind. 652 der Österreichischen Nationalbibliothek, hrsg. u. komm. v. K. Holter, Graz 1972/1973.

fügten Kommentar in komplexer Weise zahlensymbolisch, wobei er die Dodekas in einem typologischen Horizont auch auf das ewige Jerusalem mit seinen zwölf Toren bezieht: „Christus erweist sich als *artifex et conditor* der lichtdurchfluteten himmlischen Gottesstadt, wenn er wie der alttestamentliche Hohepriester, der einen Brustschild mit zwölf Edelsteinen trägt, als *pontifex* und – in antitypischer Steigerung – zugleich als *hostia* das Sühneopfer vollbringt, das die Voraussetzung für den Aufbau der immanenten und transzendenten *civitas Dei* bildet."[20]

Abschließend sei konstatiert, dass Goldschrift nicht nur in der Tradition der visuellen Poesie, sondern in verschiedenen Textsorten und Funktionen in der spätantiken und mittelalterlichen *Culture of Manuscript* begegnet: beispielsweise als Dekor in Luxusausgaben antiker Autoren sowie als Schriftdesign in herrscherlichen Zusammenhängen bei Evangeliaren und Psalmen – Letztere gelten als Werk des Königs David. Darüber hinaus trifft man in der fiktionalen Literatur des Mittelalters noch auf andere Formen von Goldschrift: etwa inskriptionaler Art bei Epitaphien oder textiler Art bei Gewändern. Und schließlich findet man auch Schrift aus Edelsteinen, die aber im Unterschied zu den meist sakralen *Litterae gemmatae* profane Funktionen, z. B. magische, übernehmen kann.[21]

II. Himmelskörper als Textkörper

Vom Spätmittelalter an wird nach Auskunft der einschlägigen Quellen das Buch der Natur, als dessen Teil sich die Sternenschrift begreifen lässt, immer änigmatischer und zunehmend diffiziler zu dekodieren. Im Kontext der Magie bespricht Agrippa von Nettesheim (1486–1535) ein polyglottes Sternenalphabet, das so konstruiert ist, dass die griechischen und lateinischen Vokale für die Planeten und die Konsonanten für die zwölf Sternbilder und die vier Elemente stehen.[22] Die Himmelsschrift erweist sich mehr und mehr als eine kosmische Makroform des Kryptogramms. Diese Tendenz dokumentiert z. B. die Abbildung einer himmlischen Geheimschrift in einem Traktat des Blaise de Vigenère von 1586,[23]

20 Ernst (wie Anm. 13), S. 229.

21 Belege bei Ulrich Ernst: Facetten mittelalterlicher Buchkultur, Heidelberg 2006, Register, S. 342 f. (Chrysographie).

22 Agrippa von Nettesheim: De occulta philosophia, Lyon o. J. In: Ders.: Opera, I, Nachdr. Hildesheim 1970, S. 145–150.

23 Blaise de Vigenère: Traicté des chiffres ou secretes manieres d'escrire, Paris 1586; dazu vgl. Friedrich Ohly: Zum Buch der Natur. In: U. Ruberg, D. Peil (Hrsg.): Friedrich Ohly: Ausgewählte und neue Schriften zur Literaturgeschichte und zur Bedeutungsforschung, Stuttgart 1995, S. 727–844, hier S. 810–812.

und später findet man in dem literarisch-magiologischen Kuriositätenkabinett des als Bibliothekar Richelieus bekannten Jacques Gaffarel (1601–1681)[24] unter dem Titel *Hemysphaerium boreale characterum coelestium* ein Bild des nördlichen Sternenhimmels, der mit Buchstaben eines sich an die hebräische Schrift anlehnenden Geheimalphabets übersät ist (vgl. Abb. 3).[25] Wie aus diesem Exemplum einer christianisierten Kabbala in der Nachfolge des *Sohar* und des Guillaume Postel[26] ersichtlich ist, zeigt sich die Frühe Neuzeit nicht nur als astrologisch-astronomisches, sondern auch als kryptologisches Zeitalter.

Kryptopoetisch verrätselt ist auch ein Poem in Form einer Sonne, das in einer 1687 in Lüttich erschienenen Gratulationsschrift überliefert ist, als deren Autor Hermann a Sancta Barbara zeichnet,[27] der als Mitglied des Konvents der unbeschuhten Karmeliter in Lüttich bezeugt ist. Widmungsempfänger ist der aus dem Bistum Lüttich stammende Johann Walther von Sluse, der 1686 von Innozenz XI. zum Kardinal erhoben wurde. Ein in der Gratulationsschrift enthaltenes *Carmen figuratum* zeigt im Zentrum eine Sonne mit Gesichtszügen, die von einem Letternkranz mit den Buchstaben des Adressatennamens umgeben ist: *Ioannes Gualterius Slusius* (vgl. Abb. 4).[28] Der Textkreis um die Sonne bildet ein Akrostichon, von dessen Buchstaben wie Strahlen von der Sonne Verse in alle Richtungen ausgehen, die artifiziell als Tautogramme gestaltet sind. Durch die Kombination von Akrostichon und mehrfachem Mesostichon (= Pentakrostichon) ergeben sich insgesamt fünf intextuelle, ineinander gelegte Textringe mit dem Namen des Adressaten, der zu einer Lichtgestalt, zur neuen Sonne am Firmament des Kardinalskollegiums emporstilisiert wird.

Unter der Überschrift *Stella honoris* ziert ein *Carmen figuratum* in den Umrissen eines achtstrahligen Sterns ebenfalls eine Gratulationsschrift *(Triumphus laboris seu Stella honoris …),* die 1696 in Hanau erschienen ist und von der sich heute ein Exemplar in Köln (UB, Rh. fol. 2354–21, Nr. 31,31, fol. 103r) befindet (vgl. Abb. 5). Den Anlass der Festschrift bildet

24 Jaques Gaffarell: Curiositez inouyez hoc est cusiositates inauditae de figuris persarum talismannicis, horoscopo patriarcharum et characteribus coelestibus, hrsg. v. M. G. Michael, Hamburg 1676, S. 259. Vgl. Giovanni Pozzi: La parola dipinta, Mailand 1981, S. 79, 366; Kurt Seligmann: Das Weltreich der Magie, übers. v. H. Kissling, Eltville a. Rh. 1988, S. 43, 258, 289, 356, 413.

25 Alfabeto in sogno. Dal carme figurato alla poesia concreta, hrsg. v. C. Parmiggiani, Mailand 2002, S. 213. Vgl. Wilhelm Gundel: Sterne und Sternbilder im Glauben des Altertums und der Neuzeit, Hildesheim 1981 (Nachdr. der Ausg. Bonn 1922), S. 55.

26 Seligmann (wie Anm. 24), S. 289 f.

27 Hermannus a S. Barbara: Carmelo-Parnassus in xenium oblatus, Lüttich 1687; Pozzi (wie Anm. 24), S. 368.

28 Alfabeto in sogno (wie Anm. 25), S. 133.

die Weihe des Dr. theol. Frank Blöchinger aus Miltenburg zum Abt des Klosters Seligenstadt in der Diözese Mainz durch den Mainzer Suffraganbischof Matthias Stark. Das Benediktinerkloster Seligenstadt war führendes Mitglied der Bursfelder Kongregation.

Das im Zickzack unter mehrfacher Drehung zu lesende kinetische Textkorpus besteht aus acht Hexametern. Durch Druckbuchstaben optisch hervorgehoben, konstituiert sich an den äußeren Zacken des Sterns, im Uhrzeigersinn zu lesen, der Intext: *Scientia*, der seine Fortsetzung in einem inneren Kreis findet: *Et Virtus*. Auf den Intext weist bereits der ‚Untertitel' des Gedichts: *Virtutis et scientiae radys coruscans*, an den sich als Motto ein verknapptes Zitat aus Dn 12,3: „Docti fulgebunt quasi stellae in perpetuas aeternitates" anschließt. Das auf den neuen Stern am Himmel der Bursfelder Kongregation, den in der Theologie promovierten *Doctor ecclesiae* Frank Blöchinger, bezogene Bibelzitat dokumentiert in seiner eschatologischen Ausrichtung den epiphanen Charakter des Textbildes. Der Basistext beschwört die mittelalterliche Vorstellung vom Labyrinth der sündigen Welt, das die verschachtelte Lesestruktur des Gewirrs der Textstrahlen spiegelt: Führer durch diesen luminosen, ja lichtkinetischen Irrgarten, so der Appell des Autors, sollen Gelehrsamkeit und Tugend sein, die der Adressat perfekt verkörpert. Unterhalb des Figurengedichts befindet sich ein Epigramm, in dem, bezogen auf das Textbild, die Lichtmetaphorik im Dienst der Enkomiastik breit auskristallisiert wird. Insofern die ebenfalls acht Verse in Form von Chronodisticha gestaltet sind, zeigt sich der Einfluss von Verschlüsselungstechniken der *Poesis artificiosa*,[29] während die Gesamtstruktur mit *Motto*, *Pictura loquens* und *Subscriptio* an die Emblematik erinnert.

Den Himmel des Barockzeitalters bevölkern im Spiegel der Literatur und bildenden Kunst nicht nur Feuerwerkslichter, sondern ebenfalls Kometen, die auf der Basis der Renaissancehieroglyphik auch positiv gedeutet werden können.[30] In einer Schrift der medizinischen Fakultät der Universität zu Innsbruck aus dem Jahr 1726 (*Andropologia anatomiche sive sermonicatio de corpore humano;* Wolfenbüttel, HAB, Mb 9) findet sich am Ende ein Faltblatt mit einem Figurengedicht in Form eines Kometen von Virgilius Grammatica aus Trient, *Baccalaureus* der *Artes liberales* und der Philosophie.[31] Dediziert ist es – im Rahmen eines akademischen Prüfungsverfahrens – dem Kandidaten Hieronymus Bacchetoni gewidmet, der später zum Professor im anatomischen Theater (1730), Professor der

29 Vgl. Jutta Grub: Mons resplendens. „Poesis artificiosa" in einer Kölner Gratulationsschrift des 18. Jahrhunderts, Heidelberg 1992.

30 Vgl. Elisabeth Heitzer: Das Bild des Kometen in der Kunst, Berlin 1995, S. 50–52; Olaf Briese: Die Macht der Metaphern, Stuttgart 1998, S. 179 ff.

31 Jeremy Adler, Ulrich Ernst: Text als Figur, Weinheim ³1990, S. 107 f.

Chirurgie (1733) und schließlich Professor der Anatomie (1737) aufstieg (vgl. Abb. 6).

Der textuelle Himmelskörper besteht aus zehn Strahlen zu je drei Verszeilen, die im Uhrzeigersinn jeweils von der Peripherie zum Zentrum hin zu lesen sind. Durch Majuskelschrift optisch exponiert, sind dem figurierten Basistext drei konzentrische Intextbahnen eingeschrieben: Der akrostichische Außenkreis enthält den Namen des Adressaten: *Bacchetoni,* der mittlere, mesostichische Kreis die Charakterisierung: *rutilum medicinae sidus* und der innere, telestichische Kreis die Imperative: *Vive et sana,* insgesamt: *Bacchetoni, leuchtender Stern der Medizin, lebe und heile.*

Gestaltet sich auch in der Frühen Neuzeit die Entzifferung der Sternenschrift immer schwieriger und verlagert sich die Lichtfülle Gottes im Jenseits mehr und mehr auf den repräsentativen Glanz von Herrschern, kirchlichen Würdenträgern oder akademischen Koryphäen, so hält sich doch trotz des Aufschwungs der Naturwissenschaften und des Wandels von einem geo- zu einem heliozentrischen Weltbild die mittelalterliche Vorstellung vom Buch der Natur noch bis in das 18. Jahrhundert.

III. Experimentelle Lichtschriften: Konstellation und Installation

Es blieb erst den Avantgarden seit dem Ende des 19. Jahrhunderts vorbehalten, zum Teil im Kontext mit Lichtkonzepten auch neue Formen artistischer Leuchtschriften zu entwickeln. Theoretisieren über und Experimentieren mit Licht kennzeichnen nicht nur den Impressionismus mit seinem Farb-Divisionismus, sondern auch den Pointillismus mit seinem Chromo-Luminarismus, der Licht-, Lokal- und Komplementärfarben unterscheidet, und schließlich den russischen Konstruktivismus in der Strömung des Rayonnismus, der, repräsentiert von Michail Larionow, Licht als vierte Dimension begreift und infolge dessen Gegenständlichkeit in Strahlendiagramme auflöst.[32] Zugleich zeichnet sich ein Wandel ab vom traditionellen *Carmen figuratum* in der Form siderischer Phänomene hin zur freien Textpartitur mit weißem Textgrund, wie sie von Mallarmé in seinem *Coup de dés* auf der Folie des Sternenschriftdiskurses als *une constellation*[33] verstanden wird.[34] Gleichzeitig tritt an die Stelle

32 Vgl. Waldemar George: Larionow, Luzern 1968; Michail Larionow 1881–1964, hrsg. v. J. Kowtun, Bournemouth 1998.

33 Stéphane Mallarmé: Un Coup de dés. In: Ders.: Œuvres complètes, hrsg. v. H. Mondor, G. Jean-Aubry, Paris 1945, S. 457–477, hier S. 477.

34 Zu Mallarmés *Un Coup de dés* vgl. Hans Blumenberg: Die Lesbarkeit der Welt, Frankfurt a. M. 1981, S. 310–324; Adler, Ernst (wie Anm. 31), S. 233–240 (mit Zitaten des Autors und der Transformation des Textes in eine Serie von Sternzeichen durch Ernest Fraenkel).

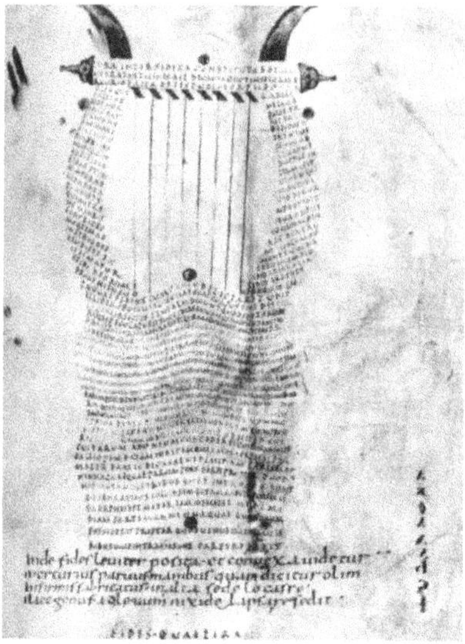

Abb. 1: Aratos: Phainomena; Sternzeichen: Lyra (9. Jahrhundert).
Quelle: Ernst (wie Anm. 13), Abb. 209.

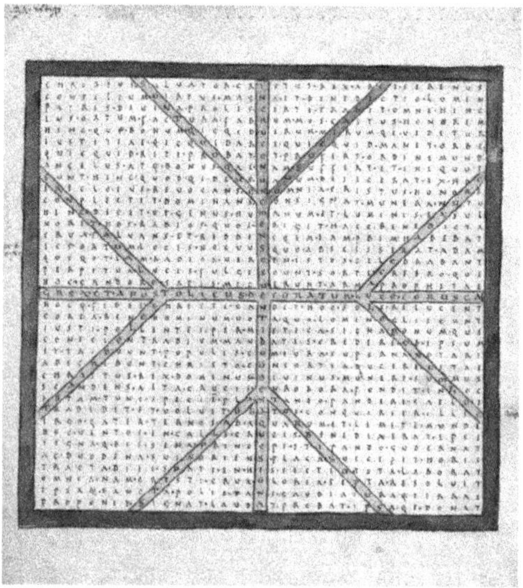

Abb. 2: Hraban: Codex Vindobonensis 652, fol. 13v;
Intexte in gold-gelber Kolorierung (um 850).
Quelle: Hraban (wie Anm. 19), fol. 13v.

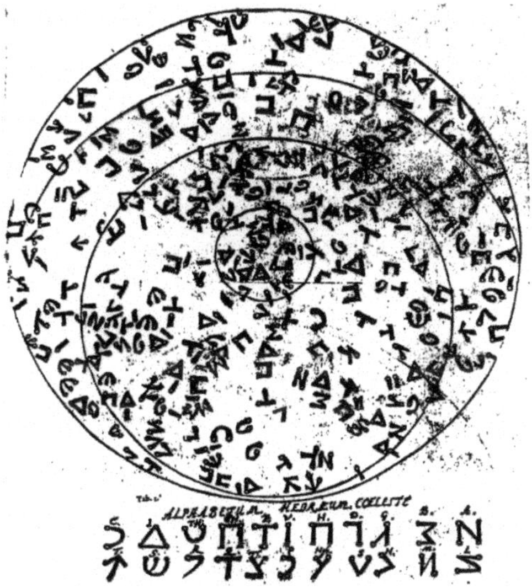

Abb. 3: Kryptographische Himmelsschrift aus Jaques Gaffarel:
Curiositez inouyez (1676).
Quelle: Alfabeto in sogno (wie Anm. 25), S. 213.

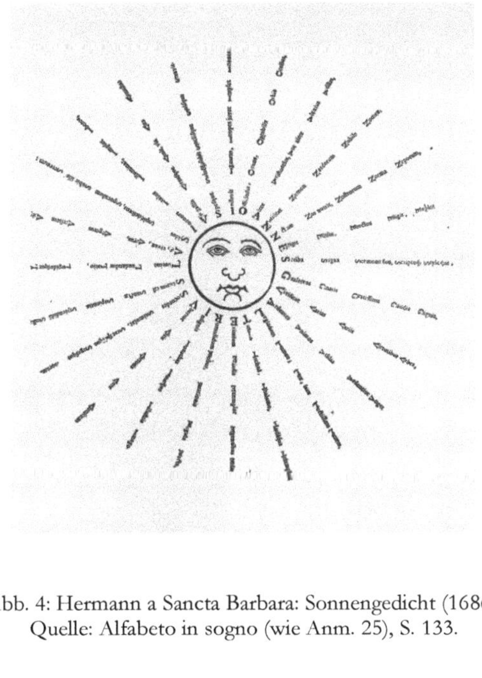

Abb. 4: Hermann a Sancta Barbara: Sonnengedicht (1686).
Quelle: Alfabeto in sogno (wie Anm. 25), S. 133.

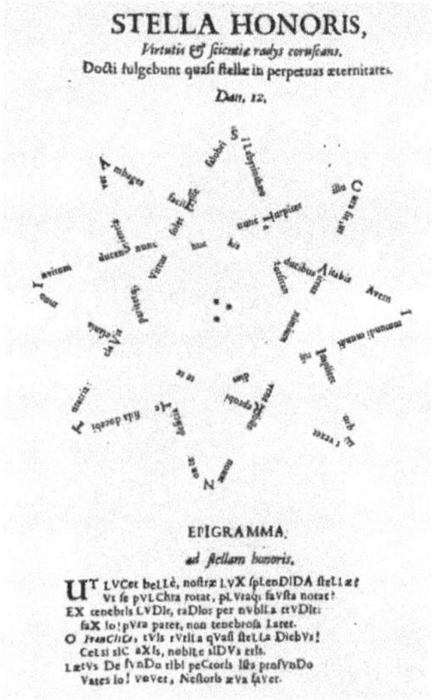

Abb. 5: Sterngedicht zur Weihe Frank Blöchingers zum Abt des Klosters Seligenstadt (1696).
Quelle: UB Köln, Rh. Fol. 2354–21–Nr. 31,31.103r.

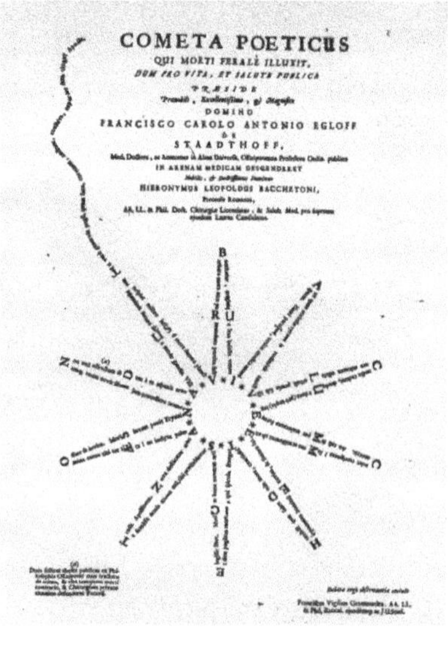

Abb. 6: Franciscus Virgilius Grammatica: Casualcarmen in Form eines Kometen (1726).
Quelle: Adler, Ernst (wie Anm. 31), S. 108.

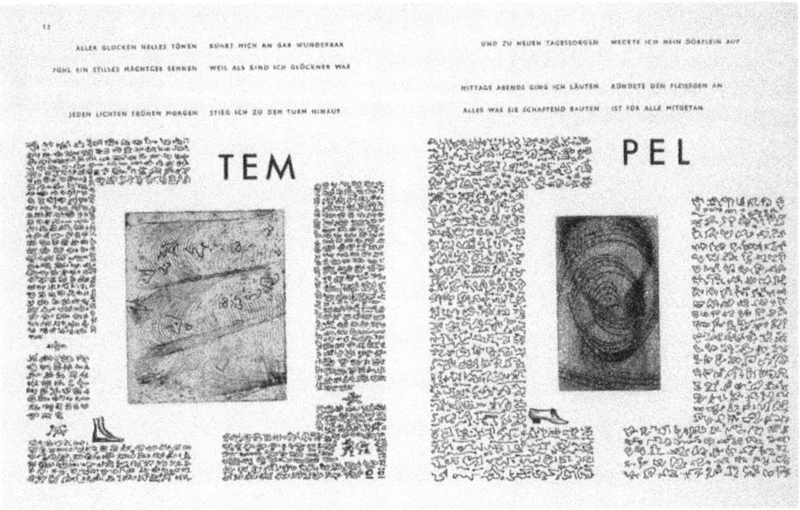

Abb. 7: Max Ernst und Iliazd: Maximiliana (1964).
Quelle: Adler, Ernst (wie Anm. 35), S. 312.

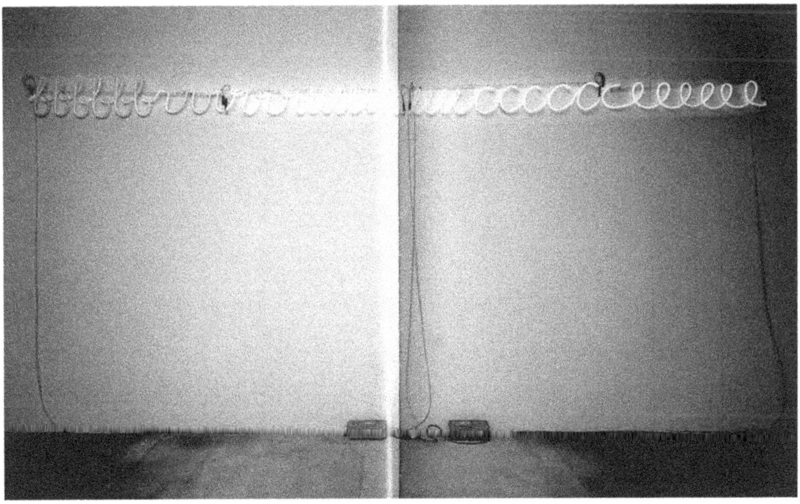

Abb. 8: Bruce Nauman: Neonschrift mit dem verschlüsselten Künstlervornamen (1968).
Quelle: von Bismarck (wie Anm. 36), S. 34 f.

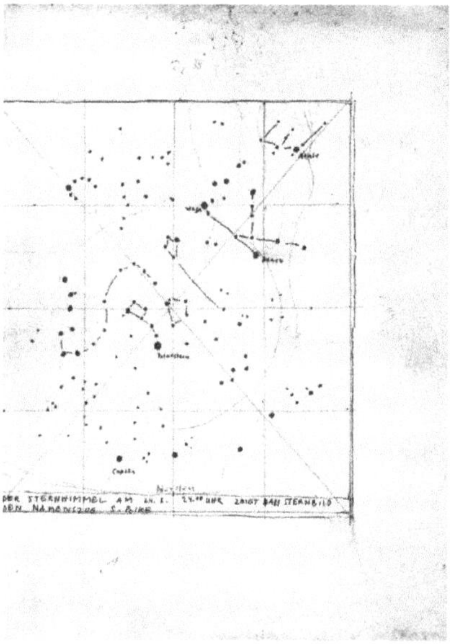

Abb. 9: Sigmar Polke: Sternbild mit seinem Namenszug: S. Polke (1969).
Quelle: Polke (wie Anm. 38), S. 96, Nr. 60.

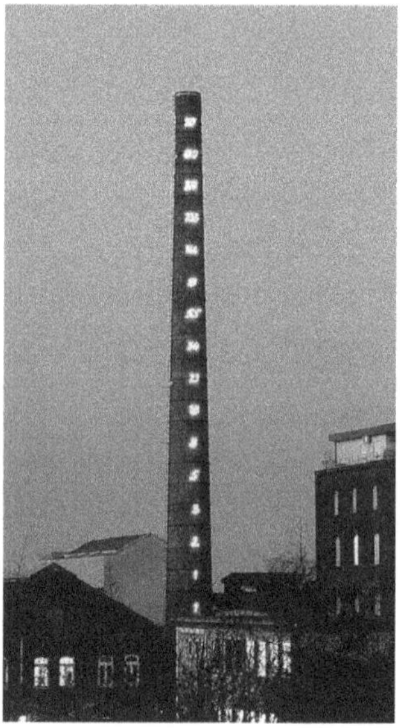

Abb. 10: Mario Merz: Fibonacci-Reihe am Schornstein des Zentrums für internationale Lichtkunst in Unna (2001).
Quelle: Brockhaus (wie Anm. 46), S. 121, Kat.-Nr. 37.

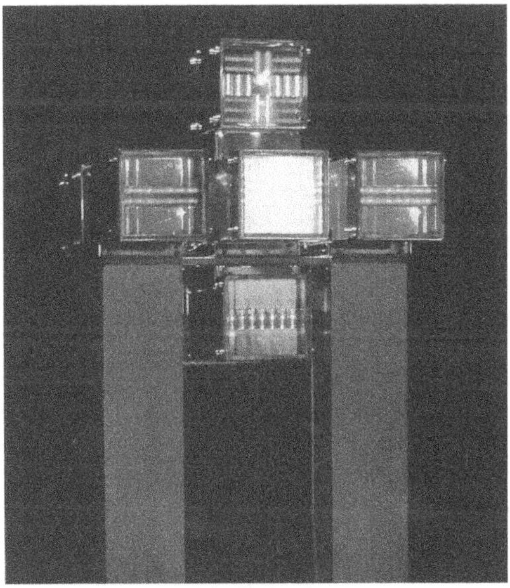

Abb. 11: Winfrid Mühlum: Lob des Kreuzes – transluzent (2006).
Quelle: Kotzur (wie Anm. 49), S. 114 f.

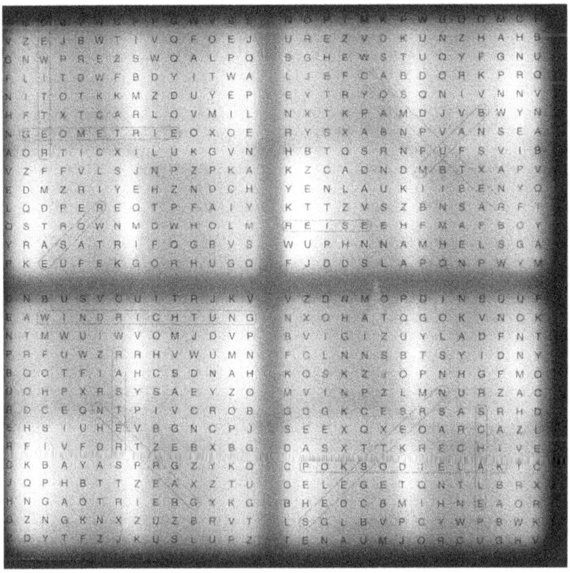

Abb. 12: J. Hako: Lichtskulptur nach dem Vorbild Hrabans (2006).
Quelle: Kotzur (wie Anm. 49), S. 102 f.

des Buches der Natur, das von Gott geschaffen wurde, das Künstlerbuch als ein Produkt menschlicher Kreativität in textlicher wie in bildnerischer Hinsicht. Trotz dieses literarästhetischen, generistischen wie auch medialen Paradigmenwechsels behält in frappierender Weise die Sternenschrift ihre Faszination auch für die Avantgarden.

Ein Komet ist z. B. leitendes Thema eines Malerbuchs, das der Surrealist Max Ernst und der russische Futurist Iliazd (= Ilya Zdanewitsch) 1964 unter dem Titel *Maximiliana ou l'exercice illégal de l'astronomie* in Paris publizierten (Wolfenbüttel, HAB, 14.28 Malerbücher).[35] Das Buch befasst sich mit dem lange verkannten Astronomen Ernst Wilhelm Leberecht Tempel (1821–1889), der am 8. März 1861 mit seinem Fernrohr den Planeten 65 zwischen Mars und Jupiter entdeckt hat, der als Hommage an Maximilan II. *Maximiliana* genannt und später als Asteroid unter dem Namen *Cybele* geführt wurde. Die Komposition des Werkes lässt sich gut erkennen, wenn man auf die 12. Doppelseite blickt, welche zwei Radierungen präsentiert, die von Textblöcken in siderischer Geheimschrift gerahmt werden (vgl. Abb. 7). Die auch für die besondere Form des *Artist's book* ungewöhnliche *Mise en page* erinnert an mittelalterliche Texte mit Marginalkommentaren, nur dass sich hier anstelle des heiligen *Textus* Bilder befinden und die Glossierung nicht explikativen, sondern verrätselnden Charakter hat: Ikonische und skripturale Änigmatik steigern sich sogar gegenseitig.

Am oberen Rand des Seitendiptychons sind Verse Wilhelm Tempels platziert, in denen er sich an seine Tätigkeit als Glöckner in einer Dorfkirche erinnert, während, die einzelne Seite übergreifend, der Name Tempels in Versalien gesetzt ist. Die Methode, nicht die Einzel-, sondern die Doppelseite einer Bild-Text-Komposition zugrunde zu legen, geht bis auf Hrabanus Maurus zurück und findet sich an der Schwelle zur Moderne beispielgebend bereits bei Mallarmé. Das transpaginale Konstrukt weckt aufgrund der Onomastik Assoziationen an ägyptische Tempel, darüber hinaus auch an christliche Kirchen, refiguriert insbesondere die Anschauung vom Himmel als Buch, die zuvor ebenfalls Mallarmé adaptiert hat, und greift mit der Geheimschrift auf die alte Vorstellung der Sternenschrift als Makroform des Kryptogramms zurück.

Während Max Ernst bei seinem Konzept von Sternenschrift noch an der traditionellen Form des Buches festhält, bedient sich der New Yorker Pop-Künstler Bruce Nauman mit der Lichtinstallation eines neuen Mediums, auch zur Inszenierung von Autorschaft. So kennzeichnen Namensverschlüsselung durch Kleinschrift und Buchstabenhäufung für den Vornamen *Bruce* sowie Anknüpfung an das Modell der nicht zuletzt

35 Vgl. Adler, Ernst (wie Anm. 31), S. 311 ff.

der Selbstapotheose dienenden Sternenschrift eine im Vorfeld der ersten Mondlandung entstandene Neonschrift aus dem Jahr 1968, die den Titel *My Name As Though It Were Written on the Surface of the Moon* trägt (vgl. Abb. 8).[36] Mit der Verwendung von Neonlicht und Neonfarbe wird der Druckerschwärze des typographischen Zeitalters gleichsam der Garaus gemacht, und es erfolgt stattdessen in neuer medialer Form eine Rückkehr zur skripturalen Farbenvielfalt der vormodernen Handschriftenkultur. An die von Mallarmé erneuerte und im russischen Futurismus von Velimir Chlebnikov[37] eigenwillig adaptierte Tradition der Sternenschrift knüpft der deutsche Maler Sigmar Polke an, der ein Blatt mit dem Sternenhimmel am 24.6.1969, 24 Uhr, gestaltet hat,[38] das als Sternbild seinen Namenszug *S. Polke* zeigt (vgl. Abb. 9).

Sofern Eugen Gomringer Mallarmés Begriff der Konstellation für ein neues Genre Visueller Poesie, die Konkrete Poesie, reklamiert,[39] lebt der Gedanke der Sternenschrift mittelbar auch im Kontext dieser Neo-Avantgarde fort, wobei Gerhard Rühm mit seinem Projekt einer *Kondensstreifen-Poesie (von Düsenjägern in den Himmel geschrieben)*[40] neben den im Konnex mit der Mondlandung 1969 entstandenen Figurentexten das wohl kühnste Konzept einer modernen Himmelsschrift formuliert hat. Auch in der vom Konkretismus beeinflussten Richtung des *Fluxus* bewahrt das Licht seine Anziehungskraft auf moderne Medienkünstler, so besonders eindrucksvoll bei dem John Cage-Schüler Jackson MacLow, der eine Serie von *Light Poems* produziert hat.[41]

Es ist ein besonderes Kennzeichen der skripturalen Malerei wie gleichfalls der visuellen Poesie, Texte nicht nur aus Buchstaben, sondern auch aus Zahlen zu konstruieren. In diesem Zusammenhang sind für die intermediale Kunst der Nachkriegszeit vor allem die Number-Paintings von Pop-Artisten wie Jasper Johns und Robert Indiana[42] sowie die konkre-

36 Beatrice von Bismarck: Bruce Nauman, Bonn 1998, vgl. Abb. S. 34 f.

37 Zu der als Sternensprache konzipierten, transrationalen „Zaoum-Sprache" vgl. Adler, Ernst (wie Anm. 31), S. 258 f.; vgl. Velimir Chlebnikov: Poesie, Prosa, Schriften, Briefe, hrsg. v. P. Urban, Reinbek 1985, S. 153 f. (Wörterbuch der Sternensprache).

38 Sigmar Polke: Werke aus der Sammlung Froehlich, hrsg. v. G. Adriani, Ostfildern-Ruit 2000, S. 96 (Nr. 60).

39 Eugen Gomringer: definitionen zur visuellen poesie. In: Ders.: konkrete poesie. deutschsprachige autoren, Stuttgart 1972, S. 163.

40 Statement von Gerhard Rühm. In: K. P. Dencker (Hrsg.): Visuelle Poesie, Dillingen/Saar 1984 (Katalog), S. 68.

41 Jackson MacLow: August Light Poems, New York 1967; 22 Light Poems, Los Angeles 1968; 23rd Light Poem. For Larry Eigner with Multicolored Graphics by Ian Tyson, London 1969; 36th Light Poem. In Memoriam Buster Keaton, London 1975; 54th Light Poem. For Ian Tyson, Milwaukee 1978.

42 Vgl. Karin v. Maur (Hrsg.): Magie der Zahl, Stuttgart 1997 (Katalog), S. 76 ff., 98 ff.

tistischen Zahlengedichte[43] etwa von Heinz Gappmayr[44] zu nennen, der im Jahr 1999 auch eine Neoninstallation mit Zahlen am Erfurter Rathaus geschaffen hat.[45]

Eine Lichtarchitektur aus Neonzahlen in Blau hat Mario Merz, Vertreter der *Arte povera,* gestaltet, der von einer bestimmten Zahlenfolge, nämlich der von ihm als generatives Prinzip gedeuteten Zahlenreihe des mittelalterlichen Mathematikers Leonardo Fibonacci, fasziniert war (vgl. Abb. 10). Merz hat im Jahr 2001 eine solche Fibonacci-Reihe von 1–987 am Schornstein des Zentrums für internationale Lichtkunst in Unna installiert.[46] Die in einem industriellen Komplex positionierte Licht-Stele, die, an einen beschrifteten Obelisken erinnernd,[47] aszendierend zu lesen ist, verweist vor dem Hintergrund eines nächtlichen Himmels als mathematisch offene Reihe auf das Unendliche, weckt zudem Assoziationen an die alte, z. B. bei Emanuel Swedenborg bezeugte Vorstellung von der Himmelsschrift als Zahlencode, der von Engeln als Kommunikationsmittel benutzt wird.[48]

Von symbolischen Zahlen und sakralem Licht war schon Hrabanus Maurus fasziniert, der in seinen *Carmina figurata* mit dem Verfahren der Gematrie als Verschlüsselungssystem operiert hat. An seinen Kreuzgedichten orientiert sich Winfrid Mühlum, unter dem Künstlernamen *Pyrápheros* (Feuerbringer) Exponent einer auf Leuchtgemälde und Lichtlandschaften konzentrierten *Sidereal Art,* der 2006 zum 1150. Todestag von Hrabanus Maurus eine Lichtskulptur aus Kristallglas, Edelstahl und

43 Vgl. die Sammlung: Geometrische und arithmetische Poesie. In: Hybridenland: Editionsbox 2002: Experimentelle Literatur & Kunst & Sprache. Autoren: u. a. Klaus Peter Dencker, Pierre Garnier, Ilse Garnier, Berlin 2002. Vgl. Klaus Peter Dencker: Visuelle Poesie 1965–2005, hrsg. v. der Kunstbibliothek Staatliche Museen zu Berlin Preußischer Kulturbesitz, Weitra 2006, S. 303.

44 Vgl. Karl Riha: Zahlentexte – Ein Paradigma der Moderne. In: Maur (wie Anm. 42), S. 311–320, hier S. 318.

45 Heidi Bierwisch (Hrsg.): Licht + Visuelle Texte. Projekt im Altstadtkern von Erfurt, Wechmar 1999, S. 30 f.

46 Christoph Brockhaus (Hrsg.): Stadtlicht – Lichtkunst, Duisburg 2004, S. 121 (Kat.-Nr. 37); vgl. den gesamten Abschnitt: Text und Zahl mit Neonlicht, ebenda, S. 116–121. Zu Alighiero Boetti, der ebenfalls der *Arte povera* zuzuordnen ist, vgl. Gerald Siegmund: In den Sternen lesen und aus dem Nähkästchen plaudern. Zum Verhältnis von Bild und Schrift in den Bildern von Alighiero Boetti. In: H. J. Drügh, M. Moog-Grünewald (Hrsg.): Behext von Bildern? Ursachen, Funktionen und Perspektiven der textuellen Faszination durch Bilder, Heidelberg 2001, S. 271–286.

47 Zu visuellen Texten dieser Art vgl. Ulrich Ernst: Europäische Figurengedichte in Pyramidenform aus dem 16. und 17. Jahrhundert (1982). In: Ders.: Intermedialität im europäischen Kulturzusammenhang, Berlin 2002, S. 91–153.

48 Emanuel Swedenborg: Himmel und Hölle nach Gesehenem und Gehörtem, Übers. der Ausg. London 1758 (De coelo et ejus mirabilibus et de inferno, ex auditis et visis) von J. F. Tafel, hrsg. u. komm. v. H.-J. Hube, Wiesbaden 2005, S. 144–147, 258–264.

Aluminium geschaffen hat, die den Bezug im Titel kenntlich macht: *Lob des Kreuzes – transluzent* (vgl. Abb. 11).[49] Zum selben Anlass hat J. Hako ein *LichtBuchstabenRätsel* (Plexiglas, LED-Leuchten, Folie) konstruiert, in dem er den von Hraban verwendeten Typus des Gittergedichts mit seiner kryptopoetischen Text-Intext-Struktur in eine Lichtskulptur aus Farbe, Schrift und luminoser Transparenz umsetzt (vgl. Abb. 12).[50] Wie bei den klassischen Mustern sind die progredient, regredient und diagonal zu lesenden intextuellen Schlüsselbegriffe zumeist eingerahmt *(Gewitter – Geometrie – Rose – Reise – Computer – Baum – Windrichtung – Raster – Garten – Seestern – Kaleidoskop),* ohne dass allerdings der Basistext durchgängig versifiziert und semantisiert ist. Nichtmarkierte Intexte beziehen sich nach Art eines Widmungsakrostichons auf den rezenten Nachfolger des *Praeceptor Germaniae* als Bischof von Mainz: *Karl Kardinal Lehmann Bischof von Mainz* (Name Lehmann als Palindrom im zweiten Quadranten rechts oben). Wie Merz zeigen auch Mühlum und Hako in ihren Arbeiten ein Janusgesicht: Einerseits signalisieren sie bewusst oder unbewusst eine Verbindung mit den lichtkinetischen Arbeiten von Künstlervereinigungen wie *Zero* (u. a. Otto Piene, Günther Uecker) oder *Groupe de Recherche d'Art Visuel* (u. a. Julio LeParc, Victor Vasarely), und andererseits signalisieren sie durch die Anknüpfung an mittelalterliche Vorbilder (Leonardo Fibonacci, Hrabanus Maurus) eine Zugehörigkeit zum Postmodernismus.

49 Hans-Jürgen Kotzur (Hrsg.): Rabanus Maurus, Mainz 2006, S. 114 f.; Komm. v. A. König.

50 Ebenda, S. 102 f.

Claudia Brinker-von der Heyde

Lieht, schîn, glast und *glanz* in Wolframs von Eschenbach „Parzival“

Licht und Glanz verbreiten sich beim Lesen des *Parzival*. Kaum eine Seite, die nicht aufstrahlt, doch nicht etwa aufgrund der kostbaren materiellen Ausstattung des Buches, wie dies aus vornehmlich geistlichen Handschriften so vertraut ist,[1] sondern aufgrund von Wörtern, die helle Räume, strahlende Gesichter, lichte Körper, blitzende Waffen, schimmernde Gewänder erschaffen, Szenerien in gleißendes (Sonnen-)Licht oder milden Mondschein tauchen und Objekte oder Personen in ihrem Glanz aus der Umgebung herausheben. Zweifellos zeigt sich Wolfram mit seinem extensiven Gebrauch von „Leuchtwörtern“ als Kind seiner Zeit, in der Licht „fast rauschhaft zum Mittel und Thema der Kunst in allen Bereichen“ geworden war.[2] Und zweifellos rekurriert Wolfram auf Lichttheorien der Theologie, Medizin, der Philosophie und der Naturwissenschaften.[3] Die bisherige Forschung ist diesem geistes- und wissensgeschichtlichen Kontext, aus dem heraus der *Parzival* zu verstehen ist, nachgegangen und hat dabei meist Parzival,[4] die weiblichen Haupt-

1 Horst Wenzel: Die Schrift und das Heilige. In: H. Wenzel, W. Seipel, G. Wunberg (Hrsg.): Die Verschriftlichung der Welt. Bild, Text und Zahl in der Kultur des Mittelalters und der Frühen Neuzeit, Wien 2000, S. 15–57, hier S. 33 f.

2 Max Wehrli: Literatur im deutschen Mittelalter. Eine poetologische Einführung, Stuttgart 1984, S. 149.

3 Alois M. Haas: Der Lichtsprung der Gottheit. In: Ders.: Sermo Mysticus, Freiburg 1979, S. 37–66; Hanspeter M. Huber: Licht und Schönheit in Wolframs Parzival, Zürich 1981; Michela Fabrizia Cessari: Der Erwählte, das Licht und der Teufel. Eine literarhistorisch-philosophische Studie zur Lichtmetaphorik in Wolframs „Parzival“, Heidelberg 2000; Joachim Bumke: Die Blutstropfenszene im Schnee. Über Wahrnehmung und Erkenntnis im „Parzival“ Wolframs von Eschenbach, Tübingen 2001. Alle Arbeiten mit weiterführenden Literaturhinweisen und einer umfassenden Diskussion der christlich-theologischen Lichttheorien.

4 Ingrid Hahn: Parzivals Schönheit. In: H. Fromm, W. Harms, U. Ruberg (Hrsg.): Verbum et signum. Beiträge zur mediävistischen Bedeutungsforschung. Studien zu Semantik und Sinntradition im Mittelalter. Friedrich Ohly zum Geburtstag, Bd. 2, München 1975, S. 203–232; Cessari (wie Anm. 3).

figuren[5] oder einzelne Szenen[6] in das Zentrum der Ausführungen gestellt. Eine Analyse des gesamten Wortfelds zu Licht und Helligkeit, welche nicht textextern, sondern textintern semantischen Differenzierungen und Korrespondenzen zwischen den verschiedenartigen Lichtphänomenen nachspürt, steht bisher aus. Als ein allerdings sehr verkürzter und unvollständiger Versuch dazu mag der folgende Beitrag gelten, in dem vier Begriffe für Wolframs „Lichtspiele" untersucht werden. Es sind dies *lieht*, *schîn*, *glast* bzw. der – letzterem etymologisch nah verwandte – *glanz*.[7]

Lexer und *Grimmsches Wörterbuch* geben unter diesen Lemmata eine Fülle von sich mehrheitlich überschneidenden Bedeutungen mit nur wenigen signifikanten Unterschieden an. Könnte es also sein, dass Wolfram die Begriffe weitgehend synonym verwendet, ihr wechselnder Gebrauch lediglich dem Reim oder dem Prinzip der sprachlichen Vielfalt geschuldet ist? Oder ist doch eine Differenzierung zu erkennen, die Rückschlüsse auf eine je spezifische Bedeutung erlaubt? Wo, wann, bei wem oder was und wofür kommen überhaupt Lichtwörter zum Einsatz? Sind sie bloße Attribute neben manch anderen für Sachen und Personen, ist ihre Verwendung abhängig von Erzählkontexten und Handlungsräumen oder verfügen sie über eine *bezeichenheit,* wie sie vornehmlich in geistlich-philosophischem Schrifttum dem Licht eignet?

Gibt man in der elektronischen Ausgabe des *Parzival*[8] die Wörter als Suchbegriffe ein, so ist das erste, vielleicht überraschende Ergebnis, dass sie gar nicht so exorbitant häufig sind, wie man vermutet hätte. Der Verdacht drängt sich auf, dass in Wolframs Lichtvokabular die vier gewählten Begriffe also nur einen kleinen, wenn auch – wie zu zeigen sein wird – bedeutsamen Teil ausmachen.[9] 148 Mal fällt das Wort *lieht*, *schîn* taucht kaum seltener, nämlich 114 Mal auf, *glast* ist dagegen mit nur zehn bzw. – beim

5 Claudia Brinker-von der Heyde: Geliebte Mütter – mütterliche Geliebte. Rolleninszenierung in höfischen Romanen, Bonn 1996, S. 75–88 mit weiterführenden Literaturhinweisen.

6 Bumke (wie Anm. 3).

7 Als Textausgabe wird verwendet: Wolfram von Eschenbach: Parzival. Mittelhochdeutscher Text nach der 6. Ausgabe von K. Lachmann, Übers. v. P. Knecht, Einführung zum Text v. B. Schirok, Berlin 1998.

8 <http://www.fh-augsburg.de/~harsch/germanica/Chronologie/13Jh/Wolfram/wol_pa00.html>.

9 Und in der Tat müsste man weit mehr Begriffe in den Blick nehmen, wollte man das ganze Wortfeld abklären, allen voran *lûter, blic,* und *clâr,* letzteres ein Wort, das Wolfram in die Literatur einführt: Hahn (wie Anm. 3), S. 210; Haas (wie Anm. 3), S. 49 f. Dazu Leuchtfarben assoziierende Dinge – allen voran die Rose – und sicher auch „Klangwörter", die Helligkeit und Glanz erzeugen: Vogelgezwitscher, das Plätschern einer Quelle usw. Vgl. Klaus-Dieter Barnickel: Farbe, Helligkeit und Glanz im Mittelenglischen. Bedeutungsstruktur und literarische Erscheinungsform eines Wortschatzbereiches, Düsseldorf 1975.

Einbezug des Verbs *glesten* – mit zwölf Nennungen vertreten, *glanz* sogar nur neun Mal bei einer Erstnennung im IX. Buch. Häufig findet sich eine Verbindung von *schîn, glanz* und *glast* mit dem Adjektiv *lieht,* einmal die Kombination *glastes schîn.*

I. Lieht

> „Wenn Sehkraft in den Augen ist und der Träger sie auch anwenden will, und wenn Farbe darin ist, kann doch, wie du weißt, das Auge nicht sehen und die Farben bleiben unsichtbar, wenn nicht ein Drittes hinzukommt, das eben dazu da ist." „Was meinst du darunter?" „Was du das Licht nennst!" „Richtig!"[10]

Erfolgreiches Sehen ist kontingent. Und es ist an etwas gebunden, was selbst nicht Materie, ja sogar unsichtbar ist und dennoch erst alles sichtbar macht: an das Licht.[11] Den meisten mittelalterlichen Texten zum Licht und seiner Bedeutung ist diese Beobachtung Platons Ausgangspunkt für weitere Überlegungen.[12] Licht ist ein substanzloses Attribut des Objekts und gleichzeitig unabdingbar dafür, dass sich dessen eigentliche Form, Farbe, Beschaffenheit, Schönheit zu zeigen vermag. Es könnte ein Indiz für eine sprachliche Umsetzung dieses eigentlichen Paradoxes des Sichtbarwerdens durch Unsichtbares sein, dass Wolfram den Begriff ausnehmend selten substantivisch verwendet. Nur einmal spricht er vom Licht des Tages (649,10 f.) bzw. des Morgens (816,9), einmal ist Licht Gegenbegriff zur Finsternis (613,12), einmal beschreibt er das Wesen Gottes (466,3). Alle übrigen Substantivbelege stehen metonymisch für die Kerze oder andere künstliche Lichtquellen (82,24 f.; 232,21; 234,27; 236,1; 624,29).

Als Attribut ergänzt *lieht* dafür umso häufiger Farbangaben oder Farben assoziierende Wörter: *lieht hermîn* sind Wappenzeichen (14,17; 64,28) und das Pelzwerk am Königsmantel (605,14), *lieht* sind Stoffe bzw. Gegenstände von Gold (9,6; 721,16 f.) und Edelsteine (9,6; 98,27; 335,28; 735,29); das Haar ist nicht einfach blond, sondern *lieht reideloht* (63,18–21), die Rüstung *liehte … iserîn* (157,7) bzw. in nochmaliger Steigerung *lieht wîz îsern* (333,4); schneeweißes Elfenbein zeigen die *liehten zene*

10 Platon: Politeia, 507d–e. Übersetzung. In: Ders.: Der Staat, übers. u. hrsg. v. K. Vretska, Stuttgart 1994, S. 320 f.

11 Vgl. Richard Schaeffler: Licht und Sonne – Bemerkungen zu Sachproblem und Wirkungsgeschichte eines platonischen Gleichnisses. In: P. Gerlitz (Hrsg.): Licht und Paradies, Frankfurt a. M. 1995, S. 137–148.

12 Einen guten Überblick bieten: David C. Lindberg: Auge und Licht im Mittelalter: die Entwicklung der Optik von Alkindi bis Kepler, Frankfurt a. M. 1987; erstmals in: Theories of Vision from al-kindi to Kepler, Chicago, London 1976, Rosario Assunto: Die Theorie des Schönen im Mittelalter, Köln 1963.

(130,11 ff.); Blumen als Metonymie für Farbigkeit sind genauso *lieht* (159,14; 455,26; 601,1) wie ein aus ihnen geflochtener *kranz* (436,21; 679,16), die *waste* (735,7), *heide* (516,23) oder auch die *ouwe* (600,5), die Bilder des *locus amoenus* mit bunten Blumenwiesen, klaren Bächlein und hellem Vogelgesang aufrufen; *lieht* ist das *vel* der Protagonisten (440,27; 622,28), manchmal gepaart mit einem roten Mund (306,23; 778,9); von schneeweißer Haut gehen *liehte blicke* aus (257,12 f.), *liehte* sind die Augen als Organe des Sehens (631,13; 806,16), die je nach Sehtheorie selbst Sehstrahlen aussenden oder das Licht aufnehmen.[13] Und sie leuchten umso häufiger, wenn sie weinen (191,29; 396,30; 488,22; 595,19; 661,22), weil Tränen wie ein Kristall das Licht vielfältig brechen. Und selbstverständlich ist ganz unspezifisch Farbe als solche *lieht* (244,4; 329,9; 352,10; 682,23; 722,9; 806,25; 809,8). Eine indifferente Farbvorstellung entsteht auch, wenn etwas (69,6; 119,30) oder – sehr viel häufiger – jemand *lieht gevar* ist (230,23; 310,2; 721,21; 758,24; 806,25[14]; 809,8). Gleichermaßen evozieren feste Fügungen wie *lieht gemal* Farben, mit dem Zusatzeffekt, dass das damit Bezeichnete als vollendet strahlendes, aus der Umgebung herausgehobenes Kunstwerk, eben als *Gemälde* dem Leser oder Hörer vor Augen tritt. Benennt Wolfram damit zunächst Sachen (64,28; 144,19; 243,3; 565,10; 661,14), so macht er die Wortverbindung ab dem XII. Buch in auffallender Wiederholung zu dem Epitheton schlechthin für höfische Ritter und Damen (619,9; 694,24; 695,8; 706,18; 717,30; 723,23; 727,20; 730,25; 732,2; 740,20; 742,28; 754,16; 726,17; 764,20; 801,3; 814,12).

Für Sachen wie für Personen erweist sich das Attribut *lieht* also ganz allgemein als die kürzest mögliche Form einer Schönheitsbeschreibung und wird deshalb nicht nur in Verbindung mit Farben, sondern einfach auch als Synonym für ‚schön' eingesetzt (Sachen: 81,12; 320,19; 399,30; 556,13; 589,7; 628,18; 690,23; Personen: 65,14; 131,23; 126,27; 361,22; 463,13; 624,12; 729,9),[15] einen Begriff, der bekanntlich selbst „mindestens seit dem Althochdeutschen […] ‚scheinend, hell, leuchtend'" bedeutet.[16] Wo Licht ist wird jeder weitere Hinweis, z. B. auf die Kleidung der schönen Person, unnötig (515,7–10). Eine Steigerung weltlicher Schönheit wird über die Betonung des Lichtwerts der Farben erreicht, der im Wettstreit um helleres Leuchten das (farblose) Licht zu übertreffen vermag

13 Zu den Sende- und Empfangstheorien in Antike und Mittelalter vgl. Lindberg (wie Anm. 12).

14 Die so bezeichnete Figur der Clârischanze trägt das Licht bereits in ihrem Namen.

15 Cessaris Beobachtung (wie Anm. 3, S. 25), dass im Unterschied zu Heiligen im Ritterroman Licht nicht allein steht, sondern ergänzt wird um Beschreibungen von anderen Körpermerkmalen, lässt sich demnach nicht bestätigen.

16 Wehrli (wie Anm. 2), S. 149.

(167,17–20). Man mag darin eine Ästhetisierung, vielleicht sogar eine Apotheose der Schönheit sehen, eine Allegorisierung oder Spiritualisierung erschließt sich allein aus dem *lieht* nicht.[17] Denn es ist kein Unterschied zu erkennen zwischen Objekten, Orten und Personen, auch kein Unterschied zwischen Haupt- oder Nebenfiguren. Alle werden gleichermaßen hell, ja leuchtend sichtbar in ihren Farben. Bei solch adjektivischer Reihung bzw. attributiver Zuordnung ist allerdings kaum zu entscheiden, ob eine von außen wirkende Lichtquelle die Farben anstrahlt und damit sichtbar macht oder diese aus sich selbst heraus leuchten, das Licht also ganz gegen die platonische Theorie selbst produzieren. Denn so unsichtbar das Licht für Platon als solches ist, so hat es doch einen materiellen und sichtbaren Ausgangspunkt, die Sonne nämlich, die damit über eine „Doppelnatur" verfügt, ist sie doch einerseits Licht gebend und damit Vorbedingung für das Sichtbarwerden aller Gegenstände und andererseits – dank des von ihr ausgesendeten Lichtes – ein sichtbares Phänomen unter allen anderen.[18]

Es ist auffällig, dass die Sonne als materielle Quelle des Lichtes nur einmal auftaucht (302,15). Manchmal ist vom *liehten* Mondschein die Rede (376,7), vom Tageslicht (129,15), vom hellen Licht der Mittagszeit (93,18) bzw. dem gedämpften der Morgendämmerung (553,18; 816,9). Licht in diesem Kontext ist also nichts anderes als eine Zeitangabe. Künstliches Licht in Form von Kerzen oder Öllämpchen beleuchtet alle höfischen Feste. Dass in der Realität deren Lichtqualität sich mit derjenigen der Sonne nicht messen konnte, steht außer Frage. Insofern ist die Bemerkung, Kerzen erhellten den Schlafraum Parzivals in Pelrapeire *alsam der tac* (192,28) ein Hinweis für geradezu verschwenderischen Reichtum, ein bemerkenswerter Kontrast zum Mangel in der belagerten Burg.

Bedeutung kommt der Sonne zu als Vergleichsparameter für die besondere, ihr äquivalente oder sie sogar übertreffende Strahlkraft einer Figur (102,23–27; 186,4 f.). Und sie bezeugt die makellose Durchsichtigkeit eines Gegenstands wie des Grals, wenn ihre Strahlen ihn ungehindert durchscheinen können (233,17 f.). Hier wird *lieht* tatsächlich mit Bedeutung aufgeladen, aber nicht aus sich selbst heraus, sondern weil die zu ihm in Beziehung gesetzten Gegenstände, die Sonne und der Kristall in geistlichem Schrifttum zentrale Verbildlichungen für das Heilsgeschehen

17 Vgl. auch Hahn (wie Anm. 4, S. 218), die vor zu schnellen Schlussfolgerungen in Richtung geistliche Lichtmetaphorik warnt, sowie Cessari (wie Anm. 3, S. 25).

18 Vgl. die – um im Sprachbild zu bleiben – luziden Ausführungen von Wilhelm Köller: Narrative Formen der Sprachreflexion. Interpretationen zu Geschichten über Sprache von der Antike bis zur Gegenwart, Berlin, New York 2006, S. 190–216, hier S. 204.

sind.[19] Anders als Platon kennt die Lichtmetaphorik und Lichtmystik des Mittelalters neben der Sonne denn auch weitere Licht sendende Objekte. Zu nennen ist hier der Rubin, vor allem aber alles Heilige, seien es Gegenstände oder auch Personen. In solchen „Lichtkörpern" deutet sich etwas von dem Glanz an, der nach theologischer Überzeugung den Menschen vor dem Sündenfall auszeichnete.[20] Insofern ist die Fähigkeit endogenen Strahlens sehr viel mehr als ein Schönheitsmerkmal und wird deshalb keineswegs wahllos Protagonisten zuerkannt, sondern explizit nur wenigen Figuren bescheinigt, entweder indem *glast* von ihnen ausgeht[21] oder Vergleiche mit natürlichen oder künstlichen Lichtquellen gezogen werden: Wie die *sunne lieht* ist Herzeloyde; Repanse de Schoye macht ihre Umgebung glauben, der Tag würde anbrechen. Orgelûse tritt in Wettstreit mit dem Kerzenlicht, wobei hier in der Verwendung des Irrealis nur potenziell diese Leuchtkraft vorhanden ist (638,16–19).[22] Belakâne verfügt weder exogen noch endogen über Leuchtkraft. Explizit wird der Vergleich mit dem Tag negiert (24,6 f.). Um überhaupt für die Umstehenden sichtbar zu werden, benötigt sie die endogene Strahlkraft des Rubins in ihrer Krone (24,12 f.), denn auch die Finsternis braucht das Licht, um als solche wahrgenommen zu werden.[23] Implizit werden „Leuchtkörper" dort evoziert, wo es dezidiert nicht die Farben sind, welche Strahlkraft besitzen, und dennoch *liehtez vel* oder gar *glast* zu beobachten ist (440,10–15, 501,21), ein eigentliches Paradox, wie es dem Heiligen so oft eignet. Und es kommt nicht von ungefähr, dass die beiden so bezeichneten Figuren, der Karfreitagspilger und Titurel, in christlich-spirituellen Bezügen auftauchen.

Eine den Tag übertrumpfende Helligkeit allerdings ist nicht zwingend Attribut des Heiligen, sondern auch des Hofs, dessen festlicher Inszenie-

19 Vgl. Friedrich Ohly: Die Gestirne des Heils. In: Euphorion 85 (1991), S. 235–272; Ulrich Engelen: Die Edelsteine in der deutschen Dichtung des 12. und 13. Jahrhunderts, Münster 1978.

20 Vgl. Hildegard von Bingen: Heilkunde. Das Buch von dem Grund und Wesen und der Heilung der Krankheiten, übers. v. H. Schipperges, Salzburg 1981, S. 103: „Bevor Adam und Eva das göttliche Gebot übertreten hatten, leuchteten sie wie das Strahlen der Sonne, deren Glanz sie wie in Gewand umgab."

21 Vgl. unten, Kap. II.

22 Kurz vor dem Sonnenvergleich wird auch Herzeloyde im Irrealis die Potenz zugesprochen, die Kerzen zu überstrahlen (84,13–18). Später ist dann bei beiden auch von *glast* die Rede.

23 Vgl. dazu u. a. Hildegard von Bingen: Welt und Mensch. Das Buch „de operatione Dei" aus dem Genter Kodex, übers. v. H. Schipperges, Salzburg 1965, S. 84, 12. Dass es ein von Belakane getragener Rubin ist und nicht die Sonne, die ihr Gesicht hell werden lässt, spricht allerdings für eine spirituelle Aufladung dieser Szene. Vgl. dazu und zur Lichtmetaphorik der weiblichen Hauptfiguren: Brinker-von der Heyde (wie Anm. 5), S. 75–88 mit weiterführenden Literaturhinweisen.

rung bzw. dessen adeligem *splendor* (243,9–13).[24] Das Missverständnis Parzivals, der in den Rittern Gott zu erkennen glaubt, ist daher eigentlich nur konsequent, wenn Herzeloyde ihm Gott genau mit diesem Bild erklärt (119,19). Erst Trevrizent wird in der Formulierung des *durchliuhtec liht* (466,3) einen adäquaten, weltlichen Glanz weit übersteigenden Ausdruck für die „Überstärke der Lichtfülle des göttlichen Wesens"[25] finden, das gerade deswegen für irdische Augen unsichtbar bleibt, weil sie dieser gleißenden Helligkeit nicht standhalten können.[26]

II. glast/glanz

> Sonnenglast ist richtig. Ich habe eine Vorliebe für dies Wort, das freilich nur selten gebraucht wird. gleißen, glittern, glitzen, glänzen, Glanz, Glast, selbst Glatze ist all dasselbe [...].[27]

Auch Wolfram ist sehr sparsam in der Verwendung von *glast*. Nur zehn Belege finden sich, vom IX. bis zum XV. Buch, also im zweiten Gawanzyklus, fehlt es vollständig, bevor dann im XVI. Buch erneut und gleichzeitig zum letzten Mal *glast* einen Menschen auszeichnet. *Glanz* scheint in den Gawanbüchern *glast* zu ersetzen, denn nur in ihnen findet dieser Begriff Verwendung. Ein Synonym aber ist er keineswegs. Glanz, viermal gepaart mit *varwe* (486,18; 600,19; 641,2; 765,9), zweimal mit *lieht* (718,30; 725,4) ist Attribut höfischer Damen. Er verweist zumindest einmal explizit auf die Korrespondenz mit einem ethisch makellosen Innen, ist also sichtbares Zeichen des Guten (551,29 f.), wobei die hier genannte *staete* den weltlich-höfischen Tugenden zuzuordnen ist. Glanz blendet nicht, Glanz verweist nicht auf eine spirituelle Sinnebene, sondern ist selbstverständliches Akzidenz der in Freude lebenden höfischen Gesellschaft und zeichnet daher nicht nur einzelne, sondern vor allem die Menge der am Hof lebenden Damen aus. Genauso wie der *schîn*[28] verschwindet *glanz* dort, wo Trauer einkehrt (718,30).

24 Zum splendor imperii vgl. unten Kap. III, dazu Horst Wenzel: Repräsentation und schöner Schein am Hof und in der höfischen Literatur. In: Ders.: Höfische Repräsentation. Symbolische Kommunikation und Literatur im Mittelalter, Darmstadt 2005, S. 22–59. Herwig Wolfram: Splendor imperii. Die Epiphanie von Tugend und Heil in Herrschaft und Reich, Graz, Köln 1963.

25 Zu den theologischen Diskursen, in denen sich Wolfram hier bewegt, vgl. Haas (wie Anm. 3).

26 Vgl. Ebenda.

27 Theodor Fontane an seine Frau am 28.5.1870. In: Ders.: Werke – Schriften – Briefe, hrsg. v. W. Keitel, H. Nürnberger, München 1976–1994; Briefe, Bd. 2, S. 318.

28 Vgl. die Ausführungen dazu in Kap. III.

In Bezug auf die Wundersäule von *Schastel merveille* (592,10–16) steht *glanz* für die Spiegelung des ausgesendeten und wieder zurückgeworfenen breiten Lichtstrahls. Wie ein Scheinwerfer beleuchtet er eine große Fläche, fängt alles, was sich darauf bewegt, gleichsam ein und macht es als „Lichtbild“ in der Wundersäule erneut sichtbar.

Ganz anders dagegen zeigt sich *glast.* Überhelles Licht signalisiert der Begriff, Außergewöhnliches, Ins-Auge-Stechendes wie die Burg des Vergulaht, die aus dem Nichts heraus plötzlich aufstrahlt und Gawan in ihren Bann zieht (398,26–29).[29] Ausgehend von einem Objekt schleudert *glast* Blitze auf sein Gegenüber und schneidet ein *boesez* Auge (71,15 f.), wirkt also wie eine Waffe.

Nur wenigen Figuren wird im Roman diese Überhelle zugestanden: Parzival und Condwiramurs, Gawan und Orgelûse, Feirefîz und Anfortas. Bei der ersten Begegnung Parzivals mit Condwiramurs wird in nur zwei Dreißigern dreimal *glast* als auszeichnendes Merkmal der beiden genannt. Sie sieht Parzival, der den *liehten glast* der Sonne übertrifft, und erkennt in ihm damit den ihr würdigen Fremden (186,4–6). Von ihr selbst geht ganz analog ein *liehter glast* aus (186,20), und sie übertrifft in ihrem *glastes schîn* jede literarische Frauenschönheit (187,15–19). Die Bestimmung füreinander wird allein mit dieser analogen „Lichtführung“ markiert. Etwas weniger grell als Parzivals Sonnenglast blitzt der Mutter Obilots der *meien glast* von Gawan entgegen, und Orgelûse *glestet* bei ihrer Ankunft (630,10). Auch dieses Paar verfügt also über gegenseitige und äquivalente Leuchtkraft und wird über die mit Condwiramurs und Parzival vergleichbare Strahlkraft zu diesen in Bezug gesetzt. *spæher glast* geht nach Auskunft der Heidin Janfûse von Feirefîz aus, weswegen ihn seine Landsleute als Gott anbeten (328,14–19). Parzival liegt auch die höfische Welt zu Füßen, wirkt doch sein *glast* wie eine Verbindung, mit der er in die Herzen eindringen und Liebe entfachen kann (311,25–29). Der Anblick beider bewirkt also Gefühle, die christlicher Religiosität nahekommen. Und schließlich überstrahlt Anfortas nach seiner Heilung sogar Parzival mit seinem *glast* (796,5–8), was nur mit der besonderen Schöpferkraft Gottes erklärt werden kann (796,16). Und Gott selbst als das *durchliuhtec lieht* (466,3) *glestet* (466,21), d. h. er verfügt über einen so überhellen Strahl, dass er sogar die „black box“[30] menschlicher Gedanken erleuchtet, sie sichtbar und somit erkennbar macht.

Der seltene Gebrauch des Begriffs und die Kontexte, in denen *glast* steht, machen deutlich, dass es immer eine ins Transzendente reichende

29 Vergulaht selbst ist von mythischer Abstammung, blitzt hell wie der Tag und wird als zweiter Parzival von Gawan wahrgenommen (400,5–15).

30 Harald Haferland: Höfische Interaktion: Interpretationen zur höfischen Epik und Didaktik um 1200, München 1989, S. 273.

Auszeichnung und Hervorhebung der Person ist, die weit über das Strahlen höfischer Menschen hinausgeht. *Glast* lässt etwas vom menschlichen Urzustand erahnen bzw. vom Ende der Zeit, wenn „die Gerechten im Reich ihres Vaters leuchten wie die Sonne"[31]. Die derart ausgezeichneten Figuren wirken als Lichtquellen, die wie heilige Ikonen Verehrung und Liebe bei den sie umgebenden Menschen hervorrufen. *Glast* ist also nicht nur etwas, was auf die Besonderheit der damit ausgezeichneten Protagonisten verweist, sondern etwas, das zu einer Form von Selbsterkenntnis bei den sie Betrachtenden führt. So gewaltig ist allerdings die Blendkraft des *glastes,* dass schlechte Menschen ihm nicht standhalten können.[32]

III. schîn

> Dieses menschliche Herrscherrecht übt er aus in der Kunst des Scheins, und je strenger er hier das Mein und Dein voneinander sondert, je sorgfältiger er die Gestalt von dem Wesen trennt, und je mehr Selbständigkeit er derselben zu geben weiß, desto mehr wird er nicht bloß das Reich der Schönheit erweitern, sondern selbst die Grenzen der Wahrheit bewahren; denn er kann den Schein nicht von der Wirklichkeit reinigen, ohne zugleich die Wirklichkeit von dem Schein frei zu machen.[33]

Mehr noch als *glast* und *lieht* ist *schîn* ein Phänomen aus der Perspektive des Schauenden. Als prädikatives Adjektiv umschreibt das Wort nichts anderes als das öffentliche Sichtbarwerden der im Innern des Menschen angelegten Fähigkeiten, ethischen Werte und Gefühle. In festen, sich wiederholenden Wortfügungen sind dies (Kampf-)Kraft, Tapferkeit, Männlichkeit,[34] Hilfsbereitschaft (9,19; 452,8), Demut (299,7), Zorn (259,26; 584,26), Versöhnung (271,29), Klage (91,30; 348,8; 804,3), gutes Benehmen (229,18; 392,12), Unwissenheit (163,21), Trauer (410,21 f.), Treue (448,10), Liebe (712,6), Furcht (759,13) und guter Wille (255,22). Einmal wird das öffentlich geleistete Versprechen, zum festgesetzten Zeitpunkt zu erscheinen (707,28 ff.), formuliert, einmal die öffentliche Bestätigung (785,4) eines behaupteten Sachverhalts verlangt, einmal ein solcher öffentlich bezeugt (7,3–6). Das nur selten gebrauchte Verb

31 Mt 13,43; vgl. Hildegard von Bingen (wie Anm. 20).

32 Vgl. dazu die Blendkraft des von Gott eingesetzten Kaisers Karl, der die Heiden nicht gewachsen sind. Pfaffe Konrad. Das Rolandslied des Pfaffen Konrad, hrsg., übers. u. komm. v. D. Kartschoke, Stuttgart 1993, vv. 693–696.

33 Friedrich Schiller: Über die ästhetische Erziehung des Menschen in einer Reihe von Briefen. In: Ders.: Theoretische Schriften, hrsg. v. R.-P. Janz, Frankfurt a. M. 1992, 26. Brief, S. 661.

34 Man[n] tut *wer mit kreften schîn* (14,7) bzw. *kraft an strîte schîn* (40,10), *(ritters) ellen schîn* (37,24; 60,23; 196,22; 222,24; 300,14; 701,20); *strîtes* (oder auch: *tjoste) schîn* (263,30; 495,24; 496,9), *manlîche site schîn* (747,13).

schînen macht Lesern wie Akteuren Schilde und Kleidung sichtbar (63,1; 211,6–9).

„Das Wesen des Scheines ist das Erscheinen“[35]. Doch auch das Erscheinen braucht Licht, muss „aufscheinen“, um gesehen zu werden. Insofern ist überall dort, wo vom *schîn* die Rede ist, Glanz und Schimmer implizit vorhanden. Explizit wird dies aber nur einmal ausgesprochen, wenn der *liehte schîn* von Herzeloyde *erschein* (64,4–6) und Gahmuret als das sie betrachtende Gegenüber in sinnliche Erregung versetzt.

Häufig bleibt der Glanzeffekt aber marginal, so wenn keine weiteren Attribute Licht assoziieren bzw. diese sogar dezidiert Licht abweisen, wie das Schwarz, das dreimal mit *schîn* verbunden ist. Bei Belakâne mag dabei die Assoziation mit dem dunklen Licht der Mystik aufkommen (24,11),[36] wenn aber der Zobel gleichermaßen *swarzen schîn* gibt (63,24) und sogar die *rabens varwe* der anderen Frauen (20,6), verliert diese Lesart an Plausibilität. Vielmehr drängt sich hier eine Übersetzung auf, die erneut auf die Optik des Betrachters abhebt, auf den schwarzen Anblick nämlich, den Belakâne genauso wie deren weibliche Untertanen und der Pelz bieten. Dass auch dies nur mit Hilfe von Licht möglich ist, steht außer Zweifel, die Lichtquelle aber liegt außerhalb, nicht in der Person oder dem Objekt selbst, und gerade bei Belakâne wird dies auch deutlich betont (24,12 f.).

Eigentliche Strahlkraft erhält *schîn* erst durch attributive Ergänzungen. Wo Schein *li(e)ht* (36,5; 56,22; 64,4; 107,26; 122,24; 178,24; 256,10; 315,20; 459,13; 469,12; 574,2; 558,26; 581,8; 591,24; 644,18; 712,18; 721,16; 722,3; 808,10), *clâr* (725,26), *minneclîch* (310,4), *wæhe* (758,8), *plank* (735,23), *lûter, hæle, als ein glas* (566,12 f.) ist oder gar *glastes schîn* (187,18) herrscht, wo ein Granat so blitzt, dass er *ûz der vinster schîn* gibt (438,6–9), Seidenstoffe schimmern (708,28 f.; 721,16), die Rose *blecket* (188,11 f.), die Gestirne – Mond, Sonne oder Planeten – *schîn* geben (638,2; 676,15; 748,23; 782,19), ein *schîn* von Personen ausgeht, der den Betrachtern vorgaukelt, es würde Tag werden (235,16 f.), oder der gar die Helligkeit des Tages zu übertrumpfen vermag (84,13; 243,9 f.),[37] da werden die bloßen Erscheinungen erneut zu selbstständigen Lichtquellen, unabhängig davon, ob Irdisches oder Jenseitiges angesprochen wird. Denn *liehten schîn* tragen genauso die Engel und erlösten Seelen im Himmel (107,26;

35 Martin Heidegger: Einführung in die Metaphysik, Tübingen ³1966, S. 76.

36 Vgl. Brinker-von der Heyde (wie Anm. 5, S. 83) mit weiteren Literaturhinweisen in Anm. 133.

37 Repanse de Schoye wirft einen *schîn*, dass man meint, es würde Tag (235,16 f.), Herzeloydes *schîn* würde beim Verlöschen der Kerzen Licht verbreiten (84,13 f.), Parzivals *schîn* steht im Wettstreit mit den Kerzen, und selbst der Tag könnte nicht heller sein (243,9–11), und das Gralsschwert behält seinen *schîn*, wenn die Zauberquelle und die richtigen Worte es wieder zusammenfügen (254,11–15).

463,13; 817,29 f.) wie auf Erden die bereits genannten höfischen Menschen. Adelige Abstammung und damit Herrschaftsfähigkeit signalisiert er (56,23 f.; 722,3),[38] Gruppenidentität schafft er. Eine ganz besondere Rolle spielen dabei die *frouwen*. In der Menge ist ihr *liehter schîn* Zeichen repräsentativer, ungetrübter Hofhaltung (591,24; 644,18), einzeln stechen sie mit dem *besten schîn* (630,8; 688,2) als weitere Steigerung hervor, bleiben aber auch dann noch integriert in den höfischen Raum. Wie sehr ihr heller Schein als von innen heraus leuchtend gedacht wird, der keines äußeren Lichteinfalls bedarf, um gesehen zu werden, zeigt sich darin, dass Trauer über vergebliche Liebe, den vermeintlichen Tod des Helden oder den tatsächlichen des Geliebten ihn zum Verschwinden bringt (178,23 f.; 189,28; 574,2), die innere Verfasstheit also mit der äußeren Erscheinung korrespondiert. Und sogar Liebessehnsucht, so gut sie nach außen durch *freude* verdeckt sein mag, ist am *schîn* der die Verbindung zwischen innen und außen schaffenden Augen ablesbar (723,20 ff.), am Blick also, der sich wohl gerade nicht durch Blinken[39] auszeichnet, sondern eher durch Trübung. Bei Parzival schwächt die fehlende höfische Sozialisation den *liehten schîn* der eigentlichen Herkunft zunächst ab, ein (An-)Schein von Herrschaftsfähigkeit bleibt aber erhalten (170,21 f.). Denn die äußere Hülle, seien es Torenkleider oder *isens râm,* kann nur partiell den Körperglanz verdecken (256,10).

Problematisch ist der Schein bzw. das Erscheinen eines Objekts dadurch, dass der Betrachter nicht eindeutig entscheiden kann, ob es sich um eine wahre Offenbarung des Seins, eine Inszenierung des Scheins oder gar um beides handelt.[40] Von außen wird prinzipiell nur ein Bild gesehen, das vorgibt, etwas Bestimmtes zu sein. Parzival erkennt nicht den Reliquienbehälter als solchen, sondern dessen *schîn*, dessen äußere Gestalt (460,2); die höfische Welt sieht nicht die edlen Frauen an sich, sondern den *vrouwen schîn,* also deren äußere Erscheinung (512,28; 561,14). Und wenn die Augen dem Marschall von Zazamac sofort sagen, dass er den einreitenden Ritter oder zumindest seinen *schîn* (18,11 ff.) bereits früher gesehen hat,[41] so meint er damit – wie aus dem Kontext hervorgeht – das Wappen als ein „wahres" Bild des Helden, weil es dessen Identität verrät. Ein Abbild von Condwiramurs ist der *schîn,* der Parzival sich selbst vergessen und schließlich zur Erkenntnis seiner selbst kom-

38 Vgl. Wenzel (wie Anm. 24), S. 22–59, Wolfram (wie Anm. 24).

39 So die Übersetzung von Knecht (wie Anm. 7).

40 Vgl. Martin Seel: Vor dem Schein kommt das Erscheinen. Bemerkungen zu einer Ästhetik der Medien. In: Merkur 47 (1993), H. 7, S. 770–783, hier S. 771.

41 Es findet hier gleichsam ein Datenabgleich zwischen Gesehenem und Erinnertem statt, bei dem die Augen als vermittelndes Organ zwischen innerem Speicher und Außenwelt fungieren.

men lässt (283,4). Dass er auch Leuchtkraft besitzt, wird erst über das Weiß des Schnees und das Rot des Bluts deutlich (283,5 f.). Vergleichbar mit dem Wappen des Ritters ist dieser *schîn* ebenfalls Erkennungszeichen der geliebten Frau, mit dem gewichtigen Unterschied allerdings, dass das bloße ‚Scheinen wie jemand' der äußeren Wahrnehmung zu einem ‚Erscheinen von jemandem' im Innern des Betrachters führt,[42] das Abbild sich also ins Urbild zurückverwandelt hat.

Zur „Scheinheiligkeit" wird der strahlende Lichtkörper des Ritters dann, wenn er nur nach außen den unhintergehbaren sozialen Status repräsentiert, ohne gleichzeitig die inneren Werte christlicher Ethik damit zu verbinden (315,20 ff.). Der Schein verbirgt dann einen inneren Makel, wird partiell genauso zur bloßen äußeren Hülle wie die unangemessene Kleidung oder auch der Schmutz, die teilweise den darunter liegenden Schein zu unterdrücken vermochten, weil das Leuchten zwar rechtmäßiger *splendor* des adeligen Körpers bleibt, nicht aber als Abbild des Guten, d. h. der moralischen Integrität zu lesen ist.

In der Verwendung des Begriffs *schîn* artikuliert sich also einerseits eine „symbolische Form öffentlicher Statusdemonstration"[43] im Sinn Identität stiftender Einheit. Eine Ausdifferenzierung von Status innerhalb der höfischen Gesellschaft[44] gelingt dabei mit Hilfe gesteigerter Lichteffekte, die über den ‚einfachen' *schîn* hinausgehen. Andererseits benennt er ein Abbild-Urbild-Verhältnis und Formen der Stellvertretung. Immer zielt *schîn* auf die Außenperspektive, d. h. auf die Wahrnehmung und die Erkenntnisprozesse von und durch andere. Damit deckt sich das semantische Feld in erstaunlicher Weise mit den Inhalten, welche die Forschung vornehmlich unter dem Begriff ‚Repräsentation' fasst,[45] einem in mittellateinischem Schrifttum viel verwendeten juristischen, politischen und ekklesiologischen Fachterminus. Im *schîn* zeichnet sich nun – zumindest in Wolframs *Parzival* – eine volkssprachige Entsprechung ab.

42 Der *schîn* ist nicht Condwiramurs, sondern das Weiß und Rot ist mit den Farben ihres Körpers vergleichbar (183,8; 295,5). Vgl. dazu die alle Aspekte dieser Szene so umfassend berücksichtigende Studie von Bumke (wie Anm. 3).

43 Wenzel (wie Anm. 24), S. 32.

44 Ebenda.

45 Vgl. Hasso Hofmann: Repräsentation. Studien zur Wort- und Begriffsgeschichte von der Antike bis ins 18. Jahrhundert, Berlin 1974; Albert Zimmermann (Hrsg.): Der Begriff der Repraesentatio im Mittelalter: Stellvertretung, Symbol, Zeichen, Bild, Berlin 1971; Hedda Ragotzky, Horst Wenzel (Hrsg.): Höfische Repräsentation. Das Zeremoniell und die Zeichen, Tübingen 1990.

IV. Ergebnis

Dass Licht „zu einer religiösen Grundkategorie der Menschheit geworden ist, die in irgendeiner Form wohl in jede Religion hineinragt"[46] und damit auch in die Dichtung im Allgemeinen und den *Parzival* im Besonderen hineinwirkt, ist unbestritten. Vorsicht allerdings ist geboten, wenn Lichtphänomene generell auf einen philosophisch-theologischen Hintergrund hin interpretiert werden. Licht allein genügt dazu nicht. Erst Kombinationen verschiedener Lichtwörter sowie spezifische Vergleiche heben Objekte und Personen aus dem weltlich höfischen Ambiente hinaus und machen spirituelle Bezüge wahrscheinlich.

Das Wort *lieht* geriert sich dies zunächst vornehmlich als deiktische Wortgeste, weil der Begriff das damit Bezeichnete aus seiner Umgebung herausholt, den Blick das Lesers fokussiert und in der steten Wiederholung ein immer gleiches Bild makelloser, strahlender Schönheit ohne individuelle Differenzierung aufruft. Eine Trennung zwischen Sachen und Personen ist nicht zu erkennen. Sicher assoziiert Licht unterschwellig immer die Idee des Guten, explizit wird dieser seit Platon so selbstverständliche Zusammenhang von äußerem Licht und Seelenschönheit[47] aber kaum. Erst dort, wo endogene Leuchtkraft sich andeutet, die Sonne oder himmlische Wesen zu Vergleichsparametern werden bzw. eine Häufung von Lichtwörtern zu beobachten ist, erhalten diese auch spirituelle Qualitäten. *Glast* dagegen mahnt generell an Überirdisches, an Wunderbares, an die Schöpferkraft Gottes und kommt daher keineswegs allen zu, sondern wird sehr pointiert und selten eingesetzt. Besonders auffällig ist die Semantik von *schîn*, vor allem deshalb, weil dieses Wort – zumindest im *Parzival* – die mittelhochdeutsche Bezeichnung für das zu sein ‚scheint', was moderne Forschung mit dem Begriff Repräsentation verknüpft.

Beliebig ist die Wahl der Begriffe also keineswegs. Wolfram führt mit ihnen eine souveräne Lichtregie. Scheint es nur so oder sind Licht, Glanz und Blendung ihm tatsächlich die Kategorien schlechthin, die gerade nicht höchste Anschaulichkeit erlauben, sondern unterschiedliche Assoziationen auslösen und ein eindimensionales Verstehen verhindern?

46 Josef Ratzinger: Licht und Erleuchtung. Erwägungen zu Stellung und Entwicklung des Themas in der abendländischen Geistesgeschichte. Zit. in: Haas (wie Anm. 3), S. 53.

47 Platon: Politeia 508c–509b. Übersetzung in: Platon (wie Anm. 10), S. 322 f.; vgl. die zahlreichen Belege in: Assunto (wie Anm. 12).

Karl Brunner, Christina Lutter

Der Glanz der Heiligen und das Licht ihrer Töchter

Beim Thema Licht geht es um eine für mittelalterliche Menschen sehr lebendige, eindrückliche Metaphorik mit einem unmittelbaren Erlebnisbezug.[1] Die Bedeutung von Licht können wir, die wir fast ständig in hell beleuchteter Umgebung unterwegs sind, heute kaum mehr ermessen. Deshalb bedarf auch die reiche Lichtmetaphorik für uns einiger Fantasie. In der modernen katholischen Liturgie gibt es zwar immer noch Kerzen, aber die Beleuchtung kommt nicht mehr von ihnen. Eine Szene kann vielleicht das alte Gefühl wachrufen, was Licht in völliger Finsternis bedeutet: wenn in der abgedunkelten Kirche die Osterkerze mit dem dreifachen *lumen Christi* vom Osterfeuer her zum ersten Mal entzündet wird.[2]

Im Mittelalter hingegen stehen bei bedeutsamen Gelegenheiten im Festsaal oder in der Kirche oft riesige Leuchter, ganze Bäume, wie der siebenarmige Leuchter in Klosterneuburg (vgl. Abb. 1), und hängen kostbare *crônen* und Räder,[3] auf denen viele Kerzen stehen, der Roste, auch aus Mes

1 Unser Beitrag sollte zur Einstimmung in den interdisziplinären kulturwissenschaftlichen Ansatz einen direkten Blick auf einige exemplarische Quellen einbringen. Die Druckfassung wird diesen Charakter behalten und daher nur die Belege und die wichtigsten Verweise auf den wissenschaftlichen Kontext aufführen.
Zu den Abbildungen: Alle Handschriften befinden sich im Stiftsarchiv Admont; alle Photos (außer von Abb. 1) stammen von Fritz Praschek; die Abbildungen sind veröffentlicht in: Christina Lutter: Geschlecht & Wissen, Norm & Praxis, Lesen & Schreiben. Monastische Reformgemeinschaften im 12. Jahrhundert, Wien, München 2005, Anhang, Abb. 8, 10, 12.

2 Wilhelm Durantis: Rationale divinorum officiorum VI 80, 2, hrsg. v. A. Davril, Corpus Christianorum, Continuatio medievalis [CC CM], 140, 140A, Turnholt 1995–1998: „Rursus, extinctis ecclesie luminaribus et igne de petra cum calibe excusso, ignis aqua aspergitur benedicta, quia extinctis apostolis, qui lux mundi a Christo dicti sunt, de Christo petra excussus est ignis caritatis cum calibe lancee vulnerantis dum sanguis et aqua de eius corpore sacro emanaverunt […].“

3 Auch im Tempel Salomons: Lob Salomons 11, hrsg. v. Friedrich Maurer, Tübingen 1964, S. 323; Kleinere deutsche Gedichte des 11. und 12. Jahrhunderts, nach d. Auswahl v. Albert Waag neu hrsg. v. Werner Schröder, Tübingen 1972, 3 Str. 10, 50, Z. 122.; Bernhard v. Clairvaux: Apologia ad Guillelmum abbatem XII 28, hrsg. v. Jean Leclercq, H. Rochais, Rom 1963, S. 105: „Ponuntur dehinc in ecclesia gemmatae, non coronae, sed rotae, circumsaeptae lampadibus, sed non minus fulgentes insertis lapidibus. Cernimus et pro candelabris arbores quasdam erectas, multo aeris pondere, miro artificis opere fabricatas, nec magis coruscantes superpositis lucernis, quam suis gemmis.“

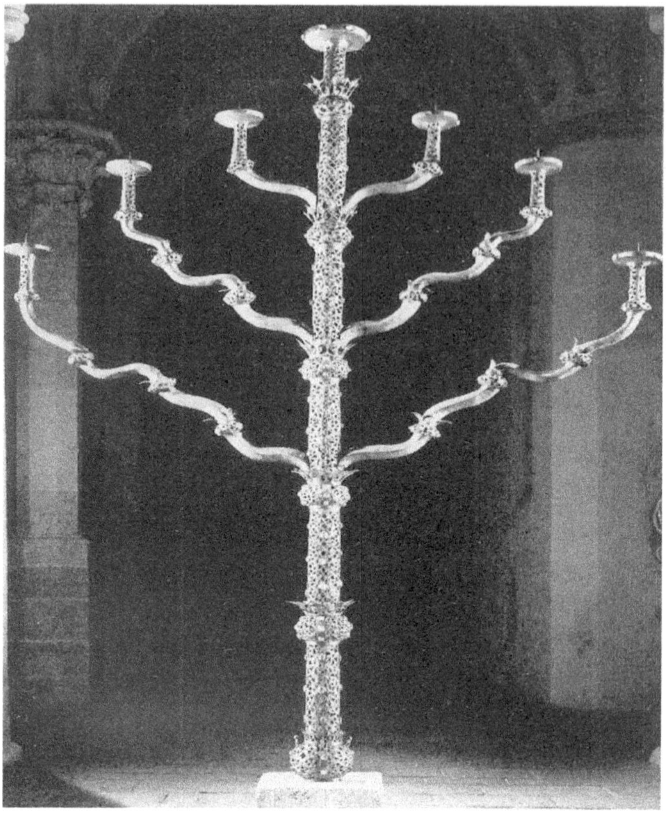

Abb. 1: Verona, 1. Hälfte des 12. Jahrhunderts, Bronze vergoldet.
Quelle: F. Röhrig, G. Stangler (Hrsg.): Der heilige Leopold (Katalog des Niederösterreichischen Landesmuseums NF 155), Wien 1985, Kat. 67, S. 167–169.

sing.[4] Bei Königin Mathilde, der Witwe Heinrichs I., brennt immer ein Feuer in der Nacht, und sie führt Kerzen mit sich.[5] In der Dichtung ist ständig von Licht und Leuchtern die Rede; und wieder müssen wir, um die Metapher zu erfassen, an die Finsternis der Welt denken,[6] im wirklichen

4 Zum Beispiel die Honorantie civitatis Papie. Transskription, Edition und Kommentar v. Carlrichard Brühl u. Cinzio Violante, Köln, Wien 1983, § 15, Z. 135.

5 Vita Mathildis, ant. 9, hrsg. v. B. Schütte, MGH SS rer. Germ. 66, Hannover 1994, S. 129: „Illud nec praetereundum, ut, quibuscumque erat locis, ignis non deficiebat per noctem – non solum in tectis, sed etiam nudo sub aere omnibus ad utilitatem illic commorantibus."

6 Wolfram von Eschenbach: Parzival, hrsg. v. B. Schirok nach Karl Lachmann, Berlin, New York 1999, 34, 26: *guldîn wârn ir kerzstal.*

und im metaphorischen Sinn. Diese Finsternis vertreibt man, wie es z. B. Wolfram von Eschenbach schildert, mit viel Aufwand: *der vinster man vil gar vergaz, / dâ mîn hêr Gahmuret dort saz / als ez waer tac. des was ez niht: / dâ wârn aber ungevüegiu lieht, / von cleinen kerzen manec schoup / geleit ûf ölboume loup.*[7]

Im Schlafgemach von vornehmen Leuten brannte fast immer ein Licht.[8] Das war wahrer Luxus: Fast jede Art künstlicher Beleuchtung bedurfte aufwendiger Herstellung, und alles jenseits der rußenden Keinspäne war ziemlich kostspielig. Der Kreis, den die Lichter erfassten, war – abgesehen von der Lichterfülle der erwähnten Hochfeste – intim, exklusiv und bedeutungsvoll: Nur ein ganz bestimmter Personenkreis wurde ausgeleuchtet, und ein ganz bestimmtes Dekorum erschien in der Bewegung der Lichter, so dass Bilder an den Wänden und Darstellungen an den Altären höchst lebendig wurden.

Doch gehen wir einmal ganz an den Anfang zurück. Wenn fortan viel von der Bibel die Rede ist, dann geht es hier nicht um eine allgemein gültige Theologie, sondern um ein mittelalterliches Verständnis, zugrunde gelegt vor allem durch die Kirchenväter.[9] Zweimal ist beim Sechstagewerk der Schöpfung vom Licht die Rede: Am ersten Tag heißt es bekanntlich: „Gott sprach, es werde Licht“ (Gen, 1,3); und dann, erst am vierten Tag, werden die Lichter am Himmelsgewölbe geschaffen: die Sonne, der Mond und die Sterne (Gen, 1,14). Selbstverständlich hat man sich gefragt, warum das Licht zuerst da war, vor den leuchtenden Körpern.

Es gibt zwei Deutungen, die eine weit verbreitet,[10] die andere tief in der Tradition der Philosophie verwurzelt – und beide sind nicht voneinander zu trennen: Für die einen waren es die Engel, denn deren Erschaffung kommt merkwürdigerweise nirgends vor; sie können aber am ehesten als Lichtgestalten beschrieben werden. Für die Anderen[11] war es eine grundsätzliche Erleuchtung, das Manifestwerden der göttlichen Schöpfungsidee und die erste *discretio,* Unterscheidung, zugleich zwischen Licht und Nicht-Licht wie zwischen Gut und Nicht-Gut, die jeder Erkenntnis

7 Parzival 82, 21–26.

8 Vgl. Gervasius von Tilbury: Otia imperialia III 83, hrsg. v. S. E. Banks u. J. W. Binns, Oxford 2002, S. 712: „ut potentibus mos est in cameris inter sompnos perpetuum lumen habere“; Gesta Romanorum 149 (app 53) 650.

9 Vgl. z. B. Augustinus: In Iohannis evangelium tractatus 34, 5, hrsg. v. R. Willems, Corpus Christianorum, Series Latina [CC SL] 36, Turnholt 1954: „Loquens ergo per nubem carnis lumen indeficiens, lumen sapientiae, ait hominibus: Ego sum lux mundi; qui sequitur me, non ambulabit in tenebris, sed habebit lumen vitae“ (von Joh 8,12).

10 Augustinus: Civitas Dei XI 7–9, hrsg. v. B. Dombart, A. Kalb, CC SL 47 f., Turnholt 1955, S. 326–330; Honorius Augustodunensis, Elucidarium I 6, hrsg. v. Jacques Paul Migne, Patrologiae cursus completus [PL], 172, Paris 1895), S. 1113; Hildegard von Bingen, Cause et Cure I 3, hrsg. v. L. Moulinier, rec. R. Berndt, Rarissima medievalia 1, Berlin 2003, S. 19.

11 Johannes Scotus (Eriugena): Exemeron = De divisione Naturae, 3, 27, Migne PL 122, Paris 1865, S. 696 f.

vorausgesetzt ist.[12] Wenn das ein wenig nach Platonismus klingt, ist man auf der richtigen Spur; man kannte im Mittelalter ja den *Timaios*-Dialog mit seiner Kosmogonie in der lateinischen Übersetzung des Calcidius (4. Jh.).[13] Aber da viele zu wissen meinten, Plato hätte auf seiner Ägyptenreise Moses und die Propheten studiert,[14] waren Reihenfolge und Hierarchie wieder hergestellt.

Der Evangelist Johannes greift in seinem Prolog diese Schöpfungsgeschichte auf, wenn er beginnt: „Am Anfang war das Wort". Christus ist das Wort und das wahre Licht, in der Liturgie symbolisiert durch die Kerzen zu Mariae Lichtmess und die Osterkerze. Dieses Licht ist als λόγος das *lumen sapientiae*, das Licht der Weisheit: *Er ist daz unumbeschribene lieht der heiligen vernunste*, wie es im *St. Trudperter Hohelied* heißt.[15] Zu Pfingsten ist zwar nicht von Licht die Rede, sondern von Feuer, aber innerhalb der Trinitäts-Theologie sind diese beiden Motive mehrfach verwandt. Das pfingstliche Feuer vergießt der Heilige Geist, es ist das *ignis caritatis*,[16] das Feuer der Liebe. Im Zentrum vieler Pfingstbilder befindet sich, umringt von den Aposteln, Maria, durch deren Leib das Wort in die Welt kam.

Johannes der Täufer „war nicht selbst das Licht, er sollte nur Zeugnis ablegen für das Licht" (Joh 1,8). Der Mensch hat nicht die Natur Gottes, kann aber an ihr teilhaben, von ihr erleuchtet werden. Die das Licht aufnehmen, werden Kinder Gottes (Joh 1,11). Aber man muss es auch behüten und bewahren: Das tun die klugen Jungfrauen im Gleichnis (Mt 25), während die törichten ihr Öl, d. h. ihr Leben, verschwenden.

Wenn Christus das Licht ist, wird er symbolisiert durch die Sonne – wie beim lateinischen *sol* ist das Wort auch im Deutschen für den größten Teil des Mittelalters und darüber hinaus männlichen Geschlechts.[17] Maria,

12 Vgl. Ambrosius: Exameron 1 IX 34, hrsg. v. K. Schenkl, Corpus scricptorum ecclesisaticorum latinorum (CS EL) 32/1, Wien 1897, S. 34: „Lucis natura huiusmodi est, ut non in numero, non in mensura, non in pondere ut alia, sed omnis eius in aspectu sit gratia. [...] Unde et discretio fit inter lucem et tenebras, ut separata lucis natura atque tenebrarum nihil videatur intra se habere confusum."

13 Plato latinus 4, hrsg. v. Jan Hendrik Waszink, London 1975, S. 7–52.

14 Vgl. z. B. Hildebert von Lavardin: Predigt In festo S. trinitatis, Migne PL 171, Paris 1893, 596: „praeceptor academiae, Platonem loquor, qui totius philosophiae suae subimitatem ad inquisitionem deitatis inclinavit, cum libros Moysi attentius relegisset".

15 Das St. Trudperter Hohelied. Eine Lehre der liebenden Gotteserkenntnis 75, 27, hrsg. u. ausführl. komm. v. F. Ohly, Frankfurt a. M. 1998, S. 170; vgl. Parzival, 119, S. 17–19: *ôwê muoter, waz ist got? / sun, ich sage diz âne spot: / er ist noch liechter denne der tac.*

16 Vgl. z. B. Caesarius von Arles, Sermo 96, 2, hrsg. v. G. Morin, CC SL 103 f., Turnholt 1953: „Duo enim sunt ignes: est ignis caritatis de spiritu sancto, est et ignis cupiditatis; ille conburit omne quod malum est, iste consumit omne quod bonum est."

17 Walther von der Vogelweide verwendet beides: *diu sunne hât ir schîn verkêret* L. 21, 31; *alsam der sunne gegen den sternen stât* L. 46, 15.

die Tochter, Braut und Mutter[18] Gottes, ist dann der Mond – bis in die Neuzeit hinein ein weibliches Wort. In anderen Zusammenhängen kann der Mond – wegen seiner Wandelbarkeit – negativ assoziiert werden, Maria kann auch mit der Sonne verglichen werden. Aber das schönste Bild ist das vom Glas, das der Lichtstrahl durchbricht, ohne es zu verletzen. Sie ist auch die *stella maris,* der Meer- oder der Morgenstern.[19] Sie ist die Braut des Hohen Liedes. Dort wurzelt eine Metapher voller Licht und Fruchtbarkeit, wenn es (Hhld 7,3) heißt: „Dein Leib ist ein Weizenhügel, mit Lilien umstellt." Diese Idee von der Teilhabe an der Schöpfung bei Schwangerschaft und Geburt wurde in mancher Heiligenvita aufgenommen, z. B. bei der des Heiligen Columban: Der schwangere Leib seiner Mutter strahlt auf wie die Sonne.[20] Und bei der Geburt in das ewige Leben, dem Tod, spielt die Lichtmetaphorik eine große Rolle: Der Sterbensweg geht dann aus dem Dunkel dieser Welt ins ewige Licht.[21]

Was an Maria glänzt, ist Unversehrtheit, Fruchtbarkeit und Weisheit. Das ist ein Auftrag, nicht bloß ein urtümlicher Mythos. Denn Maria ist die Kirche, und diese Kirche ist die aktuelle Braut Christi,[22] und sie soll fruchtbar und weise werden im Umgang mit dem Wort. Sie soll mit ihren Sternen, den *homines docti,* die Nacht erleuchten und die verirrten Seefahrer führen. Nun haben die gelehrten Männer kein Problem damit, sich mit Maria zu vergleichen, für die geistlichen Frauen aber liegt der Vergleich doch wohl um einiges näher. Wenn Hildegard von Bingen auf Maria singt: „choruscans lux stellarum, / o splendidissima specialis forma / regalium nuptiarum, / o fulgens gemma" (oh tanzendes Licht der Sterne, oh so sehr glänzende, einzigartige Gestalt der königlichen Hochzeit [Ps 44], oh gleißender Edelstein),[23] dann spielt sie auf die Gemmen des Priesterge-

18 Vgl. das schöne Vergine madre: „figlia del tuo Figlio, / Umile ed alta piú che creatura, / Termine fisso d'terno consiglio" (Dante, Divina Commedia, Paradiso 33, 1).

19 Speculum virginum 5, hrsg. u. übers. v. J. Seyfarth, Freiburg u. a. 2001, S. 396: „Maria stella matutina sole et luna splendidior, angelis superior, ipso ethere purior, virtutum operatrix, humani generis amatrix, perditi mundi provisa reparatrix, ipsa in patriarchis occulta, a prophetis ostensa, in sinagoga radix floris, in ecclesia fructus radicis, ipsa gradu vite speculative quasi cedrus exaltata, quasi palma florens et oliva fructifera, ipsa virgo prudens in oleo vel lampade lumen indeficiens totius virginalis vite, facie decora, corpore et mente decentissima, lapsis veniale patrocinium, iustis, ne ruant, defensaculum, celi et terre speculum et, ut breviter concludam, totius summa salutis humane, causa et gloria benedictionis eterne."

20 Jonas: Vita Columbani I 2, hrsg. u. übers. v. H. Haupt, Darmstadt 1982, S. 408 f.

21 Großes Vorbild ist Gregor der Große, Dialogi 2, 35, hrsg. v. U. Moricca, Fonti per la storia d'Italia 57, Rom 1924, S. 129 über das Sterben des Bischofs Germanus von Capua, symbolisch aber zugleich Benedikts, die Szene von Benedikts Tod, 37 (stehend, gestützt von den Brüdern, beim Empfang der Kommunion) (ebenda, S. 132 f.).

22 Cod. Admont 18, fol. 164v, Lutter (wie Anm. 1), Abb. 9.

23 Hildegard von Bingen: Symphonia, Gedichte und Gesänge 49, hrsg. u. übers. v. W. Berschin, H. Schipperges, Darmstadt 2004, S. 128.

wandes an (Ex, 25,7), die der Tradition nach auf die männlichen Kirchenlehrer deuten, nimmt aber das „lebendige Licht" auch für sich und ihre Mädchen in Anspruch: Es beschert ihnen jene spirituelle Fruchtbarkeit *(viriditas)*, die sie so häufig thematisiert.[24] Damit meint sie aber keine abgehobene Mystik, sondern eine konkrete Lebensanleitung: „Ergo, o filie mee, audite me, fontem vivum, dicentem vobis: Sancta et electa viriditas in vobis sit, et non facultas diaboli, que Deum in turpibus vulneribus derelinquit"[25] (daher, meine Töchter, hört mich, die lebendige Quelle, die euch sagt: Die heilige und auserwählte Fruchtbarkeit sei in euch, und nicht die Gelegenheit des Teufels, die Gott in schimpflichen Wunden verrät. Denn nur, wer die Wahrheit *tut* [*facit veritatem*, Joh 3,21], kommt zum Licht).

Dementsprechend „inszenierte" Hildegard für sich und ihre Mädchen die glänzende Hochzeit mit dem himmlischen Bräutigam, und das war unter ihren Zeitgenossen nicht unumstritten. Die ältere und diesbezüglich strengere Reformäbtissin Tenxwind von Andernach kritisierte Hildegard und diese offenbar regelmäßige Praxis auf dem Disibodenberg: Es sei ihr zu Ohren gekommen, dass Hildegards Nonnen an Feiertagen zum Singen der Psalmen festlich geschmückt mit bodenlangen weißen Gewändern aus Seide, offenen Haaren, goldbesetzten Kronen und goldenen Ringen an den Fingern in der Kirche erschienen.[26] Das Identifikationsmodell als strahlende Bräute Christi war aber gerade in den Reformbewegungen des 12. Jahrhunderts (und auch später) durchaus verbreitet, besonders in religiösen Gemeinschaften, deren Mitglieder

24 Hildegardis Bingensis: Liber diuinorum operum I, visio 1, c. 2, hrsg. v. A. Derolez u. P. Dronke, CC CM 92, Turnholt 1996, S. 48: „Aer enim in viriditate et in floribus vivit, aque fluunt quasi vivant, sol etiam in lumine suo vivit; et cum luna ad defectum venerit, a lumine solis accenditur ut quasi denuo vivat; stelle quoque in lumine suo velut vivendo clarescunt."

25 Hildegard, ep. 192, hrsg. v. L. Van Acker, CC CM 91, 91A, Turnholt 1991–1993, S. 435 f.

26 Hildegard, ep. 52 (wie Anm. 23), S. 126: „Aliud etiam quoddam insolitum de consuetudine vestra ad nos pervenit, virgines videlicet vestras festis diebus psallendo solutis crinibus in ecclesia stare, ipsas que pro ornamento candidis ac sericis uti velaminibus pre longitudine superficiem terre tangentibus, coronas etiam auro contextas capitibus desuper impositas et his utraque parte et retro cruces insertas, in fronte autem agni figuram decenter impressam, insuper et digitos earundem aureis decorari anulis, cum primus pastor Ecclesie talibus in epistola sua contradicit, sic admonendo dicens: Sint mulieres cum verecundia se componentes, non in tortis crinibus, neque auro, neque margaritis aut veste pretiosa." Vgl. Constant J. Mews: Hildegard, Speculum Virginum and Religious Reform. In: A. Haverkamp (Hrsg.): Hildegard von Bingen in ihrem historischen Umfeld, Mainz 2000, S. 238. Vgl. dazu Anselm Haverkamp: Tenxwind von Andernach und Hildegard von Bingen. Zwei „Weltanschauungen" in der Mitte des 12. Jahrhunderts. In: L. Fenske, W. Rösener, Th. Zotz (Hrsg.): Institutionen, Kultur und Gesellschaft im Mittelalter, Sigmaringen 1984, S. 515–548.

aus sozial gut gestellten Familien kamen und denen daher *splendor*, Glanz, lebensweltlich durchaus vertraut war.[27]

Herrad, Reformäbtissin des Elsässer Klosters Hohenburg, widmete etwa ihren Mädchen *(virgunculae)* Ende des 12. Jahrhunderts eine reich bebilderte Sammelhandschrift, den *Hortus deliciarum*.[28] Der Name ist Programm: Als Garten der Köstlichkeiten hatte bereits Isidor von Sevilla das Paradies bezeichnet: „Es liege im Osten [wo die Sonne aufgeht?], und sein Name werde mit ‚Garten' übersetzt. Das hebräische Eden wiederum bedeute ‚Köstlichkeiten'".[29]

In einem der beiden Prologe formuliert Herrad die *causa scribendi* für die Zusammenstellung des Hohenburger *Hortus deliciarum* so: Wie eine Biene habe sie ihr Buch zur Erbauung ihrer Nonnen, der *dulcissimae Christi virgines*, aus verschiedenen Blüten der Heiligen Schrift und philosophischer Werke zusammengetragen und gleichsam zu einer Honigwabe geformt. Sie sollen in diesem Buch eifrig eine willkommene Nahrung suchen und durch seinen süßen Strom ihren müden Geist erfrischen, damit sie, der Liebkosungen des himmlischen Bräutigams immer eingedenk und durch die geistlichen Freuden genährt, das irdische Leben sicher durchqueren und die ewige Glückseligkeit erlangen mögen.[30]

27 Dazu Franz Felten: Zum Problem der sozialen Zusammensetzung von Benediktinerklöstern und Konventen der neuen religiösen Bewegung. In: Haverkamp (wie Anm. 26), S. 189–235, bes. S. 189–192, 219 f.; Lutter (wie Anm. 1), S. 186–213.

28 Herrad von Hohenburg: Hortus deliciarum, hrsg. v. R. Green u. a., London, Leyden 1979 ist die erste und einzige umfassende systematische Edition bzw. Rekonstruktion der Handschrift mit einer ausführlichen kodikologischen, überlieferungsgeschichtlichen und inhaltlichen Einleitung.

29 Isidori Hispanensis episcopi Etymologiarum sive Originum libri XX, hrsg. v. W. M. Lindsay, Oxford 1911, PL 82, S. 73–728, hier 14 III 2: „Paradisus est locus in orientis partibus constitutus, cuius vocabulum ex Graeco in Latinum vertitur hortus: porro hebraice Eden dicitur, quod in nostra lingua deliciae interpretatur. Quod utrumque iunctum facit hortum deliciarum." Weitere zeitgenössische Auslegungen bei Fiona Griffiths: Herrad of Hohenbourg: A Synthesis of Learning in the *Garden of Delights*. In: C. J. Mews (Hrsg.): Listen, Daughter. The Speculum Virginum and the Formation of Religious Women in the Middle Ages, New York 2001, S. 221–243, hier S. 238, Anm. 3.

30 Hohenburg (wie Anm. 28), 4, n. 2, fol. 1v: „Item prosa per Herradem abbatissam predictis virgunculis causa exhortationis composite. Herrat gratia Dei Hohenburgensis ecclesie abbatissa licet indigna dulcissimis Christi virginibus in eadem ecclesia quasi in Christi vinea Domini fideliter laborantibus, graciam et gloriam, quam dabit DominuS. Sanctitati vestre insinuo, quod hunc librum qui intitulatur Hortus deliciarum ex diversis sacre et philosophice scripture floribus quasi apicula Deo inspirante comportavi et ad laudem et honorem Christi et Ecclesie, causaque dilectionis vestre quasi in unum mellifluum favum compaginavi. Quapropter in ipso libro oportet vos sedulo gratum querere pastum et mellitis stillicidiis animum reficere lassum, ut sponsi blandiciis semper occupate et spiritalibus deliciis saginate transitoria secure percurratis et eterna felici jucunditate possideatis".

Hier wird die Metaphorik der glänzenden Hochzeit mit dem himmlischen Bräutigam mit jener der Süßigkeit und des Nährens verbunden, wie dies auch für die zeitgenössische Hoheliedexegese charakteristisch ist. Typisch sind außerdem die körperbezogenen Darstellungen, die nicht zufällig in Zusammenhang mit der Verteidigung der leiblichen Himmelfahrt Marias stehen. Besonders die spirituelle *unio mystica* wurde nach dem Vorbild des Hohen Lieds ausdrücklich auch als physische Liebesbeziehung dargestellt.[31]

Auch in den aufwendig und farbig illustrierten Predigthandschriften aus dem steirischen Reformkloster Admont spielt die Vorbildfunktion Marias als Braut Christi eine wichtige Rolle. Dies wird z. B an der eindrucksvollen Darstellung ihrer strahlenden Himmelfahrt im Admonter *Matutinale* deutlich, dem Gebetbuch der dortigen Nonnen (vgl. Abb. 2).[32] Ihre einzelnen Elemente – modische Kleidung, glänzender Schmuck und nicht zuletzt die leuchtende Farbigkeit der Miniatur, Effekte, die zu erzielen erhebliche Materialkosten verursachte – lassen an Hildegards „Inszenierung“ denken.[33] Sie legen nahe, dass auch die Admonterinnen diese und ähnliche Repräsentationen als Rollenmodelle nutzten und dabei eigene soziale Erfahrungen aus ihrem Leben vor dem Klostereintritt neu adaptieren konnten.

31 Etwa bei Bernhard von Clairvaux: Sermones super Cantica Canticorum 1–35, hrsg. v. J. Leclercq, H. Talbot, H. M. Rochais, Rom 1957. Vgl. dazu Eva Cescutti: „Ein verschlossener Garten, ein versiegelter Brunnen“. Begehren, Körper, Text – und das Lebensmodell Kloster: Hoheliedexegese im 12. Jahrhundert. In: A. Kraß, A. Tischel (Hrsg.): Bündnis und Begehren. Ein Symposium über die Liebe, Berlin 2002, S. 87–102.

32 Abb. 2: Cod. Admont 18, fol. 163r. Vgl. ausführlich die Studie von Stefanie Seeberg: Die Illustrationen im Admonter Nonnenbrevier von 1180: Marienkrönung und Nonnenfrömmigkeit. Die Rolle der Brevierillustration in der Entwicklung von Bildthemen im 12. Jahrhundert, Wiesbaden 2002, S. 137–150; Lutter (wie Anm. 1), Kap. 3.2 „Bräute Christi“, S. 143–177 mit Abb. S. 14 f.

33 Vgl. dazu auch die Passage in der Dotationsurkunde für den Admonter Frauenkonvent über die Ausstattung der Gemeinschaft mit Material zur Herstellung von Kleidung und anderen Textilien: Zitiert nach Jacob Wichner: Das ehemalige Nonnenkloster O.S.B. zu Admont. In: Wissenschaftliche Studien und Mittheilungen aus dem Benedictiner-Orden mit besonderer Berücksichtigung der Ordensgeschichte und Statistik 2 (1881), S. 75–319, hier S. 304, Beilage I (unsere Herv.): „Noverit omnis ventura posteritas, quia dum adhuc nobis facultas non suppeteret, ut *incarceratis sororibus nostris de camera fratrum nostrorum vestimenta necessaria dari possent,* ego frater Wolvoldus communi consilio decrevi aliquantulum illarum subvenire inopie et de *auro, lino et lana aliisque rebus aliquid supplementum illis constituere* et ad hoc ipse, in quantum valeant, *labore manuum suarum vestimenta sibimet ipsis provideant.*“

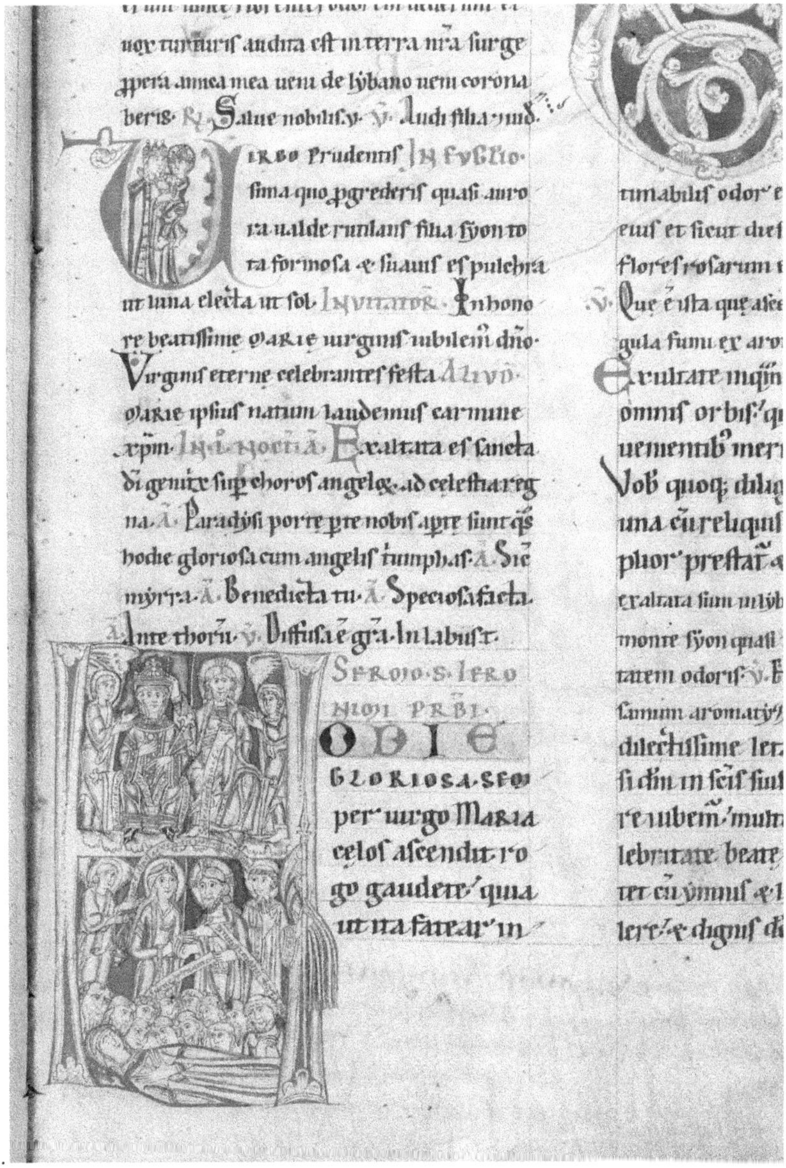

Abb. 2: Cod. Admont 18, fol. 163r: Marientod.
Quelle: Lutter (wie Anm. 1), Abb. 8.

Für standesgemäße Repräsentation und mögliche Identifikationsmuster der Betrachterinnen sind auch die erwähnten Tugenden der Weisheit und

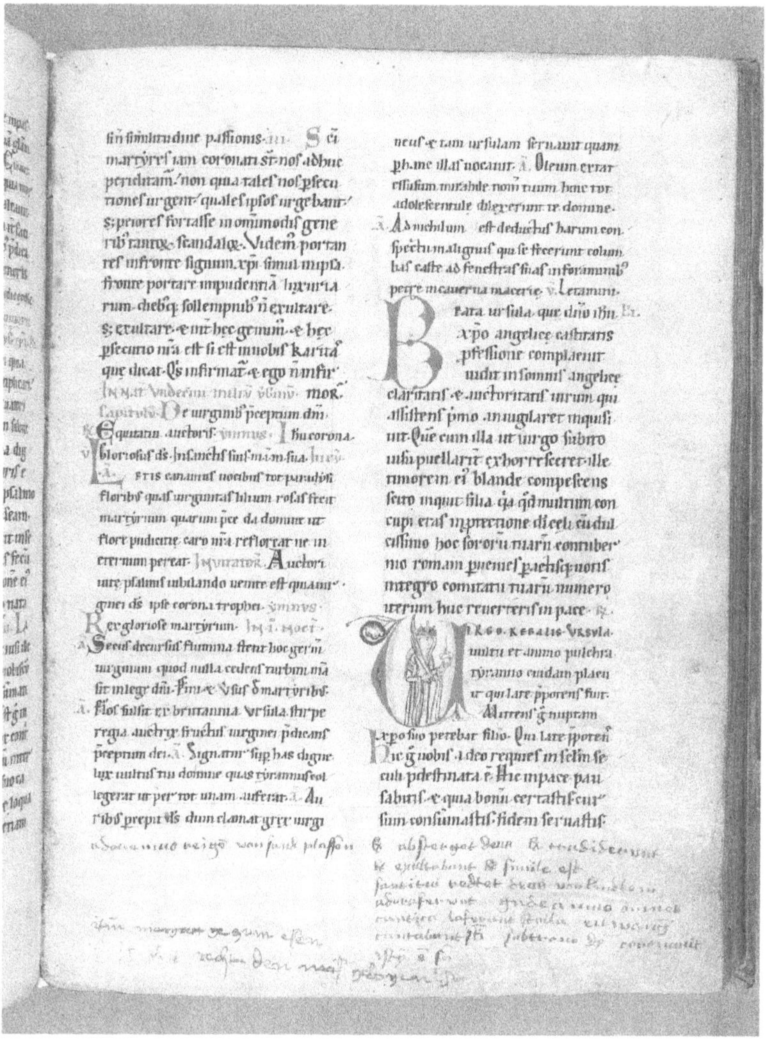

Abb. 3: Cod. Admont. 18, fol. 186r: Hl. Ursula als „virgo regalis".
Quelle: Lutter (wie Anm. 1), Abb. 10.

der Klugheit zentral.[34] Eine andere Miniatur zeigt die Hl. Ursula als königliche Jungfrau, *virgo regalis* (vgl. Abb. 3).[35] Sie hält in der einen Hand einen

34 Dazu Karl Brunner: Quae est ista, quae ascendit per desertum. Aspekte des Selbstverständnisses geistlicher Frauen im 12. Jahrhundert. In: MIÖG 107 (1999), S. 271–310; Lutter (wie Anm. 1), S. 157–166.

35 Abb. 3: *Virgo regalis* ist die Bezeichnung im Responsorium in Cod. Admont. 18, fol. 186r.

Palmzweig als Kennzeichen ihrer Eigenschaft als königliche Märtyrerin, in der anderen Hand eine Öllampe, das Symbol für die „klugen Jungfrauen". Das Gleichnis im Neuen Testament erzählt von zehn Mädchen, die mit ihren Lampen loszogen, um den Bräutigam abzuholen. Fünf von ihnen waren klug und hatten Öl zum Nachfüllen mit, die anderen fünf nur die Lampen. Als sich der Bräutigam verspätete und die Lampen auszugehen drohten, mussten sich die „törichten Jungfrauen" erst neues Öl besorgen. Sie kamen zu spät zum Hochzeitsfest und blieben vor verschlossenen Türen stehen, während die „klugen Jungfrauen", die auf die ungewisse Stunde der Ankunft des Bräutigams vorbereitet waren, drinnen mit ihm Hochzeit feierten (Mt 25,1–13).

Wie im Leben der Betroffenen Fehlleistungen durch die Hilfe der Mutter Gottes wieder gutgemacht werden bzw. Sünderinnen und Sünder doch noch Erlösung erlangen konnten, ist Gegenstand von Wundergeschichten, *miracula*, die seit dem Frühmittelalter gesammelt und aufgezeichnet wurden und sich im 12. Jahrhundert besonderer Beliebtheit erfreuten. Diese Kompilationen, deren Übergänge zum Genre der Heiligenviten fließend sind, verbinden jeweils lokale Traditionen mit den Geschichten bekannter spätantiker Heiliger, die sich seit dem Frühmittelalter an unterschiedlichen Orten Europas finden und in den folgenden Jahrhunderten gesammelt und von Gemeinschaft zu Gemeinschaft tradiert wurden.[36] Viele der bekannten Handschriften weisen daher eine Reihe von Wechselbezügen auf, wenn etwa – wie im Fall der Admonter *miracula*-Sammlung – ein Grundstock häufig erzählter Marienwunder gemeinsam mit einzelnen Geschichten überliefert wird, die nur in einem einzigen Kloster aufzufinden sind.[37] Letztere sind besonders interessant, weil sie jenseits der bekannten Muster topischer Stilisierung von Sünde, Umkehr und Erlösung ermöglichen, Überlegungen zum kontextspezifischen Bezugsrahmen und seinen Identifikationsangeboten an die betroffenen Menschen anzustellen.

Bei der Admonter *miracula*-Sammlung handelt es sich um ein kleines Bändchen, das viele der zeitgenössisch bekannten Geschichten enthält, vor allem am Ende der Handschrift aber auch einige, die sich nirgendwo

36 Einen Überblick bietet Hardo Hilg: Art. Marienmirakelsammlungen. In: Die deutsche Literatur des Mittelalters. Verfasserlexikon, Bd. 6, 1987, S. 19–42; Annegret Wenz-Haubfleisch: Miracula post mortem. Studien zum Quellenwert hochmittelalterlicher Mirakelsammlungen vornehmlich des ostfränkisch-deutschen Reiches, Siegburg 1998; M. Heinzelmann u. a. (Hrsg.): Mirakel im Mittelalter. Konzeptionen – Erscheinungsformen – Deutungen, Stuttgart 2002; K. Herbers (Hrsg.): Mirakelberichte des frühen und hohen Mittelalters, Darmstadt 2005.

37 Cod. Admont 638; dazu immer noch grundlegend A. Mussafia: Studien zu den mittelalterlichen Marienlegenden I. In: Sitzungsberichte der philosophisch-historischen Classe der kaiserlichen Akademie der Wissenschaften 113, Wien 1886, S. 917–994.

sonst finden und die daher Hinweise auf einen möglichen spezifischen „Sitz" im dortigen Leben geben. Schauplätze der Admonter *miracula* sind „typische", nur selten lokalisierte oder näher spezifizierte Klöster; bei den Akteuren und Akteurinnen handelt es sich dementsprechend meist um namenlose Mönche und Nonnen. Gegenstand der Geschichten sind die vielfältigen Formen der Versuchung und Sünde, denen man Menschen in der Welt ausgesetzt sah, sowie Reue und Erlösung mit Hilfe der Mutter Gottes.

„Es war einmal eine gewisse Sanktimoniale in einem bestimmten Konvent, die vor allen anderen Schwestern von allen geliebt wurde", beginnt eine der Erzählungen. „Denn mehr als die anderen pflegte sie zu fasten, zu wachen und zu seufzen und übte sich auch sonst in möglichst vielen Tugenden, wodurch sie dem Höchsten und seiner Mutter gefiel."[38] So lebte sie in Gehorsam, bis der Teufel, der sich von so viel Tugend geschmäht fühlte, beschloss, sie zu verführen und sie dazu brachte, „die Gebote des Herrn zu missachten und ihre Jungfräulichkeit zu verlieren". Über das weitere Leben der nunmehr gefallenen Nonne schweigt die Geschichte.[39]

Nach ihrem Tod büßt die Schwester und „brennt heftig" dafür, dass sie ihr Leben als „reine und dem Herrn versprochene Jungfrau" aufgegeben hat·. Da erscheint ihr Maria, *benedicta stella maris*, strahlend wie die Sonne *(tota fulgens quasi sol)* und erläutert ihr den Grund für die Strafe: Sie habe als Christus versprochene und geweihte Jungfrau diesen verlassen und sich mit dem Teufel eingelassen: „Wer meinen Sohn verachtet, kann mich nicht ehren!"[40] Für die Sünderin sprechen aber ihre guten Taten, allen voran die Liebe und Verehrung der Mutter Gottes, weshalb sie schlussendlich erlöst wird. In dieser Geschichte wird der Gegensatz von Licht und Dunkel explizit benannt und besonders sinnlich und spektakulär inszeniert.

38 Cod. Admont 638, fol. 66v–68r, Edition in Lutter (wie Anm. 1), S. 235 f.: „De moniale lubrica Fuit quedam sanctimonialis in quodam conventu feminarum summo domino famulantium, que prae cunctis sororibus amabatur ab omnibus. Hec namque plus aliis ieiuniis studebat vigiliis ac gemitibus et aliis virtutibus quam plurimis quibus placens altissimo et eius genitrici."

39 Ebenda: „Manebat in cenobio tali degens obsequio, sed, ut vidit diabolus, qui semper est invidus, quod ab ea sic repulsus esset nec non despectus, suasit illi misere, domini precepta spernere, virginitatem, quam in mente et in corpore servabat, perdere."

40 Ebenda (unsere Herv.): „Illa namque *benedicta stella maris,* que est dicta, illa quippe que nostrarum est redemptrix animarum, cum essemus in angustia magna. Ad me venit illa *tota fulgens quasi sol.* [...] Nam peccasti quam plurimum relinquens meum filium, cui virgo desponsata eras atque consecrata te ipsam tradens diabolo et me quoque ad maximam iracundiam commovisti. Nam qui spernit meum natum, exhonorat me nimium."

Auch im Prolog zu einer kleinen Lebensbeschreibung einer namentlich nicht bekannten Admonter *magistra*, vermutlich der ersten Vorsteherin des dortigen Frauenkonvents, wird das „Glanzvokabular" gleich mehrfach gebraucht und die hagiografische Darstellung der Protagonistin an der Mutter Gottes modelliert: „Fulgida vita Dei famule seu forma trophei / Quo mundum vicit, hec splendida littera dicit; / Et bene virgineus stilus explanat pia gesta / Virginis electe, dignis ut sint manifesta." Diese glänzenden

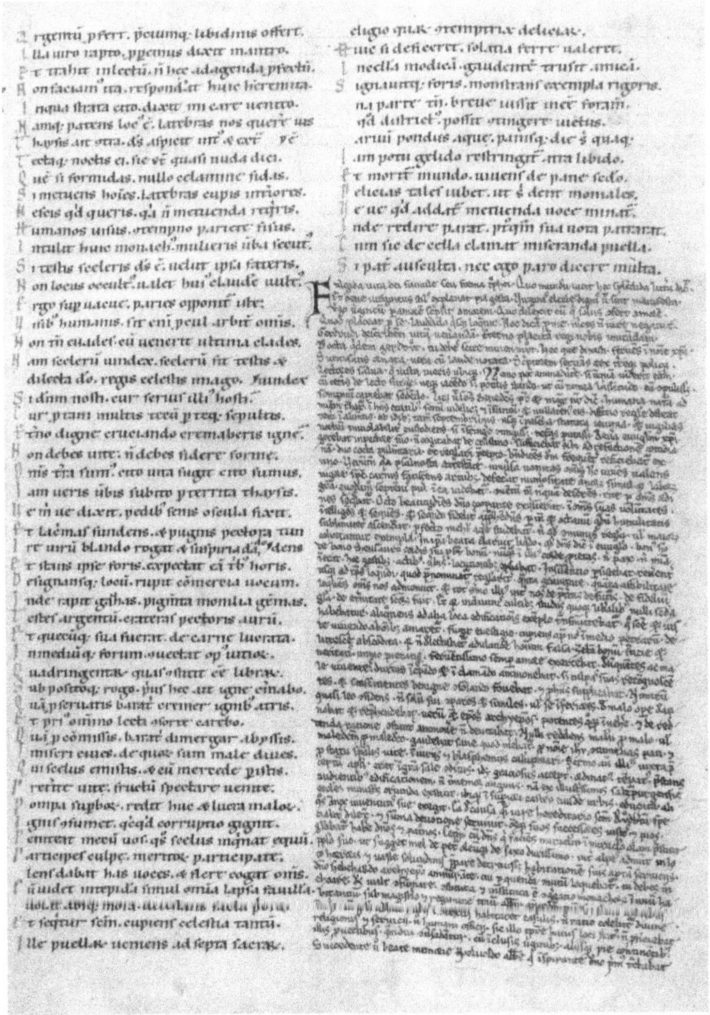

Abb. 4: Cod. Admont. 25, fol. 235r–v: *Vita magistrae*, Prolog.
Quelle: Lutter (wie Anm. 1), Abb. 12.

Zeilen erzählen vom strahlenden Leben der Dienerin Gottes oder eher noch von der Schönheit des Sieges, durch den sie die Welt bezwingt; und ihre jungfräuliche Feder erläutert die frommen Taten dieser erwählten Jungfrau, die [hier] enthüllt werden mögen (vgl. Abb. 4).[41]

Die Vita ist deshalb bemerkenswert, weil sie die üblichen hagiografischen Topoi mit lebensnahen, geradezu alltagsgeschichtlichen Details verbindet: Wir erfahren etwa, wie die *magistra* die Novizinnen unterrichtet und ihnen auf ihre Bitten über Nacht Verse und Prosa auf Wachstäfelchen schreibt. Ebenfalls in der Nacht verfasst sie *litteras*, Briefe, und diktiert sie einer Schreiberin, was sie – müsste man sie buchstabengetreu nehmen – in Konflikt mit den Schweigegeboten der Benediktregel gebracht hätte, da sich die Biographin beeilt – widersprüchlich – zu beteuern, dass die *magistra* niemals die Schweigepflicht missachtet und nie ein deutsches Wort spricht.[42]

Ein letztes Beispiel aus derselben *vita* macht besonders deutlich, wie sehr solche Symbole und Metaphern ganz konkrete Anknüpfungspunkte in der Alltagspraxis hatten: Die Heiligkeit der *magistra* sei so groß, dass sie häufig, geschwächt durch ihre asketische Disziplin einnickend, so nahe an die offene Flamme gerate, dass ihre Kopfbedeckung, Gewand und Schleier fast Feuer fingen und die Mitschwestern Mühe hätten, sie davor zu bewahren. Dennoch sei dabei niemals auch nur ein einziges Haar oder ein Stückchen Haut verletzt worden.[43] Die Aussage ist selbstverständlich topisch und hat damit gleichzeitig – wie jeder wirksame Topos – einen konkreten Sitz im Leben. Sie transportiert die Vorstellung von Heiligkeit über „Körperlosigkeit“. Weder Alter noch Krankheit noch die Kraft des Feuers können der spirituellen Dienerin Christi etwas anhaben. Gleichzeitig gilt gerade das Bestehen solcher „Prüfungen“ mit Gottes Hilfe als ein besonderes Zeichen für Heiligkeit. So wurde etwa das Auftreten von plötzlichen Blutungen und Stigmata als besondere, weil nicht nur kontemplativ nachvollzogene, sondern körperlich erlebte Form der *imitatio*

41 Abb. 4: Vita magistrae, Prolog: Cod. Admont. 25, fol. 235r–v. Edition: Vita ut videtur cuiusdam magistrae monialium Admuntensium in Styria. Saeculo XII. In: Analecta Bollandiana 12 (1893), S. 359–366; Neuedition in Lutter (wie Anm. 1), S. 226–229.

42 Ebenda, Vita magistrae 4, S. 228: „Aliquando enim in tempestate nocte litteras composuit et scribenti praedixit, silentii tamen observantiam retinens numquam aliqua theutonica verba protulit. Preterea licet post completorium secundum regulam perpetuum haberet silentium, tamen cum rogaretur a parvulis, ut versus et prosas praediceret illis, sicut erat plena karitate et dilecione, accepit tabulas et scripsit eis reddendos in crastino versus et prosas.“

43 Ebenda, Vita magistrae 5: „Ante omnia scire libeat paternitatem vestram quia frequenter confecta vigiliis et ieiuniis, vacans psalmodiis, cum sederet vel staret iuxta lumen, operimenta capitis ignis assumpsit, ut penitus combureretur peplum et velamen, et vix a periculis incendii eam liberare potuimus. Dictu mirabile, numquam aliquam lesionem perpessa est vel in uno crine vel in summa cute.“

Christi aufgefasst und galt dementsprechend vor allem in den mystischen Formen von Spiritualität als höchstes Zeichen der liebenden Vereinigung mit Gott.[44]

Dienen die Licht-, Süßigkeits- und Körpermetaphern des Hoheliediskurses, die sich ja ebenfalls dieser *imitatio* anzunähern versuchen, der Versinnbildlichung und Verkörperung nur schwer zugänglichen theologischen Vorstellungen, so wird hier umgekehrt die besondere Heiligkeit der *magistra* gerade dadurch dargestellt, dass sie sich der lebensnah konkret nachvollziehbaren Praxis entzieht. In jedem Fall scheinen die Grenzen zwischen komplexen theologischen Modellen und ihrer lebensweltlichen Aneignung fließend. Dabei gewinnt man allerdings den Eindruck, dass diese Ambivalenz und manchmal sogar Widersprüchlichkeit für die Zeitgenossen nicht notwendigerweise einen Konflikt bedeuten musste. Im Gegenteil: Unterschiedliche Auslegungsmuster konnten einander offenbar in der Praxis des spirituellen Alltags, in der wiederkehrenden gemeinschaftlichen *lectio* derartiger Texte und ihrer „Aufführung" im Sinn von kulturellen Modellen überlappen.[45] Je nach Bedarf konnten sie offensichtlich unterschiedlich aktualisiert werden – konnte das Licht sozusagen vom „Himmel auf die Erde geholt" werden.

44 Zu Blutungen als Zeichen von Heiligkeit in der *Vita magistrae* vgl. ebenda, V. m. 4: „Quiescentibus cunctis inter meridiem, sedente illa ante lectum ad lectionem, vena mediana supra pedem quasi fleutomo incisa sanguine copioso per se erumpebat; statim salva fiebat." Dazu exemplarisch Caroline Walker Bynum: Fragmentierung und Erlösung. Geschlecht und Körper im Glauben des Mittelalters, Frankfurt a. M. 1996 (engl. 1991), Kap. III: „Mystikerinnen und Eucharistieverehrung im 13. Jahrhundert".

45 Dazu z. B. Friedrich Ohly: Schriften zur mittelalterlichen Bedeutungsforschung, Darmstadt [2]1983; Urban Küsters: Der verschlossene Garten. Volkssprachliche Hoheliedauslegung und monastische Lebensform im 12. Jahrhundert, Düsseldorf 1985.

CHRISTOF L. DIEDRICHS

Glänzende Geschichte
Zum so genannten Reliquienkasten Heinrichs I. im Schatz der Stiftskirche zu Quedlinburg*

Unter den historischen Wissenschaften besteht von alters her der Drang, *Entwicklungen* zu beschreiben. Zu diesem Zweck werden Abfolgen von Ereignissen zusammengestellt, Abhängigkeiten gefunden, Entwicklungsgeschichten ‚rekonstruiert'. Einem bekannten *Konversations-Lexikon* (1908) zufolge, das den Eintrag auf gleich drei seiner schönen und aufwändigen Bildtafeln mit den Darstellungen von Krebsen, Seesternen, Würmern und Schwämmen illustriert, ist *Entwicklungsgeschichte* „die Wissenschaft von der Hervorbildung der Pflanzen und Tiere aus dem Ei bis zur Erlangung der definitiven Gestalt"[1]. Zur Demonstration solcher ‚Entwicklungen' führt das Lexikon bestimmte, aufeinander folgende Stadien an, für die die Autoren besonders passend erscheinende, „äußerst charakteristisch[e]" Beispiele ausgewählt haben. In den beschreibenden Formulierungen wird von diesen Einzelphänomenen abstrahiert und nach Verallgemeinerungen gesucht. Sie sollen ein Gesetz offenbaren, das – so der offenkundige Anspruch – dem Geschehen in der Natur zugrunde liegt. Nicht zuletzt aufgrund der *Abweichungen* von der Regel, die mit unverkennbarem Befremden als „sehr eigentümliche Ausbildung[en]" vermerkt werden, wird indessen deutlich, dass die dargestellte *Re*konstruktion zu einem nicht unwesentlichen Teil *Konstruktion* ist – dass *diese* Darstellung der Geschichte nur so lange Gültigkeit besitzt, wie nicht das *Gegenteil* bewiesen ist; bis, indem die Gesetzmäßigkeit nun in den *Abweichungen*

* An dieser Stelle möchte ich mich herzlich bei Herrn Pfarrer Dr. Ekkehard Steinhäuser und der zuständigen Restauratorin, Frau Roswitha Dreysse, Quedlinburg, für die vertrauensvolle und anregende Zusammenarbeit bedanken, in deren Verlauf es mir möglich war, den ‚Reliquienkasten Heinrichs I.' in einer Reihe von ‚Wandlungen' zu fotografieren. Dies wäre außerdem nicht möglich gewesen ohne die Unterstützung der Mitarbeiter des Stiftsschatzes, Frau Peukert und Herrn Theermann.

1 Meyers Großes Konversations-Lexikon. Ein Nachschlagewerk des allgemeinen Wissens, Bd. 5, Leipzig, Wien [6]1908, S. 844 f.

gefunden wurde, deutlich geworden ist, dass die Geschichte tatsächlich *ganz anders* verlief.

Bei der Beschreibung geisteswissenschaftlicher Zusammenhänge verläuft die Argumentation oft ganz ähnlich. Zunächst haben wir ein Schema im Kopf, das sich während jahrelanger Forschungsarbeit vor unseren Augen entfaltet hat. Um ‚die Forschung' von der Gültigkeit dieses Schemas zu überzeugen, suchen wir für seine Darstellung mit Bedacht solche Beispiele aus, mit deren Hilfe die einzelnen Stadien des Prozesses seiner Entstehung besonders gut zu demonstrieren sind: Schließlich wird unser Modell nur plausibel erscheinen, wenn der Ablauf der Entwicklung, die wir aufzeigen wollen, stringent und ‚logisch' verläuft. „Eigentümliche Ausbildung[en]", also auffällige Abweichungen von der Regel, die uns bei unseren Recherchen vielleicht begegnet sind, werden wir aus unserer Argumentation zunächst ausblenden. Wir nehmen uns vor, an geeigneter Stelle darauf zurückzukommen und legen sie zu dem Stapel von Notizen, die wir uns für später aufheben. – Nur: Wann *ist* später? Und welches wird die ‚geeignete Stelle' sein?

Eine besonders virulente *Abweichung* begegnete mir bei der ‚Rekonstruktion' jenes Prozesses, in dessen Verlauf die Reliquien, die bis zum 12. Jahrhundert immer in geschlossenen, nicht einsehbaren Gefäßen aufbewahrt worden waren, innerhalb der Gefäße sichtbar gemacht und somit dem Blick der Gläubigen unmittelbar ausgesetzt wurden. Mit der Beschreibung dieses ‚Prozesses' schien gewissermaßen der Anschluss an jene Entwicklung gefunden worden zu sein, die Heinrich Fichtenau bereits in den 50er Jahren als einen ‚Weg' der Reliquien ‚auf den Gläubigen zu' beschrieben hatte: von der Confessio als dem Ort, an dem in frühchristlicher Zeit Reliquien bestattet worden waren, über die im früheren Mittelalter üblich gewordene Bestattung *im* Altar in den Schrein *über* dem Altar.[2] Seit dem 12. Jahrhundert, so schien es, wurden die Gefäße dann für den Blick geöffnet, so dass von nun an die Gebeine der Heiligen zu *sehen* waren. Aus dem *Gläubigen* wurde, so stellte sich die ‚Entwicklung' mir dar, der *Betrachter*. Tatsächlich lässt sich an den Reliquiaren eine solche ‚Entwicklung' belegen.[3] Es ist eine ganze Reihe von ihnen erhalten, die aus dem späten 12. und beginnenden 13. Jahrhundert stammen und die tun, was vorher nicht getan wurde: den Blick in ihr Inneres zu ermöglichen, so dass der „heilige[ ] Kern in der kostbaren Hülle" sichtbar

2 Heinrich Fichtenau: Zum Reliquienwesen des früheren Mittelalters. In: Mitteilungen des Instituts für österreichische Geschichtsforschung 60 (1952), S. 60–89; wiederabgedruckt in: ders.: Beiträge zur Mediävistik. Ausgewählte Aufsätze, Bd. 1, Stuttgart 1975, S. 108–144, hier S. 117.

3 Vgl. Christof L. Diedrichs: Vom Glauben zum Sehen. Die Sichtbarkeit der Reliquie im Reliquiar. Ein Beitrag zur Geschichte des Sehens, Berlin 2001.

wird.[4] Allerdings gibt es eben auch eine erhebliche – und für das 12. und 13. Jahrhundert ist es die *größere* – Zahl von Beispielen, die von diesem ‚Weg' abweichen. Zwar passt die neuartige Bedeutung des Sehsinns, die sich meiner Darstellung zufolge auf diese Weise auch im Reliquienkult äußert, gut zu entsprechenden Entwicklungen in vielen anderen Bereichen der Kultur- und Geistesgeschichte,[5] aber bei der so genannten ‚Schaufrömmigkeit', die an dieser Stelle gewöhnlich als allumfassender und scheinbar vielsagender Verweis angeführt wird, handelt es sich nach wie vor wohl um eines jener Klischees, die von vielen benutzt, aber kaum wirklich verstanden werden.[6] Mit ihr ist keineswegs *alles* zu erklären – schon gar nicht die Form jener Reliquiare, die in den folgenden Jahrhunderten entstehen und in denen die Reliquien entgegen aller Tendenzen zur Sichtbarkeit *nicht* zu sehen sind, deren Formen also nahezulegen scheinen, dass der Sehsinn, allen anderslautenden Annahmen der jüngeren Forschung zum Trotz, keine andere Rolle spielt als in den Jahrhunderten zuvor. Allerdings muss die Tatsache, dass es diese Reliquiare über das 12. und 13. Jahrhundert hinaus gibt, selbstverständlich nicht bedeuten, dass es den Wunsch nach dem unmittelbaren Sichtkontakt mit den Reliquien nicht gegeben hat. Es heißt nur, dass mit der Konjunktur des Sehens, die uns so intensiv beschäftigt, nicht schlechthin *jede* Form eines Reliquiars zu erklären ist, die nach der Erfindung des Schaureliquiars, des Ostensoriums und der Monstranz entstanden ist.

Dies wird an einem Reliquiar aus dem Schatz der Stiftskirche in Quedlinburg besonders deutlich (vgl. Abb. 1). Denn die auffälligste Eigenschaft dieses Kästchens aus dem frühen 13. Jahrhundert ist, dass es mithilfe eines Klappdeckels zwar zu öffnen ist, dass aber selbst in diesem Fall die Reliquien *nicht zu sehen* sind. Hier begegnet uns also eine jener Abweichungen von der Regel, die nicht in unsere Argumentation hineinpassen und – zu unserem nicht geringen Leidwesen – stattdessen latent subversiv auf sie einwirken. Denn selbstverständlich stellt sie unser sorgfältig konstruiertes Schema infrage. Schließlich belegt allein die Tatsache, dass es dieses Reliquiar gibt und dass das Reliquiar aussieht und funktioniert, wie es aussieht und funktioniert, dass auch noch im 13. Jahrhundert durchaus nicht in jedem Fall einer Reliquiar-Neuschöpfung die

4 Erich Meyer: Reliquie und Reliquiar im Mittelalter. In: Ders. (Hrsg.): Festschrift Carl Georg Heise zum 28.6.1950, Berlin 1950, S. 55–66, hier S. 58.

5 Vgl. insbes. Horst Wenzel: Hören und Sehen, Schrift und Bild. Kultur und Gedächtnis im Mittelalter, München 1995.

6 Vgl. Norbert Schnitzler: Illusion, Täuschung und schöner Schein. Probleme der Bilderverehrung im späten Mittelalter. Schaufrömmigkeit – ein Mißverständnis. In: K. Schreiner, M. Müntz (Hrsg.): Frömmigkeit im Mittelalter. Politisch-soziale Kontexte, visuelle Praxis, körperliche Ausdrucksformen, München 2002, S. 221–239.

Reliquien *gezeigt* werden sollten, auch wenn die von mir postulierte ‚Entwicklung' der Reliquiar-Formen nahe zu legen scheint, dass es dem 13. Jahrhundert um nichts so sehr ging, wie um den direkten Sichtkontakt mit der Reliquie.

Bei dem erwähnten Reliquiar handelt es sich um den so genannten Reliquienkasten Heinrichs I., ein durch eine lange und wechselhafte Geschichte stark in Mitleidenschaft gezogenes, kästchenförmiges Reliquiar.[7] Es besteht aus einem Buchenholzkern, der an allen Seiten reich mit Stanzen und Filigran aus vergoldetem Silber, mit Edelsteinen, Perlen, Korallen und Glasflüssen geschmückt ist. Das Auffälligste an ihm sind die im Verhältnis großen Elfenbein- und Walrosszahn-Reliefs, die an den vier Wänden und auf dem Deckel des Kastens angebracht sind und von der Goldschmiedearbeit optisch gewissermaßen gerahmt werden. Auf dem Deckel (vgl. Abb. 2) und an den Schmalseiten sind dies hochrechteckige Elfenbein-Reliefs mit Szenen aus dem Leben Jesu, die aufgrund ihres Stils als oberitalienische Arbeiten des 10. Jahrhunderts gelten. Bei den Reliefs an den beiden Längsseiten (vgl. Abb. 3) handelt es sich um Walrosszahn-Reliefs mit der Darstellung der zwölf Apostel, die sich nicht zuletzt stilistisch deutlich von den Elfenbein-Reliefs unterscheiden und wohl in der zweiten Hälfte des 11. Jahrhunderts am Niederrhein entstanden sind. Die Goldschmiedearbeit am Kästchen, sowohl die szenischen und figürlichen Stanzen als auch das Filigran, stammt aus Niedersachsen – wohl aus Quedlinburg selbst – aus der Zeit um 1230–1240.

Der so genannte Reliquienkasten Heinrichs I. ist also ein Reliquiar, das – der Stilgeschichte zufolge – in den 30er Jahren des 13. Jahrhunderts angefertigt wurde. Formal handelt es sich um einen geschlossenen Kasten mit Klappdeckel, an dessen Wänden eine Reihe z. T. wesentlich älterer Spolien angebracht sind. Es ist vorwegzunehmen, dass die Elfenbein- und Walrosszahn-Reliefs in ihrer jetzigen Anbringung – Deckel: die *Frauen am Grab* und die *Pfingstszene;* Schmalseiten: die *Fußwaschung* und die *Verklärung Christi auf dem Berg Tabor* – kein schlüssiges ikonographisches Programm ergeben. Sie stammen offensichtlich aus anderen Zusammenhängen, die Elfenbeintafeln vielleicht aus einem größeren Zyklus, wie er beispielsweise im bekannten Magdeburger Antependium vorliegt,[8] und sind in dieser Zusammenstellung fragmentarisch.

7 Höhe 17 cm, Breite 28,8 cm, Tiefe 15,7 cm; Maße und die folgenden Angaben zu Material, Datierungen und Lokalisierungen nach Dietrich Kötzsche: Sog. Reliquienkasten Heinrichs I. In: Ders. (Hrsg.): Der Quedlinburger Schatz. Katalog zur Ausstellung im Kunstgewerbemuseum, Staatliche Museen zu Berlin – Preußischer Kulturbesitz vom 31. Oktober 1992 bis 30. Mai 1993, Berlin ²1994, S. 68–71, hier S. 68 (mit umfassenden Hinweisen auf die ältere Literatur).

8 Das Magdeburger Antependium stammt ebenfalls aus dem oberitalienischen Raum;

Neben dem Umstand, dass das Reliquiar wegen der fehlenden Möglichkeit, die Reliquien in seinem Innern sichtbar zu machen, nicht in die Entwicklungsgeschichte der Schaureliquiare hineinzupassen scheint, fallen auch die Proportionen des Kastens aus dem Rahmen des Üblichen heraus (vgl. Abb. 1): Im Verhältnis zu den anderen erhaltenen kästchenförmigen Reliquiaren erscheinen sie auffällig plump und blockartig. Zum Vergleich eignet sich etwa das Servatiusreliquiar (vgl. Abb. 4), das sich ebenfalls im Quedlinburger Schatz befindet und nur wenig früher als der *Heinrichskasten* und vermutlich ebenfalls in Quedlinburg entstanden ist.[9] Auch an diesem Reliquiar wurden Spolien wiederverwendet, beispielsweise ein römischer Dionysoskopf aus dem 1. Jahrhundert n. Chr. und Elfenbein-Reliefs wahrscheinlich vom Hof Karls des Kahlen aus der Zeit um 870.[10] Indessen wirkt dieses Reliquiar, das de facto nur wenig kleiner ist als der *Heinrichskasten,* zierlich, elegant und vornehm. Es ist gewissermaßen der Beleg dafür, dass man in den Quedlinburger Werkstätten zu anderem in der Lage war als zu dem, was man am *Heinrichskasten* schuf. Der Schmuck an seinen Wänden, das Filigran – in diesem Fall Goldfiligran – zeugt von Geschmack und wirkt edel und ausgesprochen kostbar. Selbst die Farben der Edelsteine und des großen, leuchtend grünen Glasflusses auf dem Deckel des Kästchens faszinieren durch ihre Wohlabgestimmtheit. Bis heute ist in der Schatzkammer in Quedlinburg zu beobachten, wie die Besucher am *Heinrichskasten* verhältnismäßig schnell vorübergehen, während sie vor dem gold-glänzenden, mit wunderschönen farbigen Steinen und Emails geschmückten *Servatiusreliquiar* lange verweilen und intensiv schauen.

Dass es sich bei dem *Heinrichskasten* um eine jener ‚eigentümlichen Ausbildungen' handelt, die eine möglichst stringente „Entwicklungsgeschichte" der Formen der Reliquiare latent infrage stellen, hatte sich bereits aus der Tatsache ergeben, dass sich der plumpe Kasten mit Klappdeckel ganz offensichtlich dem gerade in dieser Zeit wachsenden Verlangen *verweigert,* den Inhalt des Reliquiars ostentativ auszustellen. Sicherlich hätte man den Kasten einfach öffnen und die Reliquien herausnehmen können, um sie vorzuzeigen. Doch steht dem sowohl das 62. Dekret des Vierten Laterankonzils von 1215 im Weg, das ausdrück-

vgl. Hermann Fillitz: Die Gruppe der Magdeburger Elfenbeintafeln. In: M. Brandt, A. Eggebrecht (Hrsg.): Bernward von Hildesheim und das Zeitalter der Ottonen. Katalog zur Ausstellung, Bd. 2, Hildesheim, Mainz 1993, S. 40–48.

9 Die Goldmontierung des Servatiusreliquiars stammt aus Niedersachsen (Quedlinburg), aus der Zeit um 1200; Dietrich Kötzsche: Servatiusreliquiar, sog. Reliquienkasten Ottos I. Teil 2: Goldmontierung. In: Kat. Quedlinburger Schatz (wie Anm. 7), S. 56 f.

10 Michael Peter: Servatiusreliquiar, sog. Reliquienkasten Ottos I. In: Kat. Quedlinburger Schatz (wie Anm. 7), S. 52–56, hier S. 52.

lich verbietet, Reliquien aus den Reliquiaren herauszunehmen,[11] als auch die Beobachtung, dass eine solche Art des Vorzeigens allgemein eher unüblich war. Doch scheint damit die Reihe der offenen Fragen nicht zu Ende zu sein, die das Reliquiar aufwirft.

1. Wie ist der überdeutliche Kontrast zwischen den zwei Werken zu erklären, die zeitlich und räumlich so dicht beieinander entstanden sind? Und wie erklären sich diese plumpen Proportionen, die es fast unmöglich machen, wie im Fall des Servatiusreliquiars von einem ‚Kästchen' zu sprechen statt von einem ‚Kasten' oder einer ‚Kiste'?

2. Ein weiteres Rätsel hängt mit der *Konstruktion* des Reliquiars zusammen. Die einzelnen Seiten des *Heinrichskastens* unterscheiden sich in ihrer Ausstattung. Eine der beiden Längsseiten (vgl. Abb. 3) ist gegenüber der anderen Längsseite und den beiden Schmalseiten deutlich aufwändiger gestaltet. Während dort (vgl. Abb. 5) die Streifen um die Elfenbein- und Walrosszahn-Reliefs ausschließlich figürliche und ornamentale Stanzen aufweisen, umgibt die Reliefs auf Vorderseite und Deckel (vgl. Abb. 2, 3) ein prunkvolles und auffallend tiefes Filigran, durchsetzt mit zahlreichen farbigen Steinen, Perlen und Korallen und in regelmäßigen Abständen unterbrochen von Stanzen mit der Darstellung der Kreuzigung Christi, der Gottesmutter Maria und den Brustbildern von Heiligen. So wird die in dieser Weise ausgezeichnete Längsseite eindeutig als *Vorderseite* des Kastens markiert. Das Merkwürdige jedoch ist die Tatsache, dass auch die Scharniere zum Hochklappen des Deckels an dieser Seite angebracht sind, während sich Schloss und Schließvorrichtung an der eigentlichen Rückseite befinden (vgl. Abb. 5). Strenggenommen ist der Deckel also falsch herum montiert: Steht man so vor dem Kasten, dass die Vorderseite nach vorn weist, und öffnet ihn, so klappt der Deckel nach vorn, nicht aber nach hinten hoch. Der *Inhalt* des Kastens bleibt dem Blick des neugierigen Betrachters also auch dann verborgen, wenn der Kasten geöffnet ist. Tritt der Betrachter jedoch an die als *Rückseite* markierte, einfacher gestaltete Längsseite, so stehen, solange das Reliquiar geschlossen ist, die Darstellungen auf dem Deckel aus dieser Perspektive ‚auf dem Kopf'.

3. Ein drittes Rätsel stellt die handwerkliche Ausführung des *Heinrichskastens*. Der Vergleich z. B. mit dem so genannten Katharinenreliquiar (vgl. Abb. 7), ebenfalls in Quedlinburg und nahezu zeitgleich mit dem *Heinrichskasten* (1230–1240) angefertigt,[12] offenbart eine große Differenz zwischen den beiden Werken. Während das Filigran am Katha-

11 Allerdings geht es hier um den Kontext des Reliquien-*Handels;* vgl. Diedrichs (wie Anm. 3), S. 9–14.

12 Dietrich Kötzsche: Sog. Katharinenreliquiar. In: Kat. Quedlinburger Schatz (wie Anm. 7), S. 84–87, hier S. 84.

rinenreliquiar vollkommen regelmäßig ist und sich in symmetrischen Figuren flach über dem vergoldeten Rezipienten ausbreitet, wobei jeder einzelne Draht in einer Granalie mündet, wirkt das Filigran am *Heinrichskasten* (vgl. Abb. 2, 3) wirr, ungeordnet, konzeptlos und nachlässig ausgeführt. Es besteht größtenteils aus Perldrähten ohne Granalie – das gänzliche Fehlen von Granalien ist Dietrich Kötzsche zufolge „ungewöhnlich" und findet an den aus Niedersachsen erhaltenen Goldschmiedewerken der ersten Hälfte des 13. Jahrhunderts „keine unmittelbare Entsprechung".[13] An einigen Stellen ist es so weit vom Rezipienten entfernt, dass sich ein Hohlraum ergibt. Ebenso auffällig ist die Tatsache, dass eine Reihe von Stanzen, die zwischen die Filigran-Felder gesetzt sind, beschnitten wurden, und dies in so nachlässiger Weise, dass sie zum Teil nicht einmal richtig zu passen scheinen (vgl. Abb. 3, 5). Schließlich ist an einer Stelle der Deckelzarge (linke Schmalseite) sogar innerhalb eines zusammenhängenden Silberblechs ein Wechsel des Rapports zu beobachten (vgl. Abb. 8), der unmotiviert, geradezu widersinnig erscheint; künstlerisch jedenfalls scheint es für ihn keine Erklärung zu geben. All dies ergibt den Eindruck einer handwerklichen Nachlässigkeit, die, wie der Vergleich mit anderen Werken der Quedlinburger oder anderer niedersächsischer Schatzkammern zeigt, im näheren wie im weiteren Umfeld überrascht.

4. Und endlich rankt sich ein letztes Rätsel um die *Bezeichnung* des Kastens als ‚Reliquienkasten Heinrichs I.'. Heinrich I., der „Vogler", wurde 919 der erste König des nachmaligen Heiligen Römischen Reichs. Er starb 936 und übergab damit die Herrschaft an seinen Sohn, Otto I. († 973). Dass der Kasten aus seinem Besitz stammt, ist, da das Reliquiar erst im frühen 13. Jahrhundert entstanden sein kann, also nicht möglich. Und da Heinrich selbst, trotz des hohen Ansehens, in dem er stand, zu keinem Zeitpunkt als Heiliger verehrt wurde, verbietet sich auch die Annahme, der Kasten habe als Reliquien verehrte Gebeine Heinrichs enthalten. Woher kommt dann aber die Bezeichnung ‚Reliquienkasten Heinrichs I.'?

Die vier geschilderten Rätsel um den *Heinrichskasten* in Quedlinburg sind nicht durch eine allgemeine ‚Entwicklungsgeschichte' der Reliquiare zu erklären. Um sie zu lösen, ist es einerseits notwendig, eingehend die Form des Reliquiars selbst zu untersuchen. Andererseits muss in die Geschichte des Quedlinburger Stifts geschaut und möglichst genau jene Situation innerhalb dieser Geschichte rekonstruiert werden, in welcher der Kasten entstanden ist. So kann deutlich werden, dass sich der Heinrichskasten *tatsächlich* der Entwicklung zum Schaureliquiar verweigert, allerdings auf eine Weise und mit einer Zielrichtung, die den Aspekt des

13 Kötzsche (wie Anm. 7), S. 70.

Zeigens durchaus aufnimmt und ihn in ganz eigener Form instrumentalisiert.

I. Proportionen

Es ist bereits gezeigt worden, dass die plumpen und blockhaften Proportionen des *Heinrichskastens* (vgl. Abb. 1, 6) vor dem Hintergrund dessen, was für Reliquiar-Formen als ‚üblich' gelten kann, ungewöhnlich sind. Kastenförmige Reliquiare gibt es seit frühester Zeit; besonders aus dem 11., 12. und 13. Jahrhundert hat sich eine verhältnismäßig große Zahl von ihnen erhalten, so dass ein Vergleich gut möglich ist. Die meisten dieser Reliquiare sind eher niedrig, dafür breit und tief. Sie wirken flach, viele von ihnen – wie das *Katharinenreliquiar* (vgl. Abb. 7, 9) – sind von ihren Proportionen her von einem Tragaltar kaum zu unterscheiden. Dagegen wirkt der *Heinrichskasten* (vgl. Abb. 1) eher hoch und wenig tief, tatsächlich sind seine Schmalseiten – ganz anders als beim *Katharinenreliquiar* (vgl. Abb. 7) – nahezu quadratisch.

Eine eingehende Betrachtung dieser Schmalseiten des *Heinrichskastens* legt den Schluss nahe, dass deren Proportionen offenbar nicht frei gewählt sind, sondern durch die Größe (v. a. die Höhe) der *Elfenbeintäfelchen* vorgegeben wurden, die darauf montiert sind. Die vergoldeten Stanzen, die sie umgeben, bilden optisch den ornamentalen Rahmen um diese unvergleichlich kostbareren Spolien. Die Tatsache, dass die seitlichen Ränder breiter sind als diejenigen oben und unten, findet ebenfalls eine Erklärung, wenn man beobachtet, in welcher Weise die Elfenbeintafeln auf dem *Deckel* angebracht sind (vgl. Abb. 1): Sie geben zugleich die Tiefe des Kastens und die Breite seiner Schmalseiten vor. Die Breite der *Längsseiten* aber, und damit auch die des Deckels und des gesamten Kastens, werden durch die Länge der Walrosszahn-Reliefs mit der Darstellung der Apostel bestimmt.

Das bedeutet: Die eigenartigen, ungewöhnlichen Proportionen des Reliquiars ergaben sich mehr oder weniger zwangsläufig durch die Entscheidung, die Elfenbein- und Walrosszahn-Reliefs an den Wänden und auf dem Deckel anzubringen. Diese Spolien müssen zum Zeitpunkt der Anfertigung des Kastens im frühen 13. Jahrhundert von solchem Wert und ihre Präsentation auf dem Kasten, der auf diese Weise zu ihrem Sockel, ihrem Trägermedium wird,[14] so wichtig gewesen sein, dass formale bzw. künstlerische Kompromisse in Kauf genommen wurden. Poin-

14 Kötzsche (wie Anm. 7), S. 68, 70.

tiert gesagt: Offensichtlich ging es mehr um *ihre* Inszenierung als um die der Reliquien im Innern des Kastens.

II. Montage des Deckels

Ältere Stücke, so genannte Spolien, in neuem Zusammenhang wiederzuverwenden, ist im Mittelalter bekanntlich gängige Praxis. Als „materieller Altersnachweis" hatten sie nicht zuletzt eine „auf Historizität fußende[.] Begründungs- und Beglaubigungsfunktion"[15], die sie in entsprechendem Kontext weit über ihren Wert als Preziose hinaushoben. Auch im Quedlinburger Schatz finden sie sich an mehreren Werken, so u. a. am bereits genannten *Servatiusreliquiar* (vgl. Abb. 4), dessen spätkarolingischer Elfenbeinkasten um 1200 eine Goldmontierung erhielt, die an der Vorderseite des Kästchens u. a. einen dunkelvioletten Amethyst der frühen römischen Kaiserzeit und acht karolingische Goldzellenemails aufnahm.[16] Formal gleicht die Art der Rahmung am *Heinrichskasten* noch mehr dem Deckel des *Samuhel-Evangeliars* (vgl. Abb. 10), ebenfalls in Quedlinburg, der wiederum annähernd der gleichen Zeit und möglicherweise sogar derselben Werkstatt entstammt wie der *Heinrichskasten.*[17] Auch hier wird die zentrale Darstellung – oben: die Gottesmutter Maria als Thron des Christuskinds; darunter die Figuren zweier Bischöfe, wohl der Heiligen Servatius und Dionysius, der beiden wichtigsten Patrone der Stiftskirche[18] – umfangen von einem breiten Rahmen aus Filigran, das so dicht ist, dass es den Grund kaum durchscheinen lässt. Die Wirkung ungewöhnlicher Tiefe, die dieses Filigran erzeugt, wird noch dadurch gesteigert, dass ihm keine Goldplatte als Grund unterlegt ist, der Rezipient also unmittelbar vom dunklen Holz des Buchdeckels gebildet wird. Anders als das Filigran am *Heinrichskasten* ist im Übrigen das des *Samuhel-Evangeliars* regelmäßig gebildet und fast durchgehend mit Granalien verziert.

15 Bruno Reudenbach, Gia Toussaint: Die Wahrnehmung und Deutung von Heiligen. Überlegungen zur Medialität von Reliquiaren. In: Das Mittelalter. Perspektiven mediävistischer Forschung 8 (2003), H. 2, S. 34–40, hier S. 39.

16 Zum spätkarolingischen Elfenbeinkästchen: Michael Peter: Das Elfenbeinkästchen im Schatz der Quedlinburger Stiftskirche, Berlin 1991 (Magisterarbeit, ungedruckt); Peter (wie Anm. 10). Zum römischen Dionysos-Kopf: Antje Krug. In: Kat. Quedlinburger Schatz (wie Anm. 7), S. 58; zu den acht karolingischen Goldzellenemails: Kötzsche (wie Anm. 7), S. 57.

17 Niedersachsen (Quedlinburg), 1225–1230; Dietrich Kötzsche: Samuhel-Evangeliar. Buchdeckel. In: Kat. Quedlinburger Schatz (wie Anm. 7), S. 44–47.

18 Dietrich Kötzsche: Der Buchdeckel des Quedlinburger Evangeliars. In: F. Mütherich, K. Dachs (Hrsg.): Das Samuhel-Evangeliar aus dem Quedlinburger Dom, München 1991, S. 42–50, hier S. 43.

Einen ähnlichen Rahmen wie am Deckel des *Samuhel-Evangeliars* lässt sich an dem bekannten *Tafelreliquiar* im Domschatz zu Halberstadt erkennen (vgl. Abb. 11), wo er sich gleich in mehreren Zonen um das zentrale Feld mit den Reliquien von der Kreuzigung Christi herumzieht.[19] Kötzsche zufolge schließen sich der Buchdeckel des *Samuhel-Evangeliars* und die große Reliquientafel in Halberstadt stilistisch „so eng zusammen, daß an ihrer gemeinsame Herkunft [...] kaum ein Zweifel sein kann".[20] Die *Halberstädter Tafel* muss kurz nach 1225 entstanden sein[21] und geht damit dem *Heinrichskasten* nur um wenige Jahre voraus.

Wie gesagt zeichnet dieses Filigran und die aufwändige Art der Ausstattung, die den *Heinrichskasten* dem *Samuhel-Evangeliar* und dem Tafelreliquiar in Halberstadt vergleichbar machen, nur den *Deckel* und die *Vorderseite* des Kastens aus, während die andere Längsseite und die beiden Schmalseiten wesentlich einfacher gestaltet sind. Noch dazu handelt es sich bei der kostbareren der beiden Längsseiten streng genommen um die Rückseite des Kastens, weil hier der Deckel angeschlagen ist. Diese eigenartige Konstruktion legt es nahe, die beiden ‚repräsentativen' Seiten zusammen zu sehen. Dies wird möglich, wenn der Deckel hochgeklappt wird (vgl. Abb. 12).[22] In diesem Zustand treten Wand und Deckel optisch so übereinander, dass sich eine einheitliche Fläche ergibt, die im Prinzip der *Halberstädter Tafel* nicht unähnlich ist. Die vertikalen Rahmenleisten der Längsseite und des Deckels haben exakt die gleiche Breite und fügen ungeachtet des dahinterliegenden Kastens die beiden Flächen optisch zu einer einheitlichen, allseits gerahmten, leicht hochrechteckigen Tafel von beeindruckender Größe (32,7 x 28,8 cm) zusammen. Dabei vereinigen sich die betonten Mittelachsen beider Flächen zu einer einzigen zentralen Achse, auf der von unten nach oben die Gottesmutter mit dem Christuskind, das Apostelkollegium, die Kreuzigung Christi und Christus in der Parusie übereinander stehen. Von den altehrwürdigen Spolien, als deren Sockel oder ‚Bühne' der Kasten offensichtlich angefertigt wurde, sind auf diese Weise sogar nicht nur zwei, sondern drei zu sehen.

Die heutige, museale Ausstellung in der Schatzkammer der Quedlinburger Stiftskirche präsentiert das Reliquiar als einen etwas unansehnlichen, geschlossenen Kasten mit eigenartig plumpen Proportionen. Es erscheint als ein *Behälter*, dessen primäre Funktion in der Aufnahme und Aufbewahrung eines *Inhalts* bestanden hat. Aus Sicht einer Entwick-

19 Vgl. Christof L. Diedrichs: Imagination(en) des Heiligen. In: Ch. Wulf, J. Zirfas (Hrsg.): Ikonologie des Performativen, Berlin 2005, S. 151–167, bes. S. 154–156, 164–166.

20 Kötzsche (wie Anm. 17), S. 47.

21 Ebenda, S. 48.

22 Auf diese Möglichkeit hat bereits Kötzsche (wie Anm. 7, S. 70) hingewiesen. Er spricht von einer „Art Schauwand", die auf diese Weise entsteht.

lungsgeschichte der Reliquiarformen war hieran unverständlich, dass der Kasten seinen Inhalt dem Blick des Betrachters *entzieht*, statt ihn, wie es seit dem späten 12. Jahrhundert gebräuchlich wird, ostentativ vorzuzeigen. Das Hochklappen des Deckels enthüllt jedoch, dass es sich bei dem so genannten Reliquienkasten Heinrichs I. nicht in erster Linie um einen Behälter zur Aufnahme von etwas handelt, und dass es darüber hinaus sehr wohl um *Zeigen* geht: Ganz offensichtlich waren der Auftraggeberin – es wird eine der Äbtissinnen des Stifts gewesen sein –, wie schon im Zusammenhang der eigenartigen Proportionen des Kastens deutlich wurde, die Spolien, die an den Wänden angebracht sind, so wichtig, dass sie die Oberfläche der ‚Bühne' auf Kosten der Einsehbarkeit des Behälters vergrößern ließ. Es ging ihr darum, einen repräsentativen Ort für die Ausstellung der alten Elfenbein- und Walrosszahn-Reliefs zu schaffen, nicht (nur) um den ‚heiligen Kern in kostbarer Hülle', wie es bei Reliquiaren gewöhnlich der Fall war. Der geschlossene Zustand des Reliquienkastens ist nur sein Ruhezustand. Bei dem Reliquiar handelt es sich eigentlich nicht um eines der von Joseph Braun klassifizierten *kästchenförmigen* Reliquiare, sondern gewissermaßen um ein *Tafelreliquiar in Latenz*.

III. *Ausführung*

Vor dem Hintergrund des eben Gesagten erstaunt umso mehr die offenkundig widersinnige Nachlässigkeit der handwerklichen Ausführung des *Heinrichskastens*, die umso deutlicher wird, je mehr man ihn mit nahe verwandten Werken wie dem *Katharinenreliquiar* in Quedlinburg und dem *Tafelreliquiar* in Halberstadt vergleicht.

Für die Beurteilung der handwerklichen Ausführung des Reliquiars ist allerdings zu berücksichtigen, dass der *Heinrichskasten* zu jenen Werken des Quedlinburger Schatzes zählt, die 1945 von einem amerikanischen Soldaten per Feldpost nach Texas verschickt und erst 1990 in einem Bankschließfach in Dallas wiedergefunden wurden.[23] Das heutige Erscheinungsbild dürfte nicht zuletzt durch dieses ‚Exil' und die unsachgemäße

23 Klaus Maurice: Kunstraub und Rückgabe. In: Kat. Quedlinburger Schatz (wie Anm. 7), S. XV f. Vgl. ders.: Die Rückgewinnung der Handschrift. In: Kat. Samuhel-Evangeliar (wie Anm. 18), S. 9–11; Irene Schmid: Vergleich oder kompromißlose Rückforderung. Der Quedlinburger Schatz als Gegenstand rechtlicher Auseinandersetzungen. In: Kat. Quedlinburger Schatz (wie Anm. 7), S. XVII–XX; Emily Sano, David Kusin (Hrsg.): The Quedlinburg Treasury. Katalog zur Ausstellung im Dallas Museum of Art, Dallas (Texas) 1991.

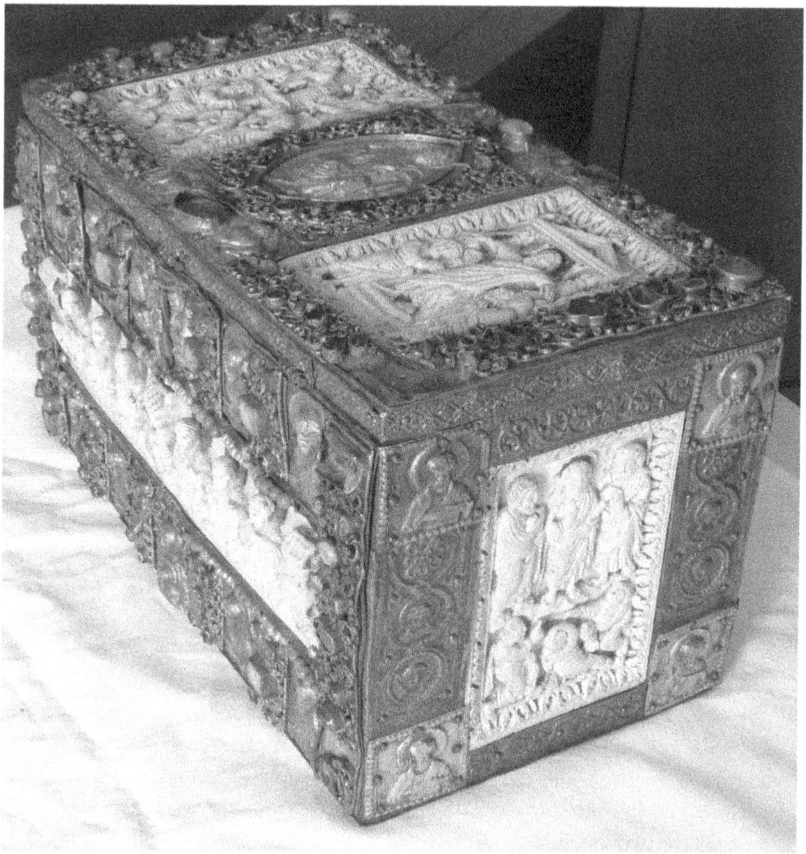

Abb. 1: Sog. Reliquienkasten Heinrichs I. (Quedlinburg, Stiftskirche).

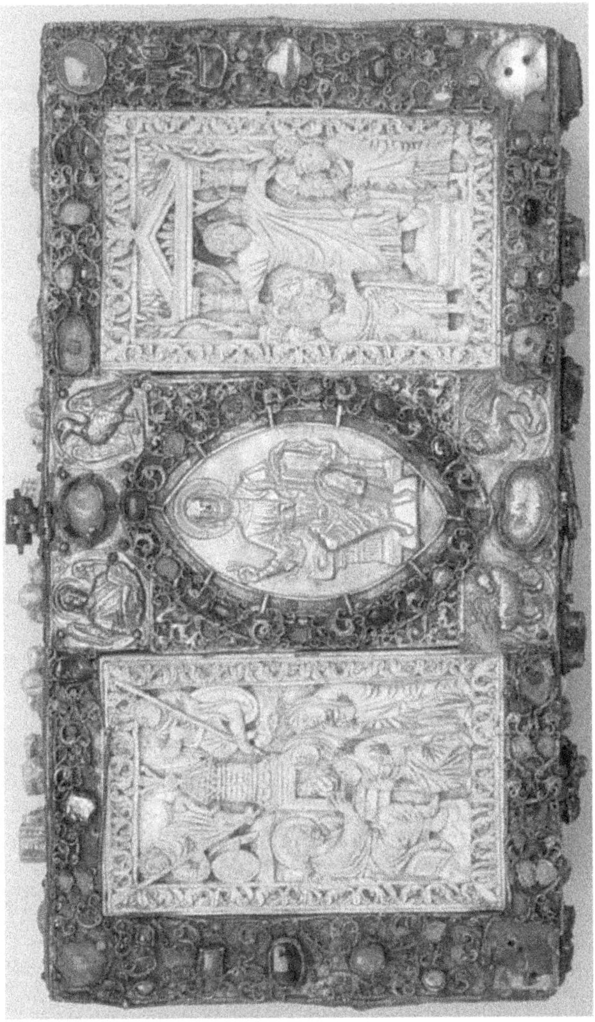

Abb. 2: Reliquienkasten Heinrichs I.: Deckel mit Elfenbein-Reliefs.

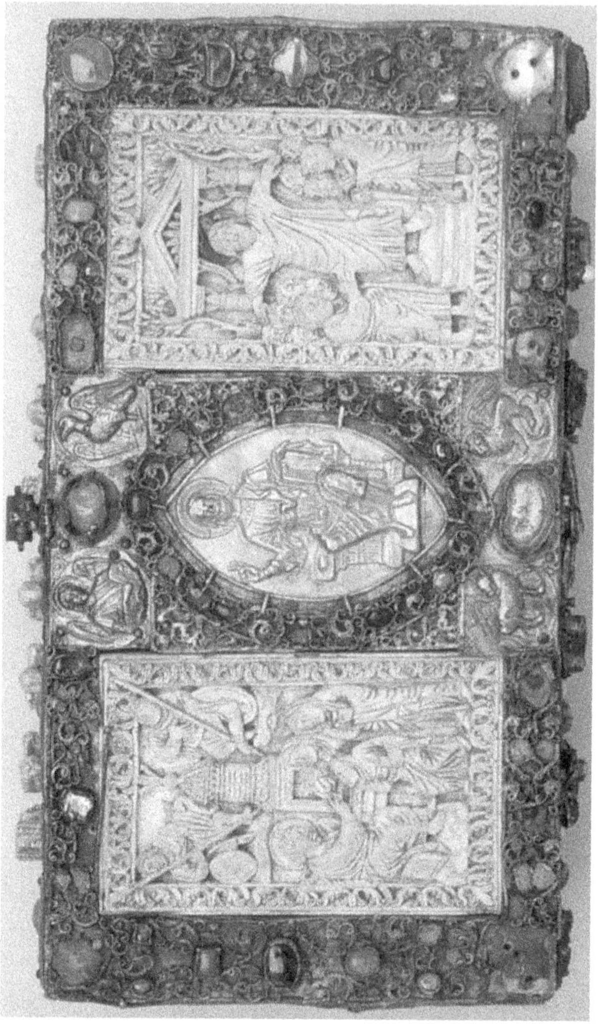

Abb. 3: Reliquienkasten Heinrichs I.: Vordere Schmalseite.

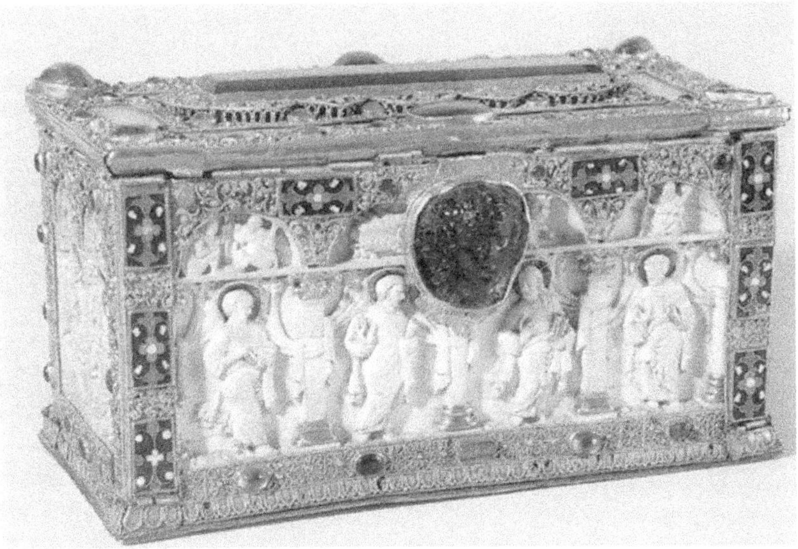

Abb. 4: Servatiusreliquiar (Quedlinburg, Stiftskirche).

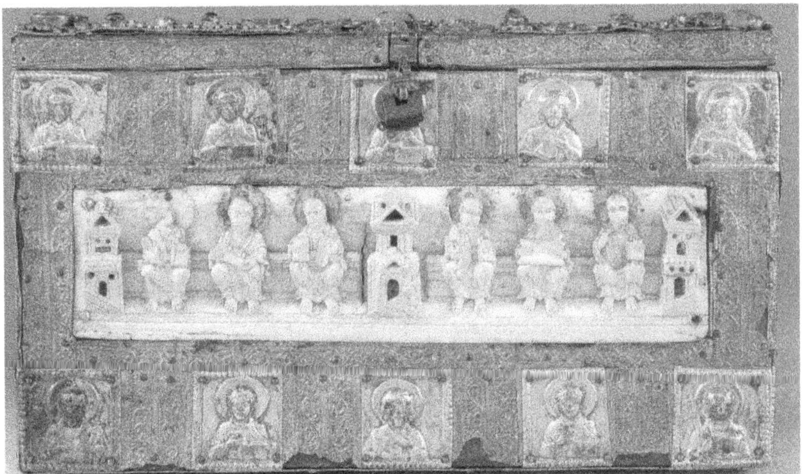

Abb. 5: Reliquienkasten Heinrichs I.: Rückwärtige Schmalseite.

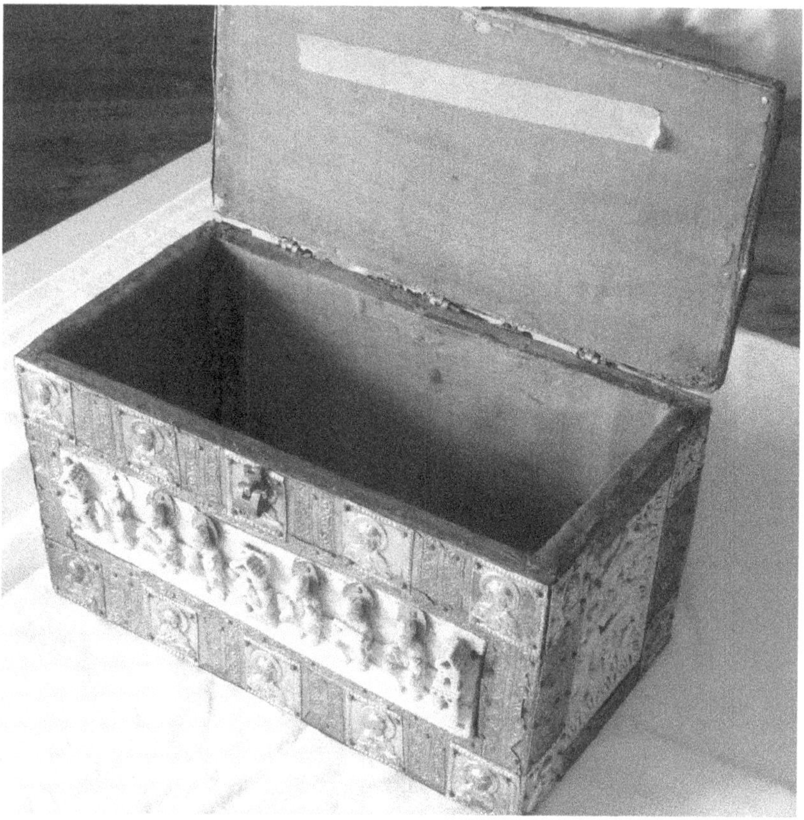

Abb. 6: Reliquienkasten Heinrichs I.: Inneres bei aufgeklapptem Deckel.

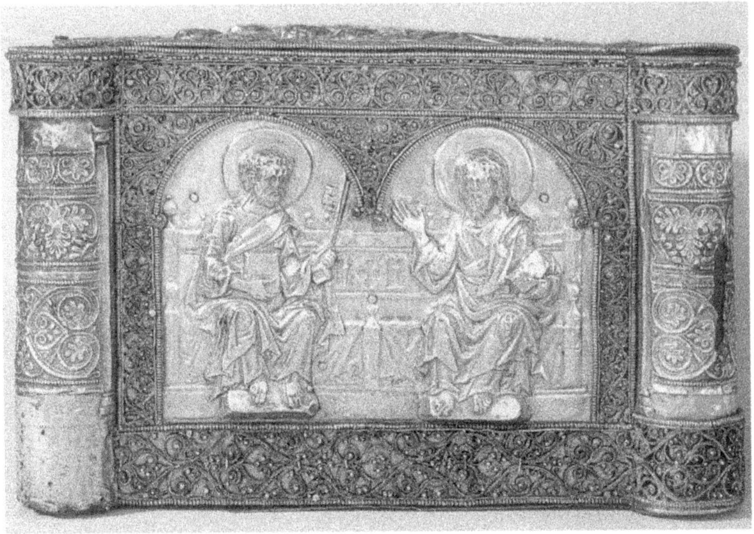

Abb. 7: Sog. Katharinenreliquiar: Schmalseite (Quedlinburg, Stiftskirche).

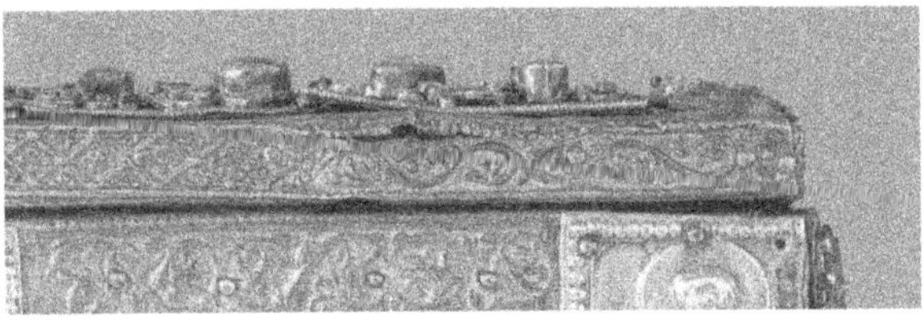

Abb. 8: Reliquienkasten Heinrichs I.: Deckelzarge der linken Schmalseite.

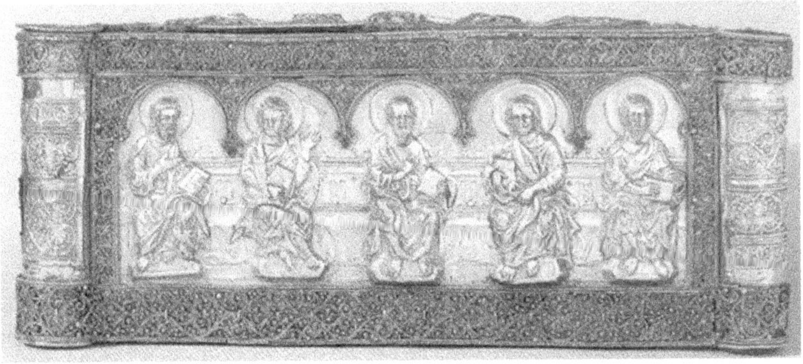

Abb. 9: Katharinenreliquiar: Längsseite.

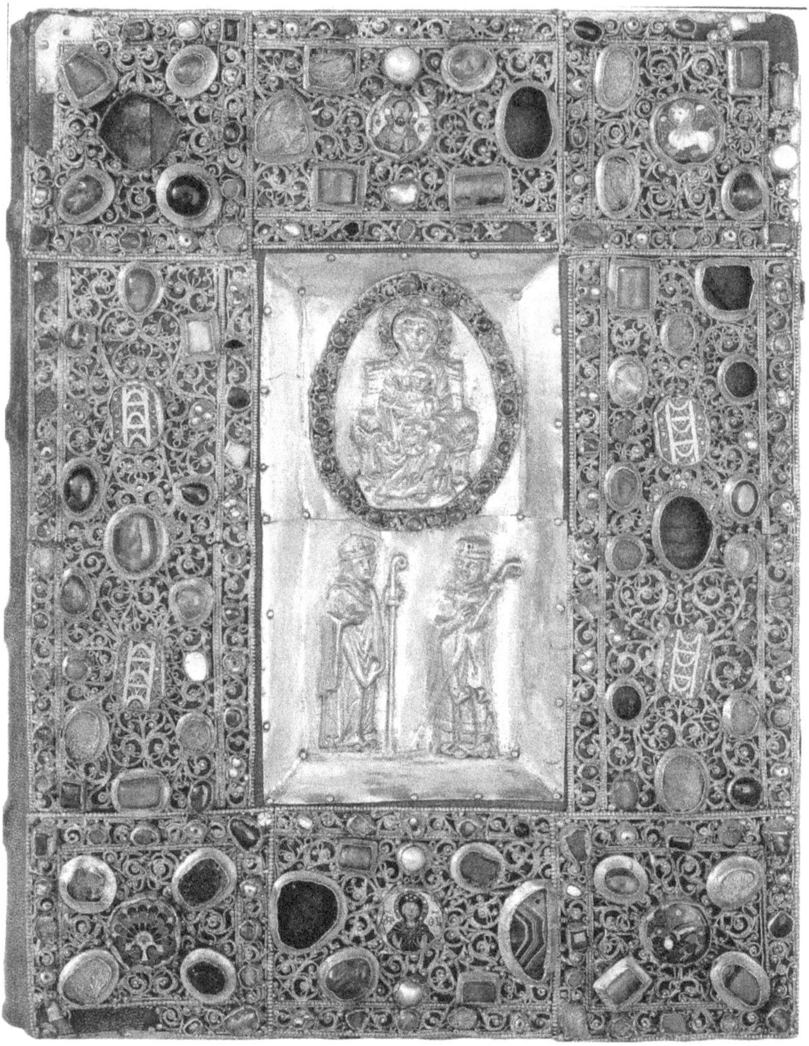

Abb. 10: Samuhel-Evangeliar: Buchdeckel (Quedlinburg, Stiftskirche).

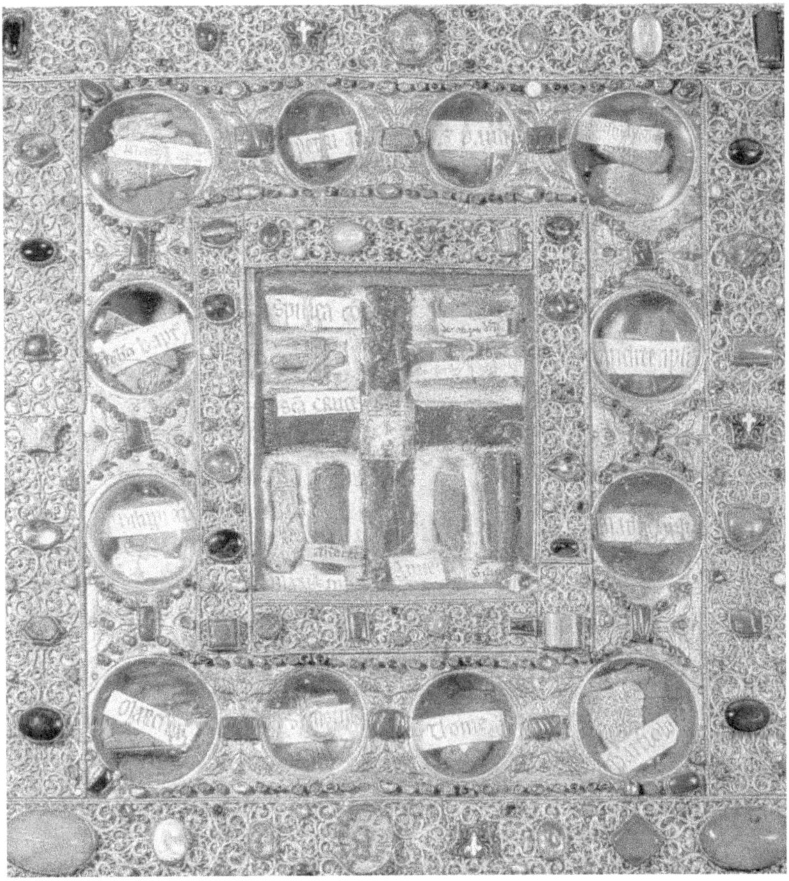

Abb. 11: Tafelreliquiar (Halberstadt, Domschatz).

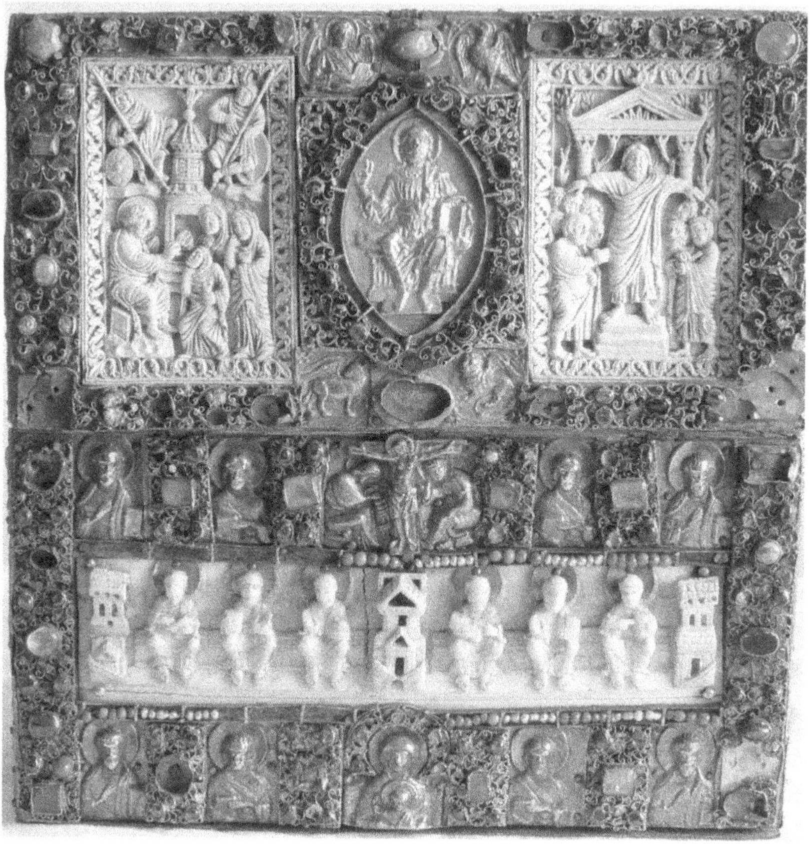

Abb. 12: Reliquienkasten Heinrichs.

Behandlung des Reliquiars geprägt worden sein. Darüber hinaus sind den Beobachtungen der Restauratorin Roswitha Dreysse zufolge die meisten der originalen Silbernägel durch (inzwischen korrodierende) Eisennägel ersetzt, die darauf hindeuten, dass große Teile des Filigrans und der Steinfassungen irgendwann einmal abgenommen worden sind. Das Filigran seinerseits ist zum größten Teil komplett, jedoch an einigen Stellen lose und weist Ergänzungen und Ausbesserungen auf, die sich auffällig vom originalen Filigran unterscheiden.[24] Die Tatsache, dass der Großteil des Perlen- und Korallenschmucks fehlt, kann ebenso auf den Aufenthalt in Amerika zurückgehen, wie dort auch mit Sicherheit einige der Steine entfernt oder ersetzt worden sind.[25] Auch der Seidenstoff im Inneren (vgl. Abb. 6) ist, Frau Dreysse zufolge, eine Ergänzung, allerdings bereits aus alter Zeit.

Jedoch weist, ungetrübt durch die nachträglichen Veränderungen, eine Reihe von Merkmalen darauf hin, dass das Reliquiar schon zur Zeit seiner Anfertigung erhebliche formale Mängel aufwies, die von der Auftraggeberin offensichtlich in Kauf genommen wurden – so wie sie im Blick auf ein ‚höheres' Ziel die plumpen Proportionen und den ‚falsch herum' montierten Deckel in Kauf nahm. Auf das ungewöhnliche gänzliche Fehlen von Granalien habe ich bereits hingewiesen, ebenso darauf, dass das Filigran Dietrich Kötzsche zufolge „auffallend ungeordnet" ist „und in seiner Struktur fast verwildert erscheint".[26] Ebenso habe ich bereits den unerklärlichen Wechsel des Rapports an der Deckel-Zarge der linken Schmalseite (vgl. Abb. 8) wie auch die eigenartig rohe Beschneidung der Stanzen mit den Heiligenbüsten an allen vier Wänden erwähnt

24 Aus einer schriftlichen Mitteilung von Roswitha Dreysse (an C. L. D.): „Das feine, aber ‚nachlässig' angebrachte Filigran (das möglicherweise einmal demontiert und dann wieder aufgebracht worden ist) ist das ältere, originale. Dies ist daran deutlich zu sehen, wie sich aus mehreren nebeneinanderliegenden Filigrandrähten (einem Filigranbündel also) die Ranken entwickeln und so das Filigran immer dünner wird und in einzelnen Drähtchen, die am Ende gerollt sind, ausläuft. An den ergänzten Stellen ist dies nicht so. Es gibt dort keine Filigranbündel, sondern die Drähte sind aneinandergesetzt und dies verhältnismäßig grob – auf diese Weise wurde offenbar versucht, das ursprüngliche Rankenwerk zu imitieren. Ebenso wurde versucht, durch Schnitte oder Feilen den Eindruck eines Perldrahtes zu kopieren, da offenbar kein adäquates Material zur Verfügung stand. Dieser Versuch fiel jedoch sehr viel gröber aus als das Original. Zeitlich sind die Ergänzungen zunächst nicht einzuordnen. Die ältere Art des Filigrans (mit den Rankenbündeln) findet sich ähnlich am Katharinenreliquiar und am Adelheid-Evangeliar – in der Größe modifiziert, also nicht derart fein und zumeist noch mit den originalen Silbernägeln befestigt (Katharinenreliquiar)."

25 2001 wurde durch Christine Engemann-Wendt (Chefrestauratorin Grünes Gewölbe, Dresden), Karoline Danz (Restauratorin, Landesamt für Archäologie und Denkmalpflege, Halle) und Frau Dreysse eine umfangreiche Bestandsdokumentation des Kastens erstellt, die im Archiv der Stiftskirche in Quedlinburg liegt.

26 Kötzsche (wie Anm. 7), S. 70.

(vgl. Abb. 3, 5). Darüber hinaus stammen diese Stanzen wohl aus zwei verschiedenen Serien von Matrizen, aus denen Apostelbüsten geschlagen wurden, und sind ganz offensichtlich ohne Rücksicht darauf verwendet worden, dass sich einzelne Figuren wiederholen. Am auffälligsten ist dies an der Vorderseite, an der die acht Stanzen mit Apostelbüsten aus nur zwei Matrizen zu stammen scheinen. Der Apostel Petrus begegnet außer auf der Vorderseite an jeder der drei Wände einmal.

Insgesamt macht der *Heinrichskasten* im Hinblick auf seine handwerkliche bzw. künstlerische Ausführung den Eindruck, als sei er in großer Eile angefertigt worden. Primäres Ziel war es, eine ‚Schauwand' für die Ausstellung der altehrwürdigen Elfenbein- und Walrosszahn-Spolien zu schaffen. Offensichtlich wurde dabei auf Werkstücke zurückgegriffen, die im Schatz (oder in der Werkstatt des Goldschmieds) vorhanden waren. Sie sollten ohnehin nur den ‚Rahmen' bilden für das, worum es *eigentlich* ging.

Diese Beobachtungen machen die Frage nach der Geschichte des Kastens und der historischen Situation, in der er entstanden ist, dringlich. Was genau sollte die augenscheinlich etwas plakative Aussage des Kastens sein? Und welche historische Situation veranlasste dazu, für diese Aussage so offenkundig handwerklich-künstlerische Kompromisse einzugehen?

IV. Geschichte

Die Geschichte des Quedlinburger Schatzes und seiner einzelnen Stücke ist durch eine Reihe von Quellen dokumentiert. In erster Linie sind dies die Schatzverzeichnisse, die im Lauf der Zeit angefertigt worden sind. Allerdings sind sie zum größten Teil erst nach der Reformation entstanden. Die Zahl der Quellen, die sich aus vorreformatorischer Zeit erhalten haben, ist verhältnismäßig gering.[27]

Die erste Nachricht, die sich mittelbar auf den *Heinrichskasten* beziehen lässt, stammt aus dem ältesten erhaltenen Inventar des Quedlinburger Schatzes, das im 2. Drittel des 11. Jahrhunderts angefertigt wurde[28] und zugleich das einzige erhaltene Inventar aus der Zeit vor der

27 Vgl. Friedrich E. Kettner: Kirchen- und Reformations-Historie des Kayserl. Freyen Weltlichen Stiffts Quedlinburg etc., Quedlinburg 1710, S. 1; Georg Adalbert von Mülverstedt: Ueber den Kirchenschatz des Stifts Quedlinburg. Nebst einigen Nachrichten von den ehemals in den Stifts- und anderen Kirchen der Stadt befindlichen Altären und von einem dort her stammenden Italafragment. In: Zeitschrift des Harz-Vereins für Geschichte und Alterthumskunde 7 (1874), S. 210–263, hier S. 212; Hermann Lorenz: Die Schicksale des Quedlinburger Domschatzes. In: Sachsen und Anhalt 6 (1930), S. 227–250, hier S. 229.

28 H. Hoffmann: Otto-Adelheid-Evangeliar. Handschrift. In: Kat. Quedlinburger Schatz

Reformation ist. Die *tria eburnea scrinia cum reliquis sanctorum*, die darin genannt werden, sind ein Hinweis darauf, dass es im Quedlinburger Schatz im 11. Jahrhundert neben dem bereits erwähnten spätkarolingischen Elfenbein-Kern des *Servatius-Reliquiars* wenigstens zwei weitere Kästchen gab, die überwiegend aus Elfenbein bestanden. Von einem von ihnen könnten jene vier Elfenbeintafeln stammen, die – nun selbst zu ‚reliquienartigen' Spolien geworden – im 13. Jahrhundert in dem neuen Reliquienkasten eine so ungewöhnliche Bühne erhielten.[29]

Erst im fortgeschrittenen 18. Jahrhundert begegnet der ‚Reliquienkasten Heinrichs I.' in den Quellen ausdrücklich unter diesem Namen. In der 1776 erschienenen *Abhandlung von den schäzbaren Alterthümern zu Quedlinburg* von Johann Andreas Wallmann wird er als „Reliquien-Kästlein des Kaiser Heinrichs des Voglers" bezeichnet.[30] Wallmann scheint hierbei auf eine Quedlinburger Lokaltradition zurückgegriffen zu haben, die allerdings bislang nicht genauer zu fassen ist. Sie hat sich aber in den Inventaren des 19. Jahrhunderts durchgesetzt[31] und findet sich entsprechend in der ersten kunsthistorischen Veröffentlichung über den Schatz von Franz Kugler.[32] Indem dieser die vier Elfenbeintafeln stilistisch dem 10. Jahrhundert zuordnet, rechtfertigt er den der Tradition zufolge direkten Bezug zur Person des Königs und vermutet, dass die Tafeln möglicherweise dem Besitz Heinrichs I. entstammen.[33]

Das Reliquiar begegnet jedoch bereits in einem früheren Inventar, allerdings unter anderem Namen. Bekanntlich war es im Mittelalter üb-

(wie Anm. 7), S. 65–68. Andere Datierungen bei Lorenz (wie Anm. 27), S. 229, Bernhard Bischoff: Mittelalterliche Schatzverzeichnisse, Bd. 1. Von der Zeit Karls des Großen bis zur Mitte des 13. Jahrhunderts, München 1967, S. 82; Klaus Voigtländer: Die Stiftskirche St. Servatii zu Quedlinburg. Geschichte ihrer Restaurierung und Ausstattung, Berlin 1989, S. 200, Nr. 443.

29 Auf die Möglichkeit dieses Zusammenhangs hat bereits Kugler hingewiesen; E. Ferdinand Ranke, Franz Kugler: Beschreibung und Geschichte der Schloßkirche zu Quedlinburg und der in ihr vorhandenen Alterthümer, Berlin 1838, S. 138 (weitgehender Wiederabdruck in: Franz Kugler: Kleine Schriften und Studien zur Kunstgeschichte, Bd. 1, Stuttgart 1853, S. 540–639).

30 Johann Andreas Wallmann: Abhandlung von den schäzbaren Alterthümern zu Quedlinburg/ die mit Anekdoten, besonders der kaiserlichen ottonischen Familie, erläutert worden./ Nebst der Geschichte eines bey Quedlinburg ausgegrabenen Einhorns, Quedlinburg 1776, S. 93.

31 So in den Inventaren aus den Jahren 1812 (abgedruckt bei von Mülverstedt [wie Anm. 27], S. 231 f.), 1814 (Pfarrarchiv Quedlinburg) und 1819 (Landeshauptarchiv Sachsen-Anhalt, Magdeburg, Rep. C 43 Quedlinburg Nr. 157) sowie bei Johann Heinrich Fritsch: Geschichte des vormaligen Reichsstifts und der Stadt Quedlinburg, Bd. 2, Quedlinburg 1828, S. 332.

32 Hier allerdings als „der angebliche Reliquienkasten Heinrich's I." bezeichnet; Ranke, Kugler (wie Anm. 29), S. 137–139.

33 Ebenda, S. 138.

lich, ein Reliquiar nach jenem Heiligen zu nennen, dessen Überreste in seinem Innern aufbewahrt wurden. Das ist beim *Dreikönigenschrein* in Köln ebenso wie beim *Karlsschrein* in Aachen und beim *Andreas-Tragaltar* in Trier der Fall. Das Inventar des Quedlinburger Schatzes aus den Jahren 1544/45 verzeichnet ein *Sanct Arnolvus elffeme beinene kestgen met vergulten blechen und stein beschlagen.*[34] Wenn sich dieser Eintrag – was aus verschiedenen Gründen nahe liegt – auf den *Heinrichskasten* bezieht, offenbart er zugleich, dass der so genannte *Heinrichskasten* im 13. Jahrhundert Reliquien des Heiligen Arnulf geborgen hat. Arnulf von Metz († 640), Begründer der karolingischen Herrscherdynastie,[35] dessen Reliquien in der *Basilica Apostolorum* in Metz beigesetzt worden waren,[36] begegnet in den Quedlinburger Annalen bereits bei der Neuweihe der Stiftskirche 1021,[37] allerdings nur als Titelheiliger des südwestlichen Altars. Zudem ist aus der Formulierung des Berichts – *in occidentali parte altare australe in honore* [...] *sancti Arnulfi* – zu schließen, dass zu diesem Zeitpunkt mit Sicherheit keine Reliquien des Hl. Arnulf in Quedlinburg vorhanden waren. Noch im weiteren Verlauf des 11. Jahrhunderts war Arnulf für das Stift in Quedlinburg ohne besondere Bedeutung, wie aus dem Kalendar eines Quedlinburger Antiphonars hervorgeht.[38] Doch in einer Urkunde vom Beginn des 15. Jahrhunderts begegnet Arnulf mit gänzlich neuer Bedeutung wieder. Am 3. August 1418 wird in der Stiftskirche ein Altar *in honorem Sanctorum Philippi et Jacobi et Thome Apostolorum, nec non S. Arnulphi, Conpatroni nostri* konsekriert.[39] Hier wird Arnulf also nicht nur in unmittelbarer Nähe der Apostel genannt, sondern zudem als Mitpatron der Stiftskirche. Irgendwann zwischen dem 11. und dem frühen 15. Jahrhundert also muss er vom nachgeordneten Titelheiligen eines unter-

34 Zitiert nach Lorenz (wie Anm. 27), S. 234; vgl. von Mülverstedt (wie Anm. 27), S. 223. – In den erhaltenen Inventaren ist dies der einzige Eintrag mit dem Namen des Hl. Arnulf; allerdings handelt es sich bei diesem auch um das einzige Inventar, das solche Namen zu einer Zeit mitüberliefert, in der die Reliquien vermutlich noch in den Reliquiaren waren.

35 Vgl. W. Störmer: Art. Arnulfinger. In: LexMA, Bd. 1, Sp. 1021 f.; Wattenbach-Levison: Deutschlands Geschichtsquellen im Mittelalter. Vorzeit und Karolinger, Bd. 6, bearb. v. H. Löwe, Weimar 1990, S. 1021 f.; Th. Zotz: Art. Karolinger. In: LexMA, Bd. 5, Sp. 1008–1014, hier Sp. 1008.

36 Ex Historia S. Arnulfi Mettensis; MGH SS, Bd. 14, S. 531; Vita Sancti Arnulfi; MGH SS rer. Mer., Bd. 2, S. 444; De S. Arnulpho Espiscopo, AA SS Iulii, Bd. 4, S. 423; Bibl. SS., Bd. 2, S. 446; vgl. E. Hlawitschka: Art. Arnulf von Metz. In: LexMA, Bd. 1 (1980), Sp. 1018 f., mit älterer Literatur.

37 Annales Quedlinburgenses, MGH SS, Bd. 3, S. 86–88; vgl. Ernst Schubert: Quedlinburg. Stadt und Stätte deutscher Geschichte. In: Kat. Quedlinburger Schatz (wie Anm. 7), S. 3–19, hier S. 8.

38 Berlin, Staatsbibliothek, Mus. ms. 40047; Edition und fotographische Wiedergabe in: Hartmut Möller: Das Quedlinburger Antiphonar, Bd. 2, 3, Tutzing 1990.

39 Zit. nach Voigtländer (wie Anm. 28), S. 190, hier S. 30 f.

geordneten Altars zu einem der drei Patrone der Stiftskirche aufgestiegen sein. Die Tatsache, dass Reliquien des Hl. Arnulf im frühen 13. Jahrhundert offenbar in einem eigenen Reliquiar geborgen wurden, könnte darauf hindeuten, dass sein Aufstieg schon zu diesem Zeitpunkt weiter fortgeschritten war.[40]

Im später so genannten ‚Reliquienkasten Heinrichs I.' sind also im 13. Jahrhundert Reliquien des Hl. Arnulf von Metz geborgen worden. Der Heilige war zwischen dem frühen 11. und dem Beginn des 15. Jahrhunderts, neben den Heiligen Servatius und Dionysius, zu einem der drei Hauptpatrone der Quedlinburger Stiftskirche avanciert. Entsprechend wird der Kasten im Inventar von 1544/45 mit seinem wohl ursprünglichen Namen ‚Arnulfkasten' genannt. Noch 1610 barg er die Reliquien,[41] könnte aber im Zusammenhang mit Verkaufsplänen 1683/84[42] geöffnet worden sein, jedenfalls begegnen die Reliquien weder bei Kettner (1710), noch bei Wallmann (1776) oder im Inventar des Stiftsädils M. A. Koch vom Oktober 1788.[43] Wahrscheinlich hat man sie gegen Ende des 17. oder im Verlauf des 18. Jahrhunderts dem Kasten entnommen, in dessen weiterem Verlauf aus den Quellen schließlich auch die Tradition fassbar wird, den Kasten mit Heinrich I., dem Vogler, in Verbindung zu bringen.[44]

40 In diesem Zusammenhang sind die Einträge des genannten Kalendars interessant: Das Kalendar, das zwischen 1025 und 1070 in und für das Quedlinburger Stift geschrieben wurde (Möller [wie Anm. 38], Bd. 1, S. 32–34, 187; Bd. 2, S. 330), verzeichnete zunächst den Todestag Arnulfs (18. Juli) ohne jeden liturgischen Zusatz (fol. 3v; ebenda, Bd. 2, S. 342). Da es sich bei dem Quedlinburger Kalendar um ein martyrologisches Kalendar handelt (ebenda, Bd. 2, S. 330), kann dies nur heißen, dass im ottonischen Stift zunächst kein Fest des Hl. Arnulf begangen wurde. Allerdings wurden zu einem späteren Zeitpunkt von anderer Hand hinter dem Namen des Heiligen Initien liturgischer Gesänge nachgetragen, die, da sie u. a. eine Hochfesten vorbehaltene Vesper am Vorabend vermerken, einen stark gestiegenen Rang des Fests belegen. Zwischen den beiden Einträgen, deren zeitlicher Abstand noch nicht genauer bestimmt wurde, muss sich also eine auffällige Umwertung des Fests und damit eine grundlegende Veränderung des Ansehens des Hl. Arnulf in Quedlinburg vollzogen haben.

41 Vgl. Inventar von 1610: *ein helffenbeinen kestlein mit viel dorein geschnitzten Bildern, Korallen, Berlen und edlen Steinen umbher versatzt, doran 16 Steine mangeln; ist nicht eröffnet;* Landeshauptarchiv Sachsen-Anhalt, Magdeburg, Rep. A 21 Propstei Tit. V Nr. 4; abgedruckt bei Voigtländer (wie Anm. 20), S. 195, Nr. 317; zum Inventar vgl. Hans-Joachim Krause: Zur Geschichte von Schatz und Schatzkammer der Stiftskirche St. Servatius in Quedlinburg. In: Kat. Quedlinburger Schatz (wie Anm. 7), S. 20–36, hier S. 28 f.

42 Lorenz (wie Anm. 27), S. 245.

43 Kettner (wie Anm. 27), S. 99 f.; Wallmann (wie Anm. 30), S. 93 f.; Inventar von M. A. Koch: Landeshauptarchiv Sachsen-Anhalt, Magdeburg, Rep. A. 20 Tit. XVI Ba Nr. 3 und Rep. C. 43 Quedlinburg Nr. 157 (Abschrift); vgl. Lorenz (wie Anm. 27), S. 247 f.

44 Wallmann (wie Anm. 30), S. 93.

Bekanntlich erlosch im Zusammenhang der Reformation das Verlangen nach Reliquien.[45] In der Folge rückte in Quedlinburg das Interesse an historischen Persönlichkeiten in den Vordergrund: Aus dem Servatiusreliquiar wurde der ‚Reliquienkasten Ottos I.', aus dem Arnulfreliquiar der ‚Reliquienkasten Heinrichs I.'.

Heinrich I. hatte das Stift Quedlinburg für seine *memoria* bestimmt und sich in der Krypta der Kirche bestatten lassen. Nach dem Ende der Ottonen-Dynastie jedoch verlor es stetig an Bedeutung.[46] Die Wirren des Investiturstreits im 11. und 12. Jahrhundert und ebenso die Streitigkeiten zwischen Staufern und Welfen um den deutschen Thron zu Beginn des 13. Jahrhunderts warfen das hochadelige Stift zwischen den Parteien hin und her.[47] Der Niedergang des Stifts und sein Absinken in die Bedeutungslosigkeit konnte durch die hochgebildete Äbtissin Agnes II. von Meißen (1184–1203) um die Wende zum 13. Jahrhundert zwar kurzfristig unterbrochen, nicht aber aufgehalten werden. In den 30 Jahren nach ihrem Tod nahm der Verfall des Stifts seinen Fortgang, zunächst begünstigt durch die unübersichtlichen politischen Verhältnisse im Thronstreit, nach dem Tod Ottos IV. 1218 aber zunehmend wegen der offenbar extrem eigenwilligen Persönlichkeit der Äbtissin Sophia von Brehna (1203–1226). Im Laufe ihrer Amtszeit machte sie sich den Stiftsvogt, den Bischof von Halberstadt, die Stadt Quedlinburg, die vom Stift abhängigen Klöster und ihren eigenen Konvent zu Gegnern, so dass sie zeitweise Quedlinburg sogar verlassen musste. Als Sophia 1226 das Amt der Äbtissin niederlegte, war das Stift „über ein Jahrzehnt lang […] von schwersten inneren und äußeren Stürmen heimgesucht worden".[48]

Ihre Nachfolgerin im Amt der Äbtissin, Bertradis von Krosigk (1225–1229/30),[49] eine Schwester des bekannten Halberstädter Bischofs Konrad von Krosigk, war als Pröpstin maßgeblich an den Fehden zwischen dem Konvent und Sophia beteiligt gewesen. Sie war bereits 1223, drei Jahre vor dem Rücktritt Sophias, zur Äbtissin gewählt und eingesetzt worden, musste jedoch vor der zurückkehrenden Vorgängerin wieder weichen. Zeitlich gesehen könnte die Anfertigung des Arnulf-

45 Arnold Angenendt: Heilige und Reliquien. Die Geschichte ihres Kultes vom frühen Christentum bis zur Gegenwart, München 1994, S. 236–241.

46 Gerd Althoff: Gandersheim und Quedlinburg. Ottonische Frauenklöster als Herrschafts- und Überlieferungszentren. In: Frühmittelalterliche Studien 25 (1991), S. 123–144, hier S. 135 f.

47 Horst Fuhrmann: Vom einstigen Glanze Quedlinburgs. In: Kat. Samuhel-Evangeliar (wie Anm. 18), S. 13–22, hier S. 17 f.

48 Hans-Erich Weirauch: Die Güterpolitik des Stiftes Quedlinburg im Mittelalter. In: Sachsen und Anhalt 13 (1937), S. 117–181, hier S. 151.

49 Marita Kremer: Die Personal- und Amtsdaten der Äbtissinnen von Quedlinburg, Diss. (unveröffentlicht), Leipzig 1923, S. 39 f; Weirauch (wie Anm. 48), S. 151.

Kastens noch auf ihre Veranlassung hin geschehen sein, so wie es für den Buchdeckel des Samuhel-Evangeliars (1225–1230) wahrscheinlich ist.[50] Ebenso aber könnte der Reliquienkasten von einer der drei Nachfolgerinnen der Bertradis in Auftrag gegeben worden sein, von Kunigunde von Kranichsfeld (1230–1231), Osterlindis von Falkenstein (1231–1233) oder Gertrud von Ampfurt (1233–1270).[51] Mit letzterer nimmt die Zeit der Unruhe und des Verfalls des Stifts ein Ende und es beginnt „die segensreichste und eindrucksvollste [Zeit] der ganzen Quedlinburger Geschichte".[52] Diese weist indessen weit über denjenigen Zeitraum hinaus, in dem das Reliquiar mit den Reliquien des Hl. Arnulf angefertigt worden sein dürfte.

Die etwas plakative Aussage des dem Befund zufolge offenkundig in Eile angefertigten Kastens verweist nicht so sehr auf eine ruhige und ‚segensreiche' Zeit als vielmehr auf eine Zeit der Unruhe, des Streits und der Unsicherheit. Vielleicht lassen sich die Worte, mit denen Dietrich Kötzsche das Filigran als „auffallend ungeordnet und in seiner Struktur fast verwildert" beschreibt,[53] auf jene Situation im Quedlinburger Damenstift übertragen, in der der *Arnulf-Kasten* angefertigt wurde. Sowohl Bertradis I. als auch Kunigunde, Osterlindis und Gertrud von Ampfurt hatten allen Grund, sich selbst, dem Konvent und allen, mit denen sie in Kontakt standen, die *Geschichte* vor Augen zu halten, in der das Stift einmal eine herausragende Rolle gespielt hatte. Es scheint so, als käme für eine solche Strategie ganz besonders Gertrud infrage. Sie ist als umsichtig und energisch bekannt.[54] Beispielsweise scheute sie sich im Ringen um die Unabhängigkeit des Stifts nicht, während der traditionellen Palmsonntagsprozession 1251 dem Bischof von Halberstadt, vorgeblich wegen der Größe seines Gefolges, den Eintritt in die Burg kurzerhand zu verweigern. Als Bischof Meinhard auf seinem Esel mit großem Gefolge in Quedlinburg erschien, fand er das Tor verschlossen und musste unverrichteter Dinge nach Halberstadt zurückkehren.[55] – In ihrer langen Amtszeit verstand es Gertrud, durch geschickte Güterpolitik die labile Position des Stifts zu reorganisieren und zu festigen.[56] Außerdem war sie seit 1222 Kustodin des Stifts und hatte als solche über lange Zeit hinweg

50 Kötzsche (wie Anm. 18), S. 48; Kötzsche (wie Anm. 7), S. 47.

51 Zu Kunigunde: Kremer (wie Anm. 19), S. 41, zu Osterlindis, S. 42, zu Gertrud, S. 43 f., Weirauch (wie Anm. 48), S. 155–167.

52 Weirauch (wie Anm. 48), S. 167.

53 Kötzsche (wie Anm. 7), S. 70.

54 Weirauch (wie Anm. 48), S. 155.

55 Hermann Lorenz: Werdegang von Stift und Stadt Quedlinburg, Quedlinburg 1922, S. 232.

56 Weirauch (wie Anm. 48), S. 161, 166.

die Schatzkammer zu beaufsichtigen.[57] Zweifellos kannte sie sich also aus mit dem, was der Stiftsschatz barg und was darin für eine Neufassung infrage kam.

Wie andere Reliquiare – beispielsweise der *Petrusstab* und der so genannte *Egbertschrein* in Trier, beide visualisierter Machtanspruch des Trierer gegenüber dem Kölner Erzbischof[58] –, entstand auch der *Arnulf-Kasten* in einer Situation, in der divergierende Kräfte versuchten, die Oberhand im Quedlinburger Stift zu erlangen. In dieser verworrenen, unsicheren, ja gefährlichen Situation sah die Äbtissin offensichtlich ihr Heil darin, auf die *Geschichte des Stifts* zu verweisen: Es war der „erste Lieblingssitz eines deutschen Königs" gewesen und hatte sich als Königs- und Kaiserpfalz der Ottonen und Salier zum „Mittelpunkt des Reiches" entwickelt.[59] Nach dem Tod Heinrichs am 2. Juli 936[60] und seiner Beisetzung in der Burgkirche[61] bekam es für seine Nachfolger die Bedeutung einer ‚Osterpfalz', und das Stift wurde zum ottonischen Familienkloster,[62] das überreich mit bedeutenden Schenkungen bedacht wurde.[63]

Wie in Aachen Karl der Große oder im Magdeburger Dom Otto I. Säulen aus Ravenna wiederverwenden ließen, die keine statische, sondern einzig symbolische Funktion hatten,[64] so nutzte am *Arnulf-Kasten* die Quedlinburger Äbtissin Spolien „zum Zeugnis für das Alter eines Anspruchs auf Rang oder Macht", denn sie waren „ein handgreifliches Stück Tradition".[65] Die Elfenbein- und Walrosszahn-Reliefs, die am *Ar-*

57 Kremer (wie Anm. 49), S. 43; Lorenz (wie Anm. 55), S. 98.

58 Hiltrud Westermann-Angerhausen: Spolie und Umfeld in Egberts Trier. In: Zeitschrift für Kunstgeschichte 50 (1987), S. 305–336.

59 Schubert (wie Anm. 37), hier S. 3 f., 8; vgl. Althoff (wie Anm. 46), S. 127.

60 Widukind: Res gestae Saxonicae I,41. In: Quellen zur Geschichte der sächsischen Kaiserzeit. Widukinds Sachsengeschichte, Adalberts Fortsetzung der Chronik Reginos, Liudprands Werke, neu bearb. v. Albert Bauer u. Reinhold Rau, Darmstadt [4]1992, S. 80 f.

61 Vgl. Carl Erdmann: Das Grab Heinrichs I. In: Deutsches Archiv für Geschichte des Mittelalters 4 (1940), S. 76–97.

62 Diese Bedeutung behielt es bis zum Herrschaftsantritt Heinrichs II. 1002. Vgl. Althoff (wie Anm. 46), bes. S. 127–136; vgl. Möller (wie Anm. 38), Bd. 1, S. 40; W. Grosse: Die Gründung und Glanzzeit des Stiftes Quedlinburg unter den Ludolfingern. In: Zeitschrift des Harz-Vereins für Geschichte und Altertumskunde 48 (1915), S. 1–27, bes. S. 16, 20 f.

63 Krause (wie Anm. 41), bes. S. 21 f.

64 Zu Aachen: Günter Bandmann: Mittelalterliche Architektur als Bedeutungsträger, Berlin [8]1985, S. 145, 230; vgl. Matthias Untermann: Der Zentralbau im Mittelalter. Form – Funktion – Verbreitung, Darmstadt 1989, S. 86–110, bes. 101. – Zu Magdeburg: Ernst Schubert: Der Dom Ottos des Großen in Magdeburg. In: Kat. Bernward von Hildesheim (wie Anm. 8), Bd. 2, S. 34–39, hier S. 34 f.

65 Westermann-Angerhausen (wie Anm. 58), S. 306. Zu Spolien als Mittel der Legitimation vgl. Arnold Esch: Spolien. Zur Wiederverwendung antiker Baustücke und Skulpturen im mittelalterlichen Italien. In: Archiv für Kulturgeschichte 51 (1969), S. 1–64, hier S. 50–55.

nulf-Kasten wiederverwendet worden sind, waren nicht ihres ikonographischen Programms wegen von Wert, sondern sie waren es als *Gegenstände*, die die lange und glanzvolle Geschichte des bedrohten Stifts bezeugten. Die Reliquien des Hl. Arnulf, des „Spitzenahn[s]" und Stammvaters der Karolinger,[66] kamen der Äbtissin hierbei in gewisser Weise zu Hilfe, wobei sie vermutlich ihren Teil dazu beitrugen, an Heinrich, den ersten deutschen König, Begründer der Ottonen-Dynastie und des „Heiligen Römischen Reichs" zu erinnern, den Widukind von Corvey († nach 973) in seiner *Sachsengeschichte* als einen Mann beschrieben hatte, „wie ihn die ganze Welt brauchte, der größte und beste unter den Königen".[67]

Offenbar hatte bereits unmittelbar nach Heinrichs Tod die Legendenbildung um seine Person eingesetzt. So berichtet Widukind, er sei „schon in frühem Alter mit jeglicher Tugend begabt" gewesen und habe „von Tag zu Tag zu[genommen] an hervorragender Weisheit und an Ruhm aller guten Taten".[68] Bis zum 16. Jahrhundert, in dem die Legendenbildung ihren Höhepunkt erreichte,[69] war Heinrich zum ‚Stifter' des Quedlinburger Stifts geworden[70] und man bezeichnete ihn selbstverständlich als ‚Kaiser'. Es wurde überliefert, er habe die Harzvölker bekriegt und unterworfen, zahlreiche Kirchen erbaut und in Quedlinburg seine Tochter Mathilde als Äbtissin eingesetzt.[71] Bis heute gibt es eine Reihe von Werken im Quedlinburger Schatz, die auf Heinrich bezogen werden, so der so genannte Kamm Heinrichs I.[72] Der *Servatiusstab* und ein vielleicht ägyptisches Textilband in Form einer Stola galten vermutlich schon früh als Teile jener Reliquien, die Heinrich aus Maastricht erhalten hatte.[73] Darüber hinaus berichtet ein Schatzverzeichnis von 1610 von einem Kreuz, das *keyser Heinrich Auceps am Halse getragen haben soll.*[74]

66 Arnold Angenendt: Das Frühmittelalter. Die abendländische Christenheit von 400 bis 900, Stuttgart u. a. 1990, S. 218; vgl. S. 260 f.

67 Widukind: Res gestae Saxonicae I,17 (wie Anm. 60), S. 45.

68 Ebenda.

69 Carl Erdmann: Beiträge zur Geschichte Heinrichs I. In: Sachsen und Anhalt 16 (1940), S. 77–107 (I–III), 17 (1941), S. 14–61 (IV–VI), hier II, S. 90–98.

70 Diese Ansicht wurde jahrhundertelang vertreten; vgl. z. B. Kettner (wie Anm. 27), S. 7; Fritsch (wie Anm. 31), Bd. 1, S. 3, 5; von Mülverstedt (wie Anm. 27), S. 211.

71 Keine dieser legendarischen Überlieferungen entspricht den wirklichen Geschehnissen; Erdmann (wie Anm. 69), II, S. 91 f.; die legendären Aussagen über Heinrich nach einem Gedicht aus dem Umkreis Johann Winnigstedts († 1569) sind überliefert in dessen Quedlinburger Chronik, abgedruckt bei Kettner (wie Anm. 27), S. 289 f.

72 Dietrich Kötzsche: Sog. Kamm Heinrichs I. In: Kat. Quedlinburger Schatz (wie Anm. 7), S. 42–44.

73 Jocundi Translatio S. Servatii, MGH SS, Bd. 12, S. 100; vgl. Voigtländer (wie Anm. 28), S. 171. – Zum Servatiusstab: Dietrich Kötzsche, Regula Schorta: Servatiusstab, sog. Äbtissinnenstab. In: Kat. Quedlinburger Schatz (wie Anm. 7), S. 59 f., zur Stola: Regula Schorta. In: Kat. Quedlinburger Schatz (wie Anm. 7), S. 60–62.

74 Zitiert nach Lorenz (wie Anm. 27), S. 245. Es handelt sich um ein Reliquienkreuz-

Offenbar glaubte man, dass auch die Elfenbein- und Walrosszahn-Reliefs am *Arnulf-Kasten* aus seinem Besitz stammten.[75] In diesem Sinn wären sie ‚reliquienähnliche' Gegenstände oder „Spolien-Reliquien"[76] gewesen, die auf die hochverehrte Persönlichkeit und die mit ihr zusammenhängende große Tradition des Stifts verwiesen.

Allerdings musste dieser Verweis augenscheinlich in aller Eile und unmissverständlich bis zur Plakativität erfolgen. Und seine Botschaft lautete: „Finger weg vom Damenstift!" Primäres Ziel dieses (Versuchs eines) Handstreichs war die Sicherung der ungeklärten Machtverhältnisse des Stifts durch eine Demonstration seiner alten Verbindung zum Herrschertum.[77] Die formalen Kompromisse, die aus Zeitnot einzugehen waren, nahm man in Kauf, wenn nur das Hauptanliegen, die Geschichte heraufzubeschwören, erfüllt würde. Dass in dem Kasten *nicht*, wie es der ‚Zeitgeist' vorgegeben hätte, die Reliquien unmittelbar sichtbar gemacht wurden – wie dies etwa am *Halberstädter Tafelreliquiar* geschieht –, war dabei gewiss ein ‚altertümelnder' Zug. Aber er kam dem Anliegen der Äbtissin entgegen. Das Reliquiar sollte ja an das Alter des Stifts erinnern, die Tradition anrufen und damit das Anliegen unterstützen, das hinter der gesamten Konzeption des Kastens lag. Dem entsprach eine Form, die eben nicht der ‚neusten Mode' entsprach.

Der *Arnulf-Kasten* fällt also *tatsächlich* aus der eingangs beschriebenen ‚Entwicklungsgeschichte' der Reliquiare heraus. Aber er tut es nicht zufällig oder aus Unkenntnis, sondern infolge einer bewussten Entscheidung. Wie ich zu zeigen versucht habe, gibt es gute Gründe, dass es sich *nicht* einreiht, ja sich der aktuellen, ‚fortschrittlichen' Entwicklung hin zum Schaureliquiar sogar ganz ausdrücklich verweigert. Dass die *Not* diese Entscheidung maßgeblich beeinflusst hat, heißt ja nicht, dass es sich bei der gewählten Form nicht um das Ergebnis einer *Wahl* gehandelt hätte.

chen, das seit 1945 verschollen ist; Dietrich Kötzsche: Reliquienkreuz. In: Kat. Quedlinburger Schatz (wie Anm. 7), S. 124 (mit älterer Literatur). – Über diese Stücke hinaus dürfte es noch weitere gegeben haben, die auf Heinrich I. zurückgeführt wurden, die aber nur noch aus Quellen erschließbar sind.

75 Vgl. Fritsch (wie Anm. 31), Bd. 1, S. 332.

76 Arne Effenberger: Byzantinische Kunstwerke im Besitz deutscher Kaiser, Bischöfe und Klöster im Zeitalter der Ottonen. In: Kat. Bernward von Hildesheim (wie Anm. 8), Bd. 1, S. 145–159, hier S. 155.

77 Zum Selbstverständnis von Äbtissin und Konvent in ottonischer Zeit vgl. Althoff (wie Anm. 46), bes. S. 143 f.

Jörn Münkner

Himmlische Lichtspiele in frühneuzeitlichen Einblattdrucken

Zum Licht als Bild und Bedeutungsträger in Religion, Philosophie und Technik, zum Licht als Schöpfungsprinzip *lux* und als Wort Gottes, das Christus in die Welt gebracht hat, zum Licht als Medium der Offenbarung und zum Licht als *lumen spiritualis*, das den *mundus intelligibilis* erleuchtet; ferner zum Licht der Wahrheit, zum Licht des Bekenntnisses und Verständnisses, zum Licht, das als *lumen naturalis* Teil hat am *mundus sensibilis* und den Dingen zur Sichtbarkeit verhilft, ebenso wie zum Abblendlicht, zum Nicht-Licht oder zur „blendenden Überfülle“,[1] die Umnachtung und Unverständnis bedingen; schließlich zum Licht, mit dem sich die Renaissance vom vermeintlich finsteren Mittelalter abhebt: Zum Licht als universellem Ausdrucks- und Darstellungsmittel ist viel gearbeitet worden.[2] In diesem Beitrag möchte ich in einem ersten Teil (I.) Flugblätter und Titelkupfer vorstellen, die unterschiedliche Verwendungszusammenhänge von Licht präsentieren: symbolische, naturphänomenale und technisch-instrumentelle.[3] Die tour d'horizon soll einen kaleidoskopischen Überblick geben, wie Licht als Er- und Beleuchtung, Verdunklung und Schattenwurf, als Offenbarungsstrahlung und Nimbus oder in

1 Hans Blumenberg: Licht als Metapher der Wahrheit. In: A. Haverkamp (Hrsg.): Hans Blumenberg. Ästhetische und metaphorologische Schriften, Frankfurt a. M. 2001, S. 139–171, hier S. 140.

2 Stellvertretend der Band von Lorenz Engell, Bernhard Siegert, Joseph Vogl (Hrsg.): Licht und Leitung, Weimar 2002; darin der Beitrag von Martin Treml: Schöpfungslicht, Erscheinungsfeuer, Gerichtsbrand. Zum Licht als Medium der Offenbarung in Judentum und Christentum, S. 13–30.

3 Die Druckgraphik bildet eine bedeutende Gruppe innerhalb der frühneuzeitlichen Bildpublizistik, wobei hier der Zeitraum von ca. 1520–1685 interessiert. In der Forschung haben sich Flugblätter und andere Einblattdrucke für disziplinäre wie interdisziplinäre Zugriffe als ergiebige Erkenntnisquelle erwiesen. Sie waren Gegenstand von Befragungen zu historischen Ereignissen, zur Wahrnehmungs- und Motivgeschichte sowie zur kommunikativen Leistung der jungen Druckkultur. In den letzten Jahren ziehen die Inszenierungsleistungen, medientechnischen Konkretionen und das kulturtechnische Potenzial, d. h. das Wechselverhältnis von künstlerisch-symbolischer und technischer Konstitution, von einblättrigen Druckmedien verstärkt die Aufmerksamkeit auf sich. Zum Flugblatt vgl. Michael Schilling: Bildpublizistik der frühen Neuzeit. Aufgaben und Leistungen des illustrierten Flugblatts bis um 1700, Tübingen 1990.

optischen Geräten (sinnstiftend) in Erscheinung tritt. Im zweiten Teil (II.) stehen fünf Blätter aus dem Zeitraum von 1554–1615 im Mittelpunkt, die ‚himmlische Lichtspiele' zeigen. Gemeint sind lichtintensive Erscheinungen in der Troposphäre, die gemäß der dominanten Auslegung der Zeit als von Gottes Leuchtkraft hervorgebrachte ‚Gesichte' und Zeichen gelesen und interpretiert wurden. Das prodigiöse Leuchten besitzt danach prognostische Funktion, wobei die Mitteilung zumeist als bedrohlich wahrgenommen wird. Zwei Exemplare sind von besonderem Interesse, weil sie die Tendenz erkennbar werden lassen, dass veränderte Lesarten und Darstellungsmodi die vormals fest im christlichen Weltbild verankerte Wahrnehmung und Präsentation derartig ‚denkwürdiger', himmlischer Naturereignisse destabilisieren. Dabei wird zugleich deutlich, inwieweit sich dieser Umbruch nicht als spontane und trennscharfe Ablösung der herkömmlichen durch eine kritischere Deutungs- und Mitteilungspraxis vollzieht, sondern als allmählicher Wandlungsprozess. Diesen kennzeichnet eine Gleichzeitigkeit des Ungleichzeitigen, d. h. die wechselseitige Überlagerung von vertrauter und neuer Sinnzuschreibung. Den Abschluss (III.) bilden zwei Blätter, die das im 17. Jahrhundert facettenreiche Nebeneinander von – aus wahrnehmungsgeschichtlicher Sicht – wundersam-unerklärlichen wie physikalisch-natürlichen Phänomenen der Welt auf andere Art (noch einmal) exemplifizieren.

I.

Es brennen in Flugblättern und Titelkupfern Kerzen und Fackeln, Lampen sind entzündet, durch Wolkenbänke offenbart sich Gottes Herrlichkeit, Heiligenscheine illuminieren herausragende Figuren, dunkel kontrastiert mit hell, es wetterleuchten und brillieren die Himmel, und es bündeln Brenngläser das sichtbare elektromagnetische Spektrum. In zahlreichen Blättern ist das Wirken des Heiligen Geistes dergestalt in Szene gesetzt, dass die Graphik von der in einem Wolkenloch erscheinenden Dreifaltigkeit mit Gottvater und Christus beherrscht wird und die von einem Strahlenkranz umgebene Geisttaube in einer sich zur Erde hin ausdehnenden Himmelsöffnung schwebt.[4] In dem Exemplar *Geistlicher*

4 Ein gutes Beispiel ist das Exemplar *Geistliche Erklärung dero Figuren vnd Namen* (1608, Köln). In: Deutsche illustrierte Flugblätter des 16. und 17. Jahrhunderts, Bd. III, Kommentierte Ausgabe (fortan zit.: KA), Teil 3: Theologica. Quodlibetica. Bibliographie. Personen- u. Sachregister (Die Sammlung der Herzog August Bibliothek in Wolfenbüttel), hrsg. v. Wolfgang Harms, Michael Schilling, zus. m. Albrecht Juergens, Waltraud Timmermann, Tübingen 1989, S. 81. Im Folgenden sind bis auf die Nummern 7 und 13 alle gezeigten Blätter der Editionsserie *Deutsche illustrierte Flugblätter des*

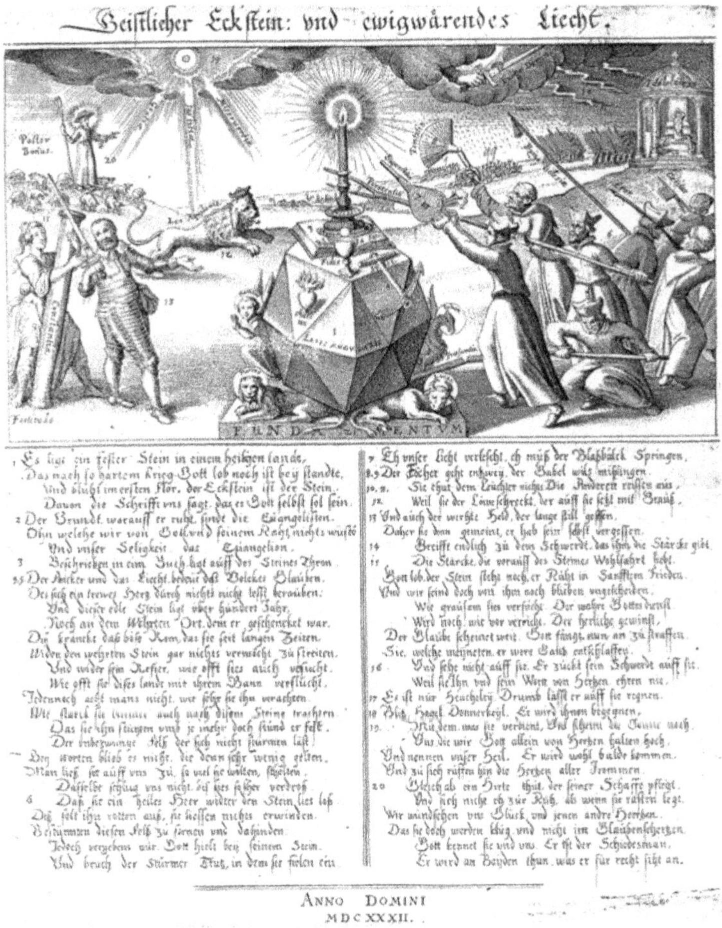

Abb. 1

Eckstein: vnd ewigwaerendes Liecht von 1632 (vgl. Abb. 1) ist dieser Topos zwar modifiziert, und es thronen hier Gottvater und Sohn als personifizierte Figuren nicht über den Wolken. Dafür durchbricht aber das göttliche Sonnenlicht mit den Hauptstrahlen „Gratia, Gnade", „Justitia, Gerechtigkeit" und „Misericordia, Barmherzigkeit" den Wolkenhimmel. Diese Lichterscheinung korrespondiert mit dem zentral vorne im Bild platzierten Kerzenleuchter. Dessen Flamme steht für die Wahrheit und

16. und 17. Jahrhunderts entnommen. Dort findet sich zu jedem Blatt auch ein Kommentar, auf den ich rekurriere (vgl. Abbildungsverzeichnis).

Unverletzlichkeit des protestantischen Glaubens, konkret bekundet sie auf diesem Blatt die seit mehr als 100 Jahren anhaltende Gültigkeit der Augsburger Konfession. Die Komposition wird ergänzt durch den guten Hirten mit gestricheltem Nimbus, der links im Hintergrund auf einer Anhöhe seine Schafe hütet und durch einen Sendegestus Gustav Adolf von Schweden, den protestantischen „Leo Aquilonis", in den interkonfessionellen Kampf schickt; ferner in der rechten oberen Bildhälfte durch eine dunkle Gewitterfront mit Hagel, Blitz und Donner, aus der heraus die Hand Gottes das Richterschwert gegen die (katholischen) Feinde erhebt, deren Herrschaaren gerade vor den (protestantischen) Gegenkräften fliehen. Während im Vordergrund die katholische Geistlichkeit aufgeregt bemüht ist, die das Augsburger Glaubensbekenntnis symbolisierende Kerze mit brachialen Mitteln auszulöschen, kündet die aufrechte Flamme von der ausdauernden Kraft von Gottes Wort. Mit dem ikonographischen Motiv des (Kerzen-)Lichtes, das die katholischen Gegner vergebens zu löschen trachten, steht das Blatt in einer lutherischen Bildtradition.[5] So rückt ein früheres Blatt von 1545 in vergleichbarer Weise die katholische Geistlichkeit in ‚schlechtes' Licht. Dem ‚guten' Licht der Protestanten stellt dort eine Federzeichnung mit dem handschriftlichen Incipit „Ein helles liecht ist Gottes wortt" die dämonisierten Kräfte des konfessionellen Gegners mithilfe einer steten Kerzenflamme gegenüber. In einem Kreis grotesker Figuren, die durch ihre Kopfbedeckung als katholisch und durch weitere Attribute als infernalisch gekennzeichnet sind, steht gut geschützt ein „helles liecht", das, so die Umschrift, „Gottes wortt" ist. Es verbreite sich Tag für Tag, und dies tue „dem Teuffel weh so sehr, Das er erweckt ein gantzes hehr, Ja auch die fursten in der welt, Die er in seinem finstern helt, Die werffen zu mit DRECK vnd STEIN, Zutilgen Dießes liechtes Schein."[6] In der *Abbildung der Sieben Heiligen Sacramenten* (vgl. Abb. 2) aus der zweiten Hälfte des 17. Jahrhunderts halten zwei Engel eine barocke Monstranz, deren in ihrer Heiligkeit hell strahlende, konsekrierte Hostie vom Abendmahl kündet. Die Eucharistie wird durch die Gestaltung und das kompositorische Arrangement als bedeutendstes der sieben Sakramente herausgehoben, während die sechs anderen in kleinen, Medaillons, ihrer Reihenfolge entsprechend,

5 Der frühe Protestantismus vermochte die positiven Konnotationen des Lichtes als Wahrheit und Gottes Zuspruch geschickt auf sich zu projizieren; vgl. Michael Schilling: Kommentar zum Blatt, S. 254.

6 Das Blatt ebenfalls in: Deutsche illustrierte Flugblätter des 16. und 17. Jahrhunderts. Bd. II, KA, Teil 2: Historica (Die Sammlung der Herzog August Bibliothek in Wolfenbüttel), hrsg. v. Wolfgang Harms, zus. m. Michael Schilling, Andreas Wang, Tübingen 1997, S. 7.

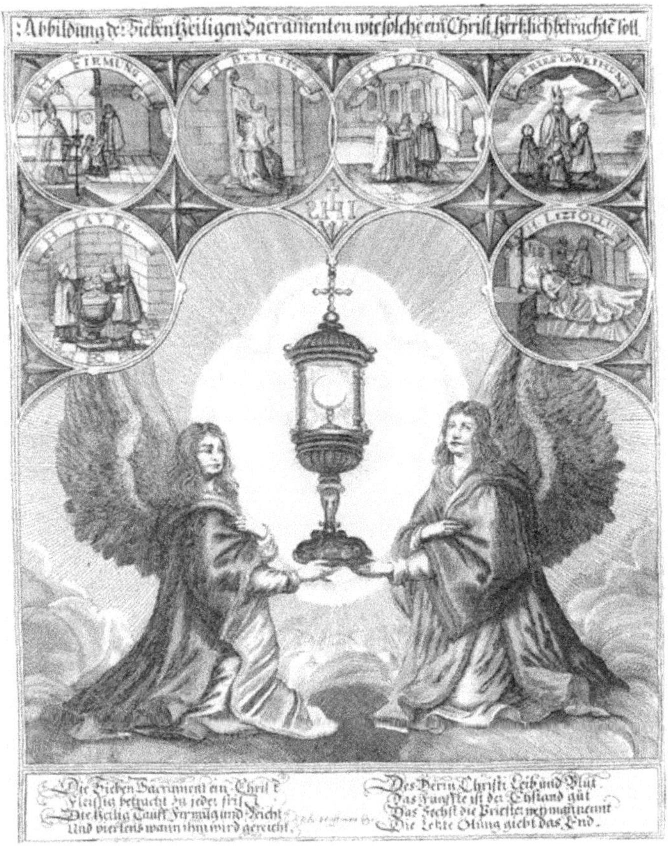

Abb. 2

im oberen Teil der Darstellung aneinandergefügt sind. Auf einem Kupferstich von 1632/33 mit dem Titel *IN REGEM NON MORTUUM* (vgl. Abb. 3) ist der gefallene schwedische König, Gustav Adolf, zu sehen, der auf einem Paradebett unter einem Baldachin aufgebahrt liegt. Inschriften stellen ihn als über den Tod hinaus siegreich heraus, unter anderem apostrophieren ihn umlaufende Wortzusätze im über seinem Leichnam platzierten Medaillon, deren Anfangsbuchstaben mit den schwarz hervorgehobenen Initialen des toten Herrschers korrespondieren, als „SERVATOR RELIGIONIS ASYLUM GERMANIAE, Retter der Religion und Deutschlands zugleich". Indem zwei Engel die Vorhänge vor dem ansonsten verdunkelten Aufbahrungsraum emporheben, diesen dadurch für den Blick des Betrachters öffnen, wird hell gegen dunkel, licht gegen schattig kontrastiert.

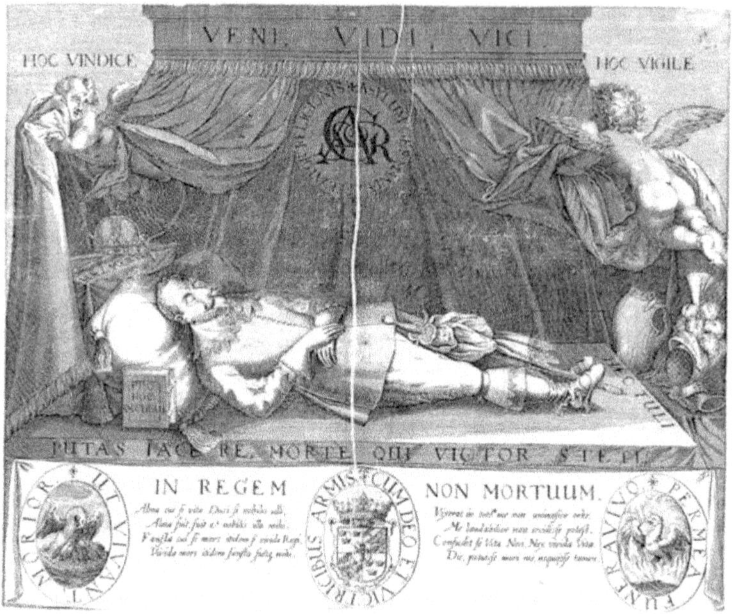
VENI, VIDI, VICI
HOC VINDICE
HOC VIGILE
PUTAS IACERE, MORTE QUI VICTOR STETI
IN REGEM
NON MORTUUM.

Abb. 3

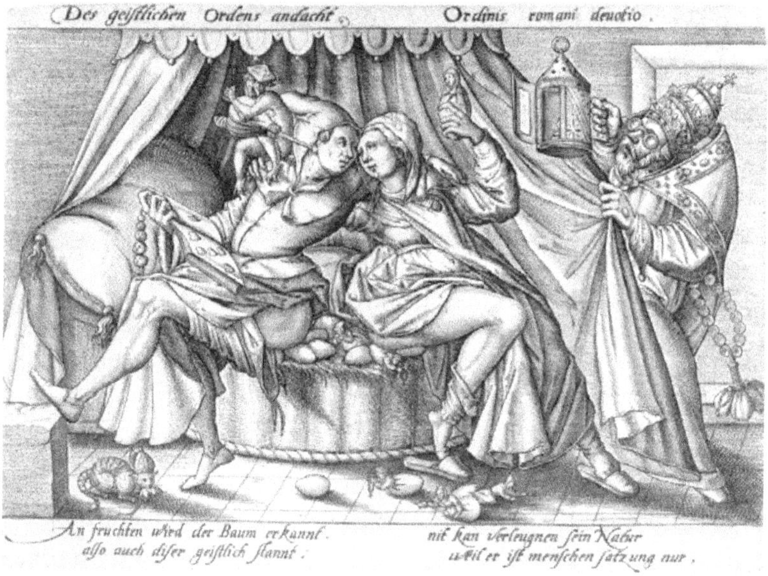
Des geistlichen Ordens andacht
Ordinis romani deuotio.
An fruchten wird der Baum erkannt.
also auch diser geistlich stannt:
nit kan verleugnen sein Natur
weil er ist menschen satzung nur,

Abb. 4

Das einfallende Außenlicht erhellt zwar die Todesstatt insgesamt, illuminiert indessen besonders den Herrscher, der durch die Lumineszenz seines regalen Körpers geradezu selbst zu leuchten scheint. Es finden des Weiteren auch Kerzen als reale Lichtspender dramaturgische Verwendung. Entsprechend bedient sich auf einem Blatt aus dem letzten Viertel des 16. Jahrhunderts (vgl. Abb. 4) der Papst eines Leuchters, um seine kirchlichen Mitarbeiter heimlich bei „des geistlichen Ordens Andacht" zu beobachten. Trotz Brille und trotz des Lichtscheins, den die Kerze auf das Stelldichein von Mönch und Nonne wirft, insinuiert die Darstellung die Uneinsichtigkeit des Papstes. Die unzulässigen, von Natur her durchaus verständlichen Zustände menschlicher Zweisamkeit und Intimität innerhalb der monastischen Lebenswelt sind außer Kontrolle. Nicht nur Bischof und Jesuit sind korrumpiert, das enge Miteinander der Ordensleute hat bereits klösterlichen Nachwuchs hervorgebracht, der dabei ist, aus zahlreichen Eiern zu schlüpfen. Zudem fesselt eher das Kartenspiel als der Dienst an Gott die Aufmerksamkeit des Mönches. Neben prominenten Inszenierungen von Licht und seinen Quellen können auch optische Instrumente wie Brille oder Fernrohr den Sinnbildstatus von Licht markieren. In der *Erclärung Vber den 82. Psalm* (vgl. Abb. 5) beklagt der Autor vor der Folie des biblischen Textes den politischen Zustand Deutschlands um 1649.[7] Zur Linken und Rechten einer übergroßen Brille befinden sich insgesamt sechs Kerzen. Das linke Brillenglas ist verhängt und verdunkelt, die zugehörigen drei Kerzen sind nicht entzündet; die drei rechten Kerzen neben einer unverhängten, durchsichtigen Glasfassung hingegen brennen. Das Blatt wendet sich gegen „die vngerechte[n] geitzige[n] Richter in Teutschland", weil sie „den hellen Schein vnd das Liecht deß Evangely […] mutwillig verachtet" haben, weshalb sie und das durch sie schlecht vertretene, ganze Land nunmehr mit „finstere[n] Augen vnd [in] dunckele[n] zeiten" leben. Während der überdimensionale „Brill des Gesetzes" die Autorität der biblischen Gesetzgebung symbolisiert, kann die Gegenüberstellung von dunkel und hell im christlich-theologischen Kontext grundsätzlich das typologische Verhältnis von Altem und Neuem Testament bedeuten. So gesehen würde links die christliche Vorgeschichte mit der Übergabe der Gesetze an das Volk Israel im Dunkeln harren, ihre Einlösung und Überbietung, gleichsam aus dem Schatten der Vergangenheit heraus, in die Jetzt-Zeit und das Licht der christlichen Gnade treten.

7 Das Exemplar ist auf 1668 datiert. Es handelt sich dabei jedoch um die identische Neuauflage eines Blattes von 1649. Auch 20 Jahre nach Ende des 30-jährigen Krieges und den Friedensverhandlungen scheinen die politischen und gesellschaftlichen Umstände der Kriegswirren und der unmittelbaren Nachkriegszeit unverändert beklagenswert.

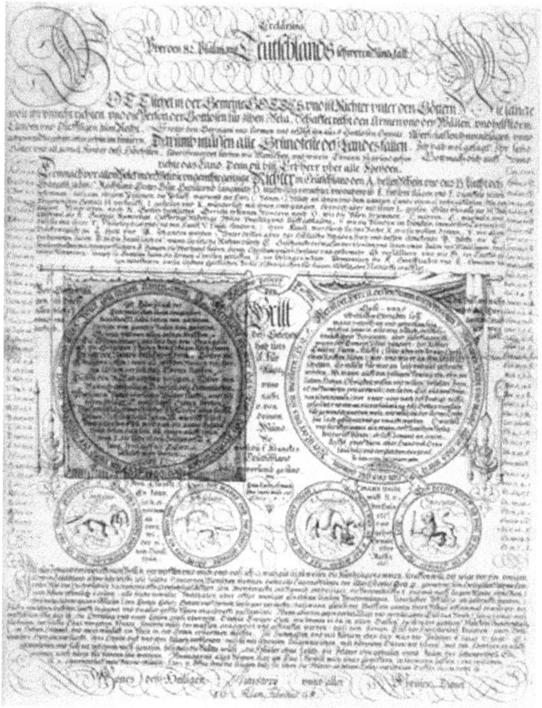

Abb. 5

In dem vorliegenden Blatt versinnbildlichen die Zustände verhängt/dunkel auf der einen Seite, transparent/licht auf der anderen im Zusammenspiel mit den Kerzen hingegen eine antithetische Spannung zwischen den Gesetzesvorschriften und deren Einlösung. Im erleuchteten Zustand manifestiert sich nicht die Erfüllung der Gesetze, sondern ihre Pervertierung. Die Gottlosen, Überheblichen und Mächtigen, so der Text, würden die alttestamentarischen Vorschriften willkürlich auslegen und umdeuten. Statt Gott gegenüber gehorsam zu sein, strafen sie die Armen wegen geringer Vergehen hart und bringen sie durch eigennützige Forderungen in Konflikt mit den göttlichen Geboten. In den beiden kleinen Brillen, die in je eine Augenfassung des großen „Brills" eingehängt sind, wird diese falsche Rechtsprechung emblematisch veranschaulicht. Da die Juden im Text mehrfach als Komplizen der schuldigen Richter erwähnt werden, mag die Dunkel-Hell-Gegenüberstellung auch auf den Topos der Synagoge als blinder und uneinsichtiger Frauenfigur anspielen, die von einer triumphierenden und klarsichtigen Ecclesia in den ‚Schatten gestellt' wird. Das Blatt setzt darüber hinaus den „Brill des Gesetzes" mit dem „schönen geistlichen Brille“ in Beziehung, und meint mit dieser zweiten Brillenallegorie die Heilige Schrift.[8] Das regulative und normative Buch der Bücher sei jener wirklich entscheidenden Brille vergleichbar, durch die hindurch der Christenmensch beständig schauen soll. So wie das verinnerlichte Wort Gottes dem Gläubigen als Richtschnur für sein Leben gilt, so soll der „geistliche Brille“ vor dem inneren Auge jedes Christenmenschen dessen Blick auf die Welt bestimmen. Der Betrachter, so die Schlussfolgerung, ist aufgerufen, auf doppeltem Weg zum Augenzeugen zu werden: einerseits durch eine tatsächliche, nämlich technisch-medial codierte Zeugenschaft (die Brille im Blatt), andererseits im Sinne einer metaphorischen Bezeugung durch die Vergegenwärtigung der Heiligen Schrift (die Heilige Schrift). Der „geistliche Brille“ kann damit einerseits die Blindheit der falschen Richter kurieren, anderseits die nicht eingelösten Gesetze aus der Dunkelheit in die Sichtbarkeit holen. Ist das geschehen, wird der „Brill des Gesetzes“ wieder für Rechtschaffenheit sorgen. Die Dichotomie der brennenden und nicht entzündeten Kerzen erfährt durch die Dunkel-Hell-Brille also eine irritierende, aber produktive und die Wahrnehmung dynamisierende Erweiterung. Denn die Brille als optische Sehhilfe verleiht der Aufforderung an jeden Christen, die biblischen und weltlichen Gesetzesvorschriften ständig vor Augen zu haben, eine treffende bildliche Entsprechung. Die Diskrepanz von Sehen und Anerkennen, was es zu erkennen gilt, ist nicht zuletzt auch der Brille inhärent, und der Dualismus dunkel versus hell unterstützt das Motiv visueller Wahrnehmbarkeit.

Ein Blatt, das sich mit dem *Geheimnuß Menschlicher Vernunfft* auseinandersetzt (vgl. Abb. 6), arbeitet ebenfalls mit kontrastierenden Lichtverhältnissen und verdeutlicht anhand eines Fernrohrs als Signum neuzeitlicher Wissenschaftlichkeit, welchen geringen Wert die menschliche Ratio in allen die menschliche Vernunft übersteigenden Glaubensdingen besitzt. Das kompositorische Arrangement der Darstellung ist durch den antithetischen Gegensatz von dunkel und hell bestimmt. Vom Betrachter aus links steht ein Mann auf einer Leiter und schaut durch ein Fernrohr zum Himmel. Assistiert ihm bereits ein Dämon beim Aufstieg, reicht sein Blick in der ihn umgebenden Dunkelheit nicht weit, sondern bleibt an einem zweiten Dämon hängen, der direkt in Blickrichtung in der Krone eines toten Baumes sitzt. Grinsend und mit spöttischer Mine blickt dieser ihm durch ein eigenes Fernrohr entgegen. Was der ‚Vernünftige‘ und von Wissensdrang Getriebene erschaut, sind gerade keine Himmelsphänomene, die zur Erweiterung seines Wissens beitragen, geschweige denn Gott.

8 Die geistliche Brille als Metapher wird spätestens seit dem 15. Jahrhundert verwendet und kommt später auch in der Emblematik zum Einsatz. Vgl. Gudrun Schleusener-Eichholz: Das Auge im Mittelalter, 2 Bde., München 1985, Bd. 1, S. 469 ff.

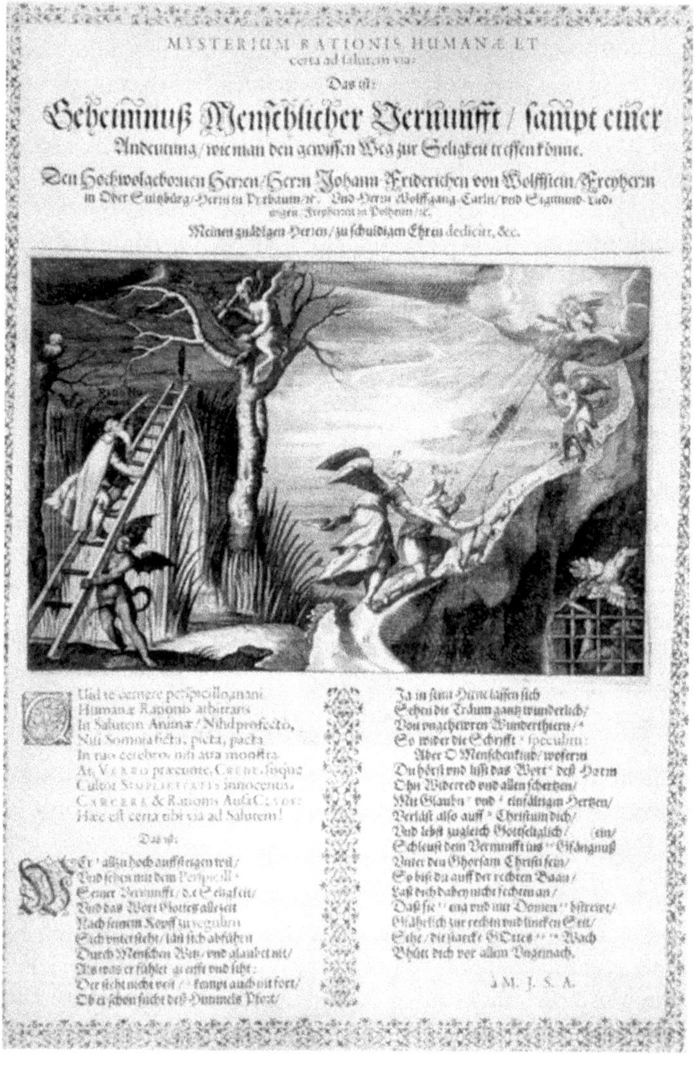

Abb. 6

Die optische Verstärkung macht ihn nicht weiser, sondern törichter, denn der Blick in die unerforschten, dunklen Himmel gebiert nur Monster. Dem unzulänglichen Gebrauch der Vernunft, den das Dunkel ad absurdum führt, wird im rechten Bildteil der gewisse Weg zur Seligkeit in einer von Licht erfüllten Szenerie gegenübergestellt. Dort ist der Weg des gläubigen Gottsuchers vom „VERBUM Dei (Wort Gottes)“

erhellt. Zu den weiteren Eigenschaften des *homo viator*, die genannt werden, gehören „Fides (Glaube)", „Patientia (Geduld)" sowie „Simplicitas (Schlichtheit)". Um sicherzugehen, dass er nicht den Versuchungen der Vernunft erliegt, hat dieser Christ seine Ratio ins dunkle Verlies, rechts unten zu erkennen, verdammt. Von dort schaut eine Frauengestalt durch ein Fernrohr zum Himmel.

Auf dem Frontispiz zu Salomon de Caus *Von Gewaltsamen Bewegungen: Beschreibung etlicher, so wol nützlichen alß lustigen Maschiner [...]* von 1615[9] versteht es ein Putto geschickt, die optischen Brechungsgesetze vortrefflich anzuwenden. Mit einem Brennglas bündelt er das einfallende Licht derart, dass die beim Durchgang durch die Linse gerichteten Lichtstrahlen als Scheinwerfer den Titel des Werkes hervorheben.

Abschließend sei auf ein Blatt verwiesen, das eine Vielzahl unterschiedlicher Licht-Phänomene zeigt, darunter solche, die in den nachfolgenden Blättern mit Kometen- und anderen Himmelserscheinungen wieder begegnen. Dem Betrachter wird in Form einer anonymen Vision, und zwar als „Gesicht im Geist", ein „Spiegel Göttliches Zorns/ vber die sünde der itzigen/ argen/ letzten/ grundbösen Welt" (vgl. Abb. 7), vor Augen gestellt, dessen Projektion durch ein aus heutiger Sicht atemberaubendes Lichtspektakel besticht. Beim Schauplatz des Geschehens handelt es sich um den Himmel über Frankfurt a. M. und Sachsenhausen, den eine kombinatorische Überfülle apokalyptischer Wunderzeichen überzieht.[10] Von Feuerfallen über Brand-, Schwefel- und Blutregen bis hin zu einer Fackel, die den Main erleuchtet, und der umflammten, nackten „Fraw Jesabell", die auf einem Felsen erscheint und sich den „spiegel der vnzucht" vorhält, sollen diese himmlischen Warnzeichen als Offenbarungen göttlichen Zorns aufgefasst werden. Da das christliche Weltbild ungewöhnliche Naturerscheinungen ebenso fest verankert hat wie Katastrophen, ist diese Auslegungsvariante durchaus legitim. Schließlich bildet das allen (Christen-)Menschen jederzeit sinnlich erfahrbare Universum mit seiner

9 Vgl. Von Gewaltsamen Bewegungen: Beschreibung etlicher, so wol nützlichen alß lustigen Maschiner beneben Unterschiedlichen abriessen etlicher höllen od. grotten und Lust brunne[n], Teil I. 1615, Frankfurt a. M., Radierung, Salomon de Caus/ Abraham Pacard, 36,5 × 23 cm. Frontispiz, vgl. im VD17 <http://www.gbv.de/du/services/gLink/vd17/3:626285D_001,800,600>.

10 Aufgrund der Ähnlichkeit der Bauwerke mit denen in der *Cosmographia* (1545) von Sebastian Münster konstatiert Barbara Bauer in ihrem Blattkommentar, dass es sich um Frankfurt a. M. handelt, S. 394. Das Stadtbild zeigt auch auffallende Parallelen mit Ansichten auf anderen, zeitgleichen Blättern wie z. B. *Der jauchtzende Bothe/...* und *Der hinckende Bothe/...*, beide aus dem Jahr 1632 und wahrscheinlich aus Frankfurt a. M. In: Deutsche illustrierte Flugblätter des 16. und 17. Jahrhunderts. Bd. II, KA, Bd. 2: Historica (Die Sammlung der Herzog August Bibliothek in Wolfenbüttel), hrsg. v. Wolfgang Harms, zus. m. Michael Schilling, Andreas Wang, Tübingen 1997, S. 489, 491.

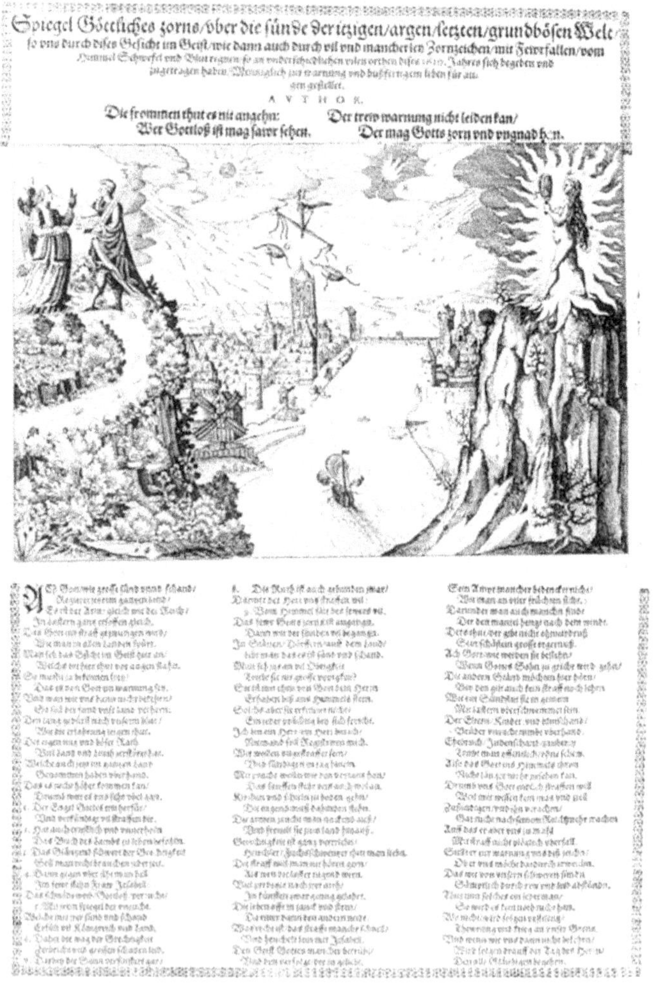

Abb. 7

Seinsvielfalt das Inventar, welches im ‚Buch der Natur' enthalten ist. Die Offenbarung durch die Welt der Dinge verlangt als auszudeutende Schöpfung Gottes in Verbindung mit dem im Buch der Bücher verkündeten göttlichen Wort nach einer interpretativen Auseinandersetzung.[11]

11 Franz Mauelshagen: Verbreitung von Wundernachrichten als christliche Pflicht. Das Weltbild legitimiert das Medium. In: Ders., B. Mauer (Hrsg.): Medien und Weltbilder im Wandel der Frühen Neuzeit, Augsburg 2000, S. 133–154, hier S. 133, 153; ders.:

Der Aufruf zur Reue und Umkehr richtet sich entsprechend an „Arm/ gleich wie der Reich/ In Lastern ganz ersoffen gleich", damit die Menschen mit „straff nicht plötzlich vberfall[en]" werden mögen und von ihren „schweren sündn/ Sämptlich durch rew vnd leid abstündn".

II.

Ähnlich und doch fokussierter, was die Fülle an himmlischen Wunder- und Zorneszeichen auf einem einzelnen Blatt anbetrifft, geht es auf den fünf folgenden Drucken zu. Sie gehören zur großen Gruppe von Darstellungen, die unerklärliche und seltsame Lichterscheinungen wie Nordlichter, Kometen, grimmige Sonnen, schwarze Monde und Halos oder figürliche Luftspiegelungen wie Feuer speiende Drachen, fliegende Särge und Schwurhände mit Zuchtruten präsentieren. Nie steht dabei die kommunikative Relevanz dieser Phänomene infrage, da man sich der Signifikanz ihres Zeichenstatus bewusst ist. Oft weiß man nicht, welches die Ursache ihres Erscheinens ist und greift deshalb auf das vertraute Erklärungsmuster zurück, wonach göttlicher Wille die Mitteilung bedingt. Da Gott nicht kritisch zu befragen ist, verbietet sich letzten Endes umgekehrt auch die Suche nach einer möglichen anderen Erklärung des Gesehenen und Erfahrenen. Indessen ist in zahlreichen Blättern der Wunsch spürbar, einen natürlichen Charakter dieser wundersamen Himmelslichter zu ergründen. Die von spektakulären Bränden entfachten oder anderweitig erleuchteten Himmel bewirken jedenfalls, dass der zeitgenössische Betrachter zum fassungslosen, auch verängstigten, in jedem Fall tief beeindruckten Aufsehen herausgefordert wird. Da, wo sich keine Beobachterfiguren als Zeugen ins Bild gesetzt finden, werden sie im Text erwähnt. Der kolorierte Holzschnitt von 1554, auf dem *Ein Erschrecklich vnd Wunderbarlich Zeychen* zu sehen ist (vgl. Abb. 8), präsentiert eine nächtliche Lichterscheinung, die der Verfasser des Blattes, Nostradamus, als Vorzeichen verschiedenartiger Katastrophen deutet. Das Blatt wendet sich als epistolarischer Bericht an den königlichen Statthalter der Provence. Zu sehen ist, wie aus der Sichel des abnehmenden Mondes, dem das Profil eines menschlichen Gesichts eingemalt ist, eine übergroße Speer- oder Pfeilspitze in ballistischer Kurve über die Breite des Bildes fliegt. Der Schweif des Geschosses zieht einen Feuerstrahl nach sich, aus dem Flammenregen nach unten fällt. Eingebettet ist die Erscheinung in einen Wolkenhimmel, dem Schraffurlinien Tiefenräumlichkeit verleihen.

Illustrierte Kometenflugblätter in wahrnehmungsgeschichtlicher Perspektive. In: W. Harms, M. Schilling (Hrsg.): Das illustrierte Flugblatt in der Kultur der Frühen Neuzeit, Frankfurt a. M. u. a. 1998, S. 101–136.

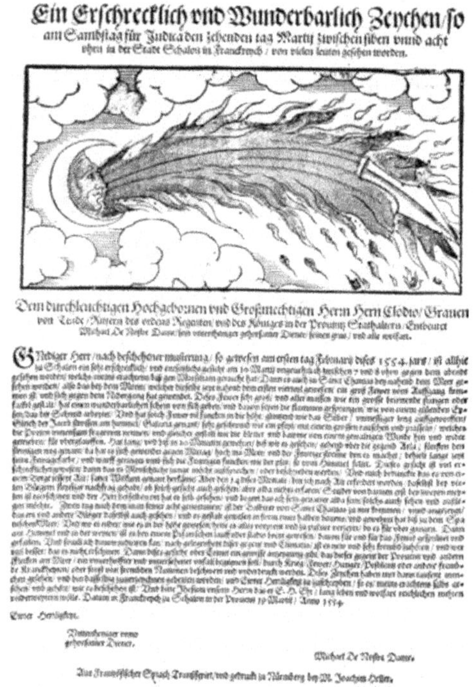

Abb. 8

Während Nostradamus als Erklärungsoption für dieses „erschrecklich/ vnd entsetzlichs gesicht" einen Kometen angibt, dürfte es sich eher um einen Meteoritenfall gehandelt haben.[12] Bei aller ‚Naivität' der Darstellung, wie sie aus heutiger Sicht bspw. die Pfeilspitze evozieren mag, macht der Erklärungsversuch des Nostradamus deutlich, wie ernsthaft die Zeitgenossen bemüht sind, „dieses gesicht [das] vil erschrecklicher gewesen/ dann das es Menschliche zunge möchte aussprechen/ oder beschrieben werden" ihrem Weltbild und Deutungsmuster entsprechend zu begreifen und kognitiv zu bewältigen; ferner, solch ein bedeutungsschweres Zeichen zu kommunizieren, damit auch die Mitmenschen der göttlichen Botschaft teilhaftig werden. Ein anderes *wunderbarlich Gesicht/ so am xxviij. Decembris* gibt eine am Nürnberger Firmament beobachtete Nordlichterscheinung vom Dezember 1560 wieder (vgl. Abb. 9). Im unteren Drittel des Bildes ist der Stadtprospekt Nürnbergs von Westen wiedergegeben, der sich anhand von St. Sebaldus, Lorenzkirche und Spittlerturm identifizieren lässt. Nach oben hin füllt ein zunächst nur schwach

12 Michael Schilling: Blattkommentar, S. 124.

schraffierter Horizont die Darstellung, an den sich nach rechts eine leicht ansteigende, dunkle Wolkenwand anschließt. Die Bildfläche über dem Firmament bedeckt bis zum oberen Rand eine Art vernebelter Himmel, aus dem blutrote Schwaden fallen und in dessen rechtem Teil, gut sichtbar, drei weiße Sterne hängen. Am rechten Bildrand sind bedeutungsperspektivisch drei Personen hervorgehoben, die zum Teil gestikulierend auf den schwarzen und blutroten Himmel über sich zeigen. Der deskriptiven ersten Partie des Textes schließt sich die Schilderung des „sehr schröcklich[ ] Gesicht[s]" an, die Auskunft über den zeitlichen Verlauf und die Gestalt der Erscheinung gibt. Zudem wird hingewiesen auf „vil Erbar vnd namhaffte[ ] Leut", die das Ereignis gesehen haben. Aufgrund des unvertrauten Charakters und der Tatsache, dass sich das Zeichen der Erschließung entzieht, deutet man es am Ende „als ein trewe warnung jres gnedigen Vatters im Hymel".[13]

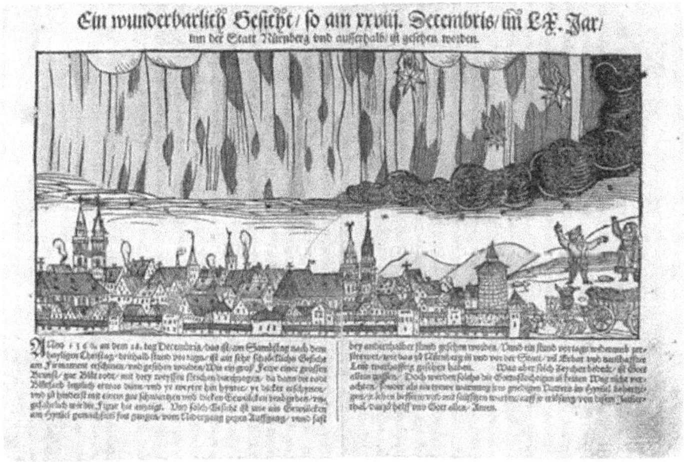

Abb. 9

Ein weiteres Blatt aus dem Jahr 1554 wartet als *Neüwe Zeyttung und wahrhaffte Geschicht* (vgl. Abb. 10) mit einer sensationellen Meldung über mehrere Haupt- und Nebensonnen inklusive mehrerer, zum Teil regenbogenfarbiger Schweife auf, die „von vilen Menschen zu Ingelstatt/ zu Regenspurg/ vnd zu Nürnberg am Himel gesehen worden/ Wie dann

13 Zu diesem Blatt ausführlich Thomas Gutwald: PRODIGIUM HOC CUM NOSTRO SECULO INUSITATUM SIT … . In: W. Harms, A. Messerli (Hrsg.): Wahrnehmungsgeschichte und Wissensdiskurs im illustrierten Flugblatt der Frühen Neuzeit (1450–1700), Basel 2002, S. 239–261, bes. S. 241–248; ders.: Blattkommentar, S. 216.

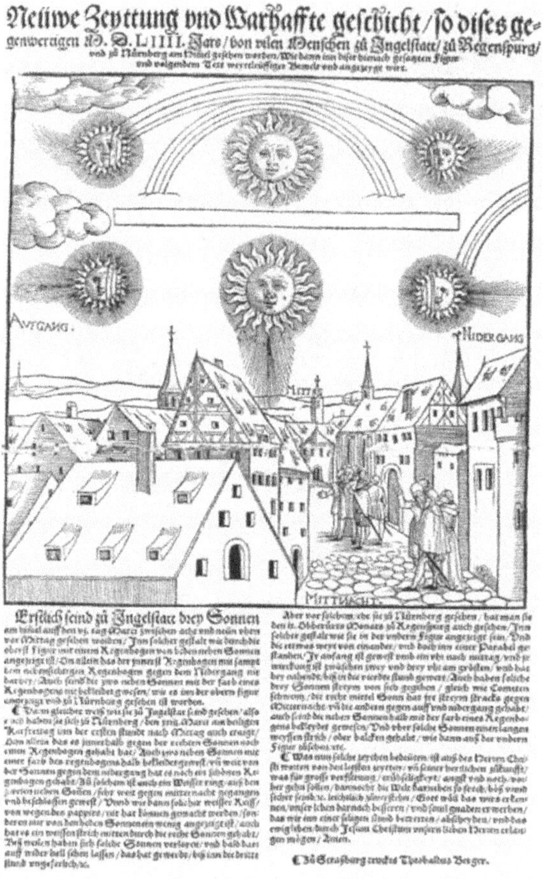

Abb. 10

inn dieser hienach gesatzten Figur vnd volgendem Text weyttleüffiger Gemelt vnd angezeygt wirt". Die atmosphärischen Lichteffekte, die zu verschiedenen Zeitpunkten an den drei unterschiedlichen Orten im süddeutschen Raum beobachtet wurden, würde man heute aller Wahrscheinlichkeit nach als Halos definieren. Es befinden sich auf der Straße wie gewohnt Beobachter, die das Schauspiel bezeugen, diesmal in einer nicht näher identifizierten Stadt zwei Gruppen von Männern, die argumentierend teilweise auf den Himmel zeigen und emporblicken. Die drei Halo-Vorkommnisse sind bildlich simultan, im selben Himmelsfeld untergebracht. Der Text differenziert zwar zwischen den Lichterscheinungen in Ingolstadt und Nürnberg, aufgrund ihrer Ähnlichkeit werden sie aber im oberen Bildfeld als eine Figur inszeniert. Die untere Himmelshälfte bleibt dem Regensburger Halo vorbehalten. Bemerkenswert ist, wie man den Sonnen auch hier ein menschliches Antlitz einzeichnet und dem sog. Zirkumzenitalbogen, der sich bei diesen Halo-Gebilden für gewöhnlich über den drei Sonnen zeigt und in seinem parallelen Verlauf zum Horizont eher einer geraden Linie entspricht, bildökonomisch als Teiler zwischen oberer und unterer Himmelshälfte einzusetzen weiß. Zudem fasziniert, wie auf ein darstellungstechnisches Problem, nämlich die Nichtdarstellbarkeit des weißen, sog. Horizontal- bzw. Nebensonnenkreises, wie er ebenfalls bei dieser Art von atmosphärischen Lichteffekten auftritt, aufmerksam gemacht wird: „Vnnd wie dann solicher weisser Reiff/ von wegen des pappirs/ nit hat können gemacht werden/ sondern nur von den beden Sonnen ein wenig angezeigt ist". Trotz der routinierten Präsentationspraxis himmlischer Wunderzeichen resümiert aber am Ende auch dieses Blatt: „was nun solche zeychen bedeüten/ ist aus des Herren Christi worten von den letzten zeytten/ vn seiner herrlichen zukunfft [...]" und dass „Gott woll das wirs erkennen/vnser leben darnach besseren/ vnd sovil gnaden erwerben/ das wir inn einer seligen stund betretten/ abscheyden/ vnd das ewig leben/ durch Jesum Christum vnsern lieben Herren erlangen mögen/ Amen."

Den drei gezeigten Blättern gilt es nun zwei weitere zur Seite zu stellen. Bei ihnen werden, anders als bei den Vorgängern, Tendenzen spürbar, die (noch) unvertrauten und seltsamen himmlischen Lichtspiele nicht länger als so erschreckend wahrzunehmen und darzustellen. Ein Augsburger Zeitungsblatt mit dem Titel *Newe Zeitung/ Was massen der Himmel den 17. Tag Novembris* (vgl. Abb. 11) gibt die Erscheinung eines Nordlichtes über Augsburg am 17. November 1605 wieder. Die Radierung, die den größeren Teil des Blattes einnimmt, legt besonderen Wert auf die Zeichnung des spektakulären Strahlenschauers, der an ein gigantisches Feuerwerk erinnert. Unter der Leuchtkaskade bietet sich dem Blick ein Stadtprospekt von Augsburg. Die Stadt kann eindeutig identifiziert werden anhand kleiner Beischriften an prominenten Gebäuden sowie dank des Stadtwappens am unteren Bildrand, das den Stadtnamen „AVGVSTA VINDELICO (RVM)" inklusive Datierung (1605) enthält. Am unteren Bildrand, im äußersten Vordergrund, steht eine illustre Gruppe von Männern und Frauen, die dem Schauspiel mit Erstaunen und Vergnügen beizuwohnen scheint. Sie komplettieren die Szene nicht nur als Zeugen, sondern auch als Zuschauer, denen das Himmelsspektakel Unterhaltung bietet. Diesem Eindruck der unerschrockenen Wahrnehmung eines bislang überwiegend für ‚erschröcklich' gehaltenen Zeichens arbeitet anfangs der Text zu. Er setzt mit dem Hinweis an, dass „*Astrologi* aus dem Lauff der Sonnen/ vnnd des Mons/ sein genaw/ Tag/Stund/ vnd Minuten/ ausrechnen könden/ Wan sich Finsternussen beedes an der Sonnen vnd dem Mon/ Natülicher weiß begeben sollen". Doch folgt auf diese, Empirie, Ratio und Kalkül betonende Konzession unmittelbar die Einschränkung, dass „solche Finsternussen nicht desto weniger ihre Würckungen/ vnd Bedeuttungen künfftiger ding haben: [...]". Die „fleissige *Astrologi*", vorausgesetzt sie sind zur Anerkennung von Wunderzeichen geneigt, könnten allerdings anhand ihrer Beobachtungen auch „solliche Wundergesicht" prognostizieren. Daraufhin werden die Himmelserscheinung, ihr Verlauf und ihre Dauer ausführlich geschildert. Resümierend schließt der Text mit der unmissverständlichen Aufforderung an das Publikum, „sollichs [Zeichen] zu Hertzen" zu fassen, „vns solliches anmahnen vnd antreiben" zu lassen, „das wir in rechter Gottes forcht / ein Gott wolgefälliges vnd bußfertiges Leben anstellen". Wenn es somit auch dieser Bericht keinesfalls unterlässt, das Nordlicht als Zeichen Gottes festzuschreiben und seine moralische Nutzanweisung zu betonen, ja als Ausdruck der Mahnung zu einem bußfertigen Leben zu verstehen, so sind Veränderungen bemerkbar. In Bild und Text wird ein deutliches Bemühen um eine informative und objektive Berichterstattung spürbar. Die Lichtkaskade entbehrt, abgesehen von kleinen Sternen, figürlicher Konkretionen, die der Himmelserscheinung einen Angst einflößenden Charakter verleihen könnten. Nicht nur wird die Berechenbarkeit des Ereignisses durch geschulte Blicke gelehrter Astrologen hervorgehoben, es geschehen diese Wunderzeichen auch „Natürlicher weiß". Der unübersehbare Sensationscharakter, der dem Blatt gleichwohl eignet, wird nicht ausgenutzt, um die ohnehin recht vage gehaltene Andeutung drohender Gefahr zu verstärken: Das Blatt erspart sich, wie erwähnt, in der bildlichen und textlichen Gestaltung, die Hervorhebung einer jammervollen Reaktion der Menschen angesichts der Zeichen.[14] Die Diskrepanz zwischen Bild- und Textaussage mag ein Hinweis auf die divergierenden Weltansichten und partiellen Sinnstiftungen von Verfasser und Stecher sein, die sie trennen und zugleich vereinen. Jedenfalls hat dem Stecher bei der Radierung ein Impuls die Hand geführt, den der Verfasser nicht in gleicher Weise in seinen Kommentar übersetzen kann: Die weitgehend um Sachlichkeit bemühte bildliche Umsetzung eines nicht zu klärenden Phänomens verlangt noch immer nach der Einbettung in einen Sinnzusammenhang, der die Ursache für das Ereignis göttlicher Intention zuschreibt. Doch erscheint diese Sinnzuschreibung eher wie das Bemühen eines rhetorischen Topos, den eine Jahrhunderte alte religiöse Deutungshegemonie anbietet und einfordert, als dass ihr glaubhafte Überzeugung zugrunde läge.

14 Vgl. Eva-Maria Bangerter: Blattkommentar, S. 382.

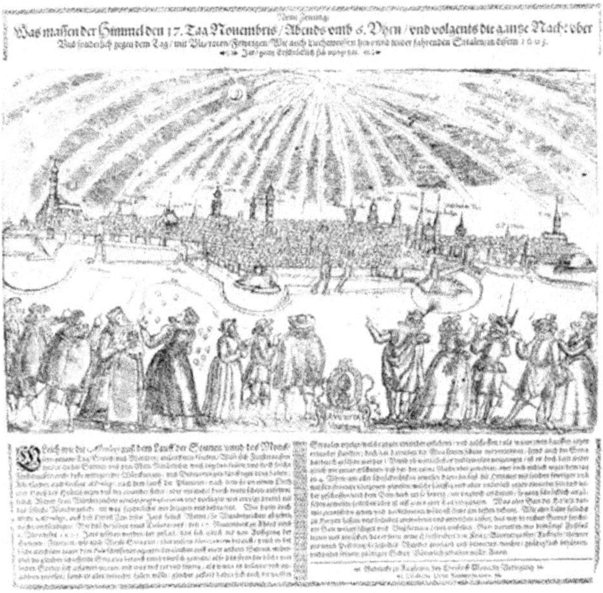

Abb. 11

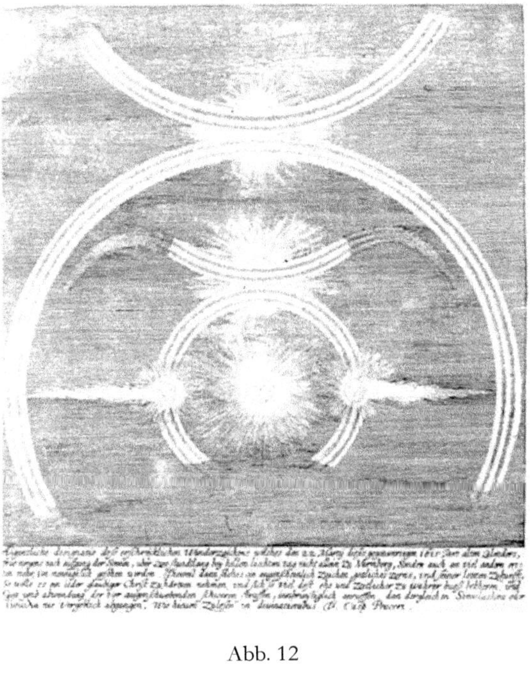

Abb. 12

1615 verdeutlicht ein Blatt mit dem Titel *Aigentliche designatio dess erschröcklichen Wunderzaichens* (vgl. Abb. 12) eine ähnliche Spannung im Hinblick auf die darstellerische und wahrnehmungsgeschichtliche Auslegung eines Wunderzeichens. Abermals geht es um einen Halo, der von Nürnberg und von anderen Orten aus beobachtet wurde. Wie gewohnt werden die Sonnenringe mit den vier Nebensonnen theologisch-moralisch gedeutet. Interessant ist aber, wie das Blatt im Titel vorgibt, eine *Aigentliche designatio* zu sein. Mit *designatio* wird in der Zeit eine möglichst exakte Wiedergabe eines Phänomens im Bild gemeint.[15] Tatsächlich baut die Darstellung, die qualitativ durch den filigranen Kupferstich ins Auge fällt, ganz auf eine großflächige und präzise Präsentation des vielfach bezeugten Vorkommnisses. Der im Titel angezeigten Intention scheint sie ohne Weiteres zu entsprechen. Es fehlen zudem Transformationen des Wahrgenommenen in figürliche Konkretionen wie Kreuze, Drachen, Schwerter oder Särge, wie sie von themenverwandten Darstellungen bekannt sind. Gleichwohl versagt es sich der Stecher auch hier nicht, die drei Parallelsonnen mit einem menschlichen Antlitz zu versehen.

III.

Die fünf zuletzt vorgestellten Blätter wollen Berichterstatter, Kommentatoren, Wissensverwalter und Herrschaftserhalter ebenso wie andere Nicht-Intimidierte zur Deutung und Sinnerschließung der durch sie präsentierten ‚Lichtspiele' und Wunderzeichen animieren. Das Außergewöhnliche an den Halos, Doppel- und Mehrfachsonnen, Parhelia und Brand werfenden Kometen, an den Kugelblitzen, Nordlichtern, Wolkenkoronen und am Wetterleuchten bricht entsprechend den vorherrschenden Deutungsmustern in eine durch Gott geschaffene Welt ein. In Zeiten einer allgemeinen Verunsicherung und eschatologischen Endzeitstimmung, Naturfurcht und dem realen Glauben an übernatürliche Wesen und Phänomene lassen sie eine innere Bedrängnis, auf jeden Fall einen Eifer erkennen, mit dem ein großer Teil der Zeitgenossen diese Himmelszeichen als mit prognostischer Bedeutung aufgeladen verstanden hat. Michael Schilling zufolge eignet dieser Art von Blättern ein „Surrogatcharakter für die Wirklichkeit".[16] Gemeint ist damit, dass sich diese Kommunikationsträger dezidiert die Aufgabe stellten, einer Gruppe von Menschen das von Gott am Himmel Offenbarte publik zu machen. Das sich am Himmel abspielende Leuchten ist gewissermaßen Bestandteil des

15 Hans Unterreitmeier: Blattkommentar, S. 386.

16 Christine Bachmann: Protokoll zum Vortrag und zur Diskussion von Thomas Gutwalds Beitrag „PRODIGIUM … ." (wie Anm. 13), S. 262–264, hier S. 262.

‚Medieninventars' Gottes, mit dessen Hilfe das Buch der Natur grundsätzlich lesbar wird. Die Buchmetapher rekurriert über den Topos der Lesbarkeit der Welt hinaus auf die „metaphysische Tatsache einer Kommunikation zwischen Gott und Mensch". Sie umschreibt einen „*kosmischen Kommunikationsraum*". Das, was sich am Himmel (und sonst wo) abspielt und ereignet, sind Gottes Zeichen, in denen Gott mit den Menschen kommuniziert. Die Menschen wiederum müssen, wie Franz Mauelshagen herausgearbeitet hat, diese mit ihren eigenen Medien, etwa Bild, Schrift und Zahl oder die Drucktechnologie (die übrigens alle divinatorischer Herkunft sind), in einen Verbund bringen, die Mitteilung übersetzen und als Gottes Botschaft verbreiten und zirkulieren lassen.[17]

Bei den beiden zuletzt gesehenen Blättern handelt es sich keinesfalls um eine realistische Wiedergabe der Himmelsphänomene. Anders als auf den anderen drei Blättern manifestiert sich bei aller Uneindeutigkeit in ihnen so etwas wie der Ansatz einer auf Sachlichkeit und Überprüfbarkeit hin angelegten Darstellung und Auslegung. In den meisten Fällen haben Flugblätter mit Wunderzeichen einen empirisch aufzuweisenden realen Kern, der ihrer Darstellung zugrunde liegt. Dabei können anhand ihrer spezifischen Kommunikationsleistung sowohl ihr wissenschaftsgeschichtlich beschreibbarer Ort als auch zeittypische Techniken des Sehens und Visualisierens erschlossen werden.[18] Das gilt für die ersten drei Blätter ebenso wie für die beiden letzten. Was sie unterscheidet, ist das Wissenschaftsverständnis. Während in den erstgezeigten Drucken die Bedingung der Möglichkeit der wahrgenommenen, phänomenalen Präsenz Gottes Wirken zugeschrieben wird, die nicht zu ergründen ist, beginnen letztere zu tendenziell objektiven Aufzeichnungen und Informationsträgern zu werden. Sie verbreiten perspektivierend Objekte der Observation und Erkenntnis. Andere zeitgenössische Blätter, die im Gestus seriöser Ernsthaftigkeit einen doppelköpfigen türkischen Bogenschützen präsentieren[19] (vgl. Abb. 13), die erzählen, wie sich ein Edelmann in ein Schwein verwandelt habe, wie ein bezeugter Succubus nach dem Beischlaf

17 Mauelshagen 2000 (wie Anm. 11), S. 153–154.

18 Wolfgang Harms, Michael Schilling: Einleitung zu den Bänden VI und VII. In: Deutsche illustrierte Flugblätter des 16. und 17. Jahrhunderts. Teil I: Die Wickiana, 1500–1569 (Die Sammlung der Zentralbibliothek Zürich), Tübingen 2005, S. VII–XII, hier S. X.

19 Menschen mit zwei Köpfen, folglich auch zwei Gehirnen und Persönlichkeiten, sog Dicephali, sind zwar äußerst selten, aber in der Medizingeschichte mehrfach nachgewiesen. Christina Hofman-Randal konstatiert ebenfalls die interessante Spannung gerade in medizingeschichtlichen Darstellungen der Frühen Neuzeit, die einerseits als Fiktionen zu begreifen sind, insofern sie keine wirklichen Vorlagen für ihre Abbildungen aufweisen, deren Text andererseits aber eng an naturkundlichem und medizinischem zeitgenössischen Wissen angelehnt sein kann. Dies.: (Katalog): Monster, Wunder und Kometen. Sensationsberichte auf Flugblättern des 16. bis 18. Jahrhun-

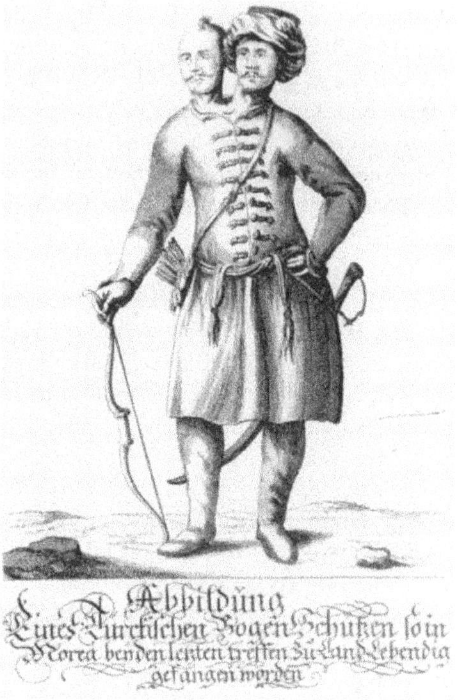

Abb. 13

mit einem Mann auf seinem (ihrem) Besen durch das Fenster davongeflogen sei, oder die berichten, wie Schiffsarmadas am Himmel Schlachten ausgefochten haben (vgl. Abb. 14), bestätigen das selbstverständliche Nebeneinander unterschiedlicher epistemischer Paradigmen.

Flugblätter sind keinem inhaltlichen, poetischen oder ästhetischen Regelsystem unterworfen, und ihr Verbreitungsgrad in der frühneuzeitlichen Kommunikationskultur war außerordentlich hoch. Der ambivalente Status der Wunderzeichen im 17. Jahrhundert, dem Zeitalter, dessen Signatur eine spürbare Tendenz zur empirischen Verwissenschaftlichung aufzeigt, wird auch in anderen Quellen und bei anderen Zeitgenossen spürbar. Mit Bezug auf den Kometentraktat *Adunatus Cometologus* (1665) des Zeichen- und Zeitendeuters, populären Leipziger Polyhistors, Kompilators und Chronisten Johannes Praetorius (1630–1680), konstatiert Gerhild Scholz Williams eine Unentschiedenheit, wenn es darum geht, Kometen

derts. Eine Ausstellung der Universitätsbibliothek, 19.11.–12.12.1999, Erlangen Universitätsbibliothek 1999, S. 18–21.

zu deuten: „Here as in other writings, Praetorius struggles to separate the role of comets as natural phenomena from their role as warnings of God's

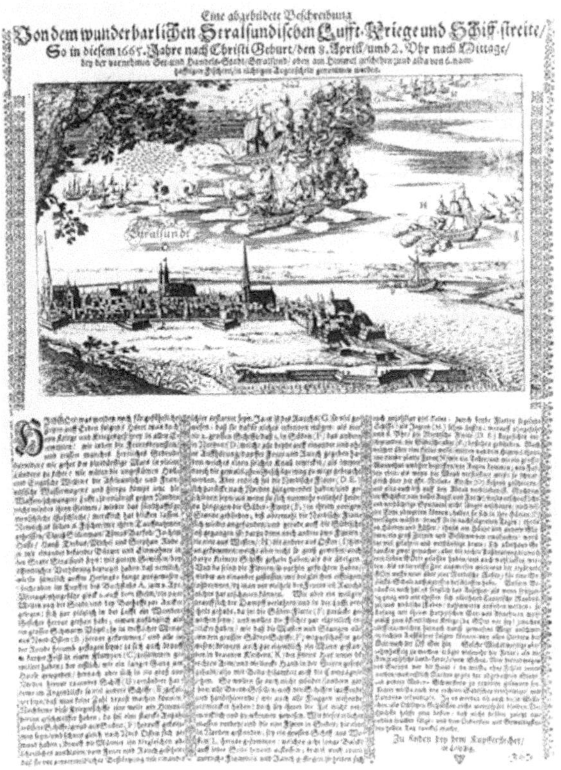

Abb. 14

wrath. God, he felt, was saying, ‚Look and see the signs in the sky and determine where they come from, how long your punishment will last, and where it will be most painfully felt'."[20] Bei Praetorius werde fassbar, dass seinerzeit unbekannte Himmelserscheinungen, allen voran Kometen, zwar weiterhin als Prodigia göttlichen Zorns und drohenden Unheils gelten, indessen nicht mehr selbstverständlich monokausal, sondern in Abhängigkeit zu den Erkenntnissen konkurrierender Zeichendeuter wie Astrologen verstanden werden müssen. Nicht zuletzt das Fernrohr hat die neuen astronomischen Kenntnisse befördert und dadurch alte (Un-)Gewissheiten zu destabilisieren geholfen.

20 Gerhild Scholz Williams: Ways of Knowing in Early Modern Germany. Johannes Praetorius as a Witness to his Time. Aldershot, Burlington 2006, S. 115–121, hier S. 120.

> […] Comets spoke as much to the scientist as to the interpretive and popularizing commentator […]. The many broadsheets surviving from his time testify to the coexistence of belief in comets' association with wonders and with scientific exploration.[21]

Das Resultat sei ein gradueller Bedeutungsverlust alter Zeichen, der für das 17. Jahrhundert charakteristisch sei. Anhand von Flugblättern sowie anhand des Werkes von Zeitgenossen wie Praetorius lassen sich Wahrnehmungsgewohnheiten und Darstellungsformeln vergegenwärtigen, die durch eine medialisierte Gleichzeitigkeit ganz heterogener Phänomene charakterisiert sind. Unerklärlich Beängstigendes mit Sensationscharakter sowie von Fantasie und religiöser Ermahnung Durchdrungenes findet seinen Weg in die Publizistik ebenso selbstverständlich wie unaufgeregte, um empirische Verifizierbarkeit bemühte Beobachtungen naturphänomenalen Seins und physikalisch-biologischer Erscheinungen und Vorkommnisse. Scholz Williams hält für Praetorius und seine Zeit fest:

> Pursuing local and global events and wonders, he writes for men and women who, like him, want and need to know. Characterized by multiple and multilayered stylistic devices and a textual hybridity distinctive in seventeenth-century writing, his texts evidence diverse ways of knowing and as many ways of telling. […] Constructing […] a veritable hodgepodge of readings, he is able to hold on to the diverging parts of early modern culture long enough to help his readers see his and their century in all its contradictions of knowing and believing, of scientific optimism and wary curiosity. […] These panoramas in print weave together the wondrous and the monstrous, the scientific and the superstitious, the sexual and the social.[22]

Licht an sich ist inhaltsleere Information über sich selbst, es ist gewissermaßen ein Medium ohne Botschaft, solange damit kein ‚Kino' im Sinne eines himmlischen Lichtspiels aufgeführt wird oder es als ‚göttliche Leuchtreklame' dient.[23] Erst durch eine intentionale Kodierung als Bedeutung tragende Signal- bzw. Zeichenfolge wird aus Licht Information. Die Chiffrierung und Dechiffrierung von Lichtspielen bedarf darum einer Zuordnungsvorschrift: Halos zeigen dies an, Himmelsbrände meinen das, Nordlichter wiederum verweisen auf etwa anderes. Die Interpretationsgemeinschaft in der zweiten Hälfte des 16. und der ersten Hälfte des 17. Jahrhunderts hatte Übereinkünfte getroffen, welchen Sinngebungen das jeweilig Dargestellte glaubhaft entsprechen konnte und welchen

21 Ebenda, S. 117–120.

22 Ebenda, S. 219.

23 Marshall McLuhan schreibt in *Das Medium ist die Botschaft/The Medium is the Message:* „Elektrisches Licht ist reine Information. Es ist gewissermaßen ein Medium ohne Botschaft, wenn es nicht gerade dazu verwendet wird, einen Werbetext Buchstabe für Buchstabe auszustrahlen. Diese für alle Medien charakteristische Tatsache bedeutet, daß der ‚Inhalt' jedes Mediums immer ein anderes Medium ist." In: Die magischen Kanäle/Understanding Media, Dresden, Basel 1995, S. 21–43, hier S. 22.

nicht. Auf der einen Seite wird das Himmelsleuchten als gottgegeben aufgefasst, Gottes Lichtspiele sind wie eine Vorführung, deren Programm eine ernst zu nehmende, prognostische Rück- und Vorausschau auf Dinge des tatsächlichen Lebens bietet. In diesem Fall ist das Naturleuchten „semiotisches Medium des Numinosen", es bildet einen „Ort der Kommunikation und Interaktion zwischen Gott und Mensch".[24] Auf der anderen Seite werden zu Beginn des 17. Jahrhunderts Lichterscheinungen in Flugblättern und anderswo auch als Phänomene mit ausschließlich natürlicher Ursache anerkannt. Eine durchweg neuzeitliche Zuordnungsvorschrift und Sinngebung haben sich aber längst noch nicht durchgesetzt.

Abbildungsverzeichnis

(Abb. 1): Geistlicher Eckstein: vnd ewigwaerendes Liecht, 1632, (Straßburg), Radierung, (Jacob von der Heyden), 30,3 × 25,2; 30,3 × 23,2 cm. In: Deutsche illustrierte Flugblätter des 16. und 17. Jahrhunderts. Bd. IV, Kommentierte Ausgabe (fortan zit: KA) (Die Sammlungen der Hessischen Landes- u. Hochschulbibliothek in Darmstadt), hrsg. v. Wolfgang Harms u. Cornelia Kemp, Tübingen 1987, S. 200.

(Abb. 2): Abbildung der Sieben Heiligen Sacramenten. 2. Hälfte 17. Jahrhundert, (Nürnberg), Kupferstich, Johann Hoffmann, 36,5 × 29,1 cm. In: Deutsche illustrierte Flugblätter des 16. und 17. Jahrhunderts. Bd. III, KA, Teil 3: Theologica. Quodlibetica. Bibliographie. Personen- u. Sachregister (Die Sammlung der Herzog August Bibliothek in Wolfenbüttel), hrsg. v. Wolfgang Harms u. Michael Schilling, zus. m. Albrecht Juergens u. Waltraud Timmermann, Tübingen 1989, S. 84.

(Abb. 3): IN REGEM NON MORTUUM. (1632/33), ?, Kupferstich, ?, 27,8 × 32,9 cm In: Deutsche illustrierte Flugblätter des 16. und 17. Jahrhunderts. Bd. IV, KA (Die Sammlungen der Hessischen Landes- u. Hochschulbibliothek in Darmstadt), hrsg. v. Wolfgang Harms u. Cornelia Kemp, Tübingen 1987, S. 290.

(Abb. 4): Des geistlichen Ordens andacht. Ordinis romani deuotio (letztes Viertel 16. Jahrhundert), ?, Kupferstich, ?, 16,2 × 22,2 cm. In: Deutsche illustrierte Flugblätter des 16. und 17. Jahrhunderts. Bd. IV, KA (Die Sammlungen der Hessischen Landes- u. Hochschulbibliothek in Darmstadt), hrsg. v. Wolfgang Harms u. Cornelia Kemp, Tübingen 1987, S. 35.

(Abb. 5): Erclärung Vber den 82. Psalm und Teutschlands schweren Sündenfall. 1668, (Darmstadt), Schreibmeisterblatt, Adam Fabritius, 40,8 × 30,6 cm. In: Deutsche illustrierte Flugblätter des 16. und 17. Jahrhunderts. Bd. IV, KA (Die Sammlungen der Hessischen Landes- u. Hochschulbibliothek in Darmstadt), hrsg. v. Wolfgang Harms u. Cornelia Kemp, Tübingen 1987, S. 367.

(Abb. 6): MYSTERIUM RATIONIS HUMANÆ ET certa … via, (nach 1637), (Nürnberg), Kupferstich, Johann Saubert (Antistes), 38,1 × 25,5; 15,4 × 22,9 cm. In: Deutsche illustrierte Flugblätter des 16. und 17. Jahrhunderts. Bd. III, KA, Teil 3: Theologica. Quodlibetica. Bibliographie. Personen- u. Sachregister (Die Sammlung der

24 Michael Kempe: Von „lechzenden Flammen", „geflügelten Drachen" und anderen „Lufft=Geschichten". Zur Neutralisierung der Naturfurcht in populärwissenschaftlichen Druckmedien der Frühaufklärung. In: Mauelshagen, Maurer (wie Anm. 10), S. 155–178, hier S. 164.

Herzog August Bibliothek in Wolfenbüttel), hrsg. v. Wolfgang Harms u. Michael Schilling, zus. m. Albrecht Juergens u. Waltraud Timmermann, Tübingen 1989, S. 191.

(Abb. 7): Spiegel Goettliches zorns/ vber die sünde Der itzigen/ argen/ letzten/ grundboesen Wel, 1620 (Frankfurt a. M.), Kupferstich/Radierung, ?, 36,4 × 23,7; 16,3 × 23,7 cm. In: Deutsche illustrierte Flugblätter des 16. und 17. Jahrhunderts. Bd. I, KA, Teil 1: Ethica. Physica (Die Sammlung der Herzog August Bibliothek in Wolfenbüttel), hrsg. v. Wolfgang Harms u. Michael Schilling, zus. m. Barbara Bauer u. Cornelia Kemp, Tübingen 1985, S. 395.

(Abb. 8): Ein Erschrecklich vnd Wunderbarlich Zeychen, 1554, Nürnberg, kolorierter Holzschnitt, Joachim Heller, 32,3 × 21,3; 10,8 × 20,7 cm. In: Deutsche illustrierte Flugblätter des 16. und 17. Jahrhunderts. Bd. VI, KA, Teil 1: Die Wickiana I (1500–1569) (Die Sammlung der Zentralbibliothek Zürich), hrsg. v. Wolfgang Harms u. Michael Schilling, Tübingen 2005, S. 61.

(Abb. 9): Ein wunderbarlich Gesicht/ so am xxviij. Decembris, (1561) (Nürnberg), kolorierter Holzschnitt, (Georg Kreydlein), 24,5 × 23,2; 16 × 34 cm. In: Deutsche illustrierte Flugblätter des 16. und 17. Jahrhunderts. Bd. VI, KA, Teil 1: Die Wickiana I (1500–1569) (Die Sammlung der Zentralbibliothek Zürich), hrsg. v. Wolfgang Harms u. Michael Schilling, Tübingen 2005, S. 216.

(Abb. 10): Neüwe Zeyttung vnd Warhaffte geschicht, 1554, Straßburg, Holzschnitt, Thiebold Berger, 39,9 × 24,5; 24,5 × 23,9 cm. In: Deutsche illustrierte Flugblätter des 16. und 17. Jahrhunderts. Bd. VI, Kommentierte Ausgabe, Teil 1: Die Wickiana I (1500–1569) (Die Sammlung der Zentralbibliothek Zürich), hrsg. v. Wolfgang Harms u. Michael Schilling, Tübingen 2005, S. 122.

(Abb. 11): Newe Zeitung/ Was massen der Himmel, (1605), Augsburg, Radierung, Christoph Mang, 28,5 × 29,3; 17,3 × 29 cm. In: Deutsche illustrierte Flugblätter des 16. und 17. Jahrhunderts. Bd. I, KA, Teil 1: Ethica. Physica (Die Sammlung der Herzog August Bibliothek in Wolfenbüttel), hrsg. v. Wolfgang Harms u. Michael Schilling, zus. m. Barbara Bauer u. Cornelia Kemp, Tübingen 1985, S. 382.

(Abb. 12): Aigentliche designatio dess erschröcklichen Wunderzaichens, (1615), (Nürnberg), Kupferstich, ?, 23,1 × 19,7 cm. In: Deutsche illustrierte Flugblätter des 16. und 17. Jahrhunderts. Bd. I, KA, Teil 1: Ethica. Physica (Die Sammlung der Herzog August Bibliothek in Wolfenbüttel), hrsg. v. Wolfgang Harms u. Michael Schilling, zus. m. Barbara Bauer u. Cornelia Kemp, Tübingen 1985, S. 386.

(Abb. 13): Abbildung. Eines Türckischen Bogen-Schützen so in, Morea … (1685), ?, Kupferstich/Radierung, ?, 26,8 × 16,2; 22,2 × 16,2 cm. In: Monster, Wunder und Kometen. Sensationsberichte auf Flugblättern des 16. bis 18. Jahrhunderts (Eine Ausstellung der Universitätsbibliothek Erlangen-Nürnberg, 19.11.–12.12.1999). Katalog v. Christina Hofmann-Randall, Erlangen 1999, S. 33.

(Abb. 14): Eine abgebildete Beschreibung Von dem wunderbarlichen Stralsundischen Lufft=Kriege, (1665), Leipzig, Kupferstich/Radierung, ?, 40,2 × 29; 17 × 26,3 cm. In: Deutsche illustrierte Flugblätter des 16. und 17. Jahrhunderts. Bd. I, KA, Teil 1: Ethica. Physica (Die Sammlung der Herzog August Bibliothek in Wolfenbüttel), hrsg. v. Wolfgang Harms u. Michael Schilling, zus. m. Barbara Bauer u. Cornelia Kemp, Tübingen 1985, S. 429.

DANIELA HAMMER-TUGENDHAT

Gott im Schatten? Zur Bedeutung des Lichtes bei Caravaggio und Rembrandt

Licht ist die Bedingung für Sichtbarkeit, ohne Licht sehen wir nichts. Das Licht selbst ist, wenn wir nicht direkt in die Lichtquelle blicken, unsichtbar; wir registrieren Licht an Gegenständen, von denen es unterschiedlich stark reflektiert wird. In der Malerei hat erstmals Caravaggio dieses Phänomen in seiner ganzen Tragweite durchdacht und visualisiert. Es scheint in seinen Bildern keine präexistente Welt zu geben; die Welt wird vielmehr vom Licht erschaffen. Dies ist die entscheidende Neuerung gegenüber Lichtkonzepten aus dem 15. und 16. Jahrhundert; in den Niederlanden hatte bereits Jan van Eyck das Licht als *natürliches* Phänomen in all seinen Spiegelungen, Brechungen und Reflexionen verbildlicht und zur Charakterisierung von stofflichen Oberflächen eingesetzt. Das Schlaglicht bei Caravaggio lässt nur Dinge sichtbar werden, die vom Licht getroffen sind, wo kein Licht hinfällt, ist undurchdringliches Dunkel, gleichsam Nichts. So wird das Licht als Bedingung von Sichtbarkeit zum Thema gemacht. Aus zeitgenössischen Quellen spricht zwar Bewunderung für die spezifische Lichtführung in den Werken Caravaggios; Theoretiker wie Mancini (1619–1621) oder Bellori (1616–1696) sahen die Funktion der extremen Hell-Dunkel-Kontraste in der Bildung eines starken *rilievo*, der glaubhaften Wiedergabe von Dreidimensionalität.[1] Zugleich aber kritisierten sie diese Beleuchtungseffekte als *unnatürlich*. Mancini etwa bevorzugte das sanfte Licht bei Raffael. Nach Belloris Aussage empfanden Caravaggios Zeitgenossen sein Licht als zu simpel. Bei seinen Nachfolgern fungiere es sogar als eine Art Notbehelf, um maltechnischen Schwierigkeiten aus dem Weg zu gehen: Sie gestalteten komplizierte Partien derart dunkel, dass schlichtweg nichts mehr zu sehen sei. Bellori

1 G. Mancini: Alcune considerazioni appartenenti alla pittura come di diletto di un gentilhuomo nobile e come introduttione a quello si deve dire, 1619–1621; G. P. Bellori: Le vite de' pittori, scultori e architetti moderni, Rom 1672, hrsg. v. E. Borea, Turin 1976. Beide zitiert nach: Margriet van Eikema Hommes, Ernst van de Wetering: Licht und Farbe bei Caravaggio und Rembrandt – mit den Augen seiner Zeitgenossen gesehen. In: D. Bull (Hrsg.): Rembrandt-Caravaggio. Ausstellungskatalog, Rijksmuseum Amsterdam, Zwolle 2006, S. 173.

kritisierte weiter, dass Caravaggio seine Figuren auf einer räumlichen Ebene mit einem einzigen Licht male, ohne sie abzuschwächen, es fehle die Tiefenwirkung und die atmosphärische Perspektive.[2]

I.

Vielleicht lassen sich diese Einwände als Versuch lesen, eine gewisse Unheimlichkeit, die mit Caravaggios neuer Lichtregie verbunden war, auf einer kunsttheoretischen Ebene zu rationalisieren. Caravaggio hat sich selbst als Magier des Lichtes begriffen: In seinem Bild der *Gefangennahme Christi* von 1602 (vgl. Abb. 1) setzte er sich in einem auktorialen Gestus in die Szene. Der Laternenträger ist ein Selbstporträt des Künstlers. Er, Caravaggio, beleuchtet das Geschehen, er, der Maler, bringt Licht ins Dunkel, er zeigt die Wahrheit! Er definiert sich damit als Künstler des Lichtes.[3]

Die Brisanz von Caravaggios Lichtregie wird in der *Berufung des Matthäus* besonders deutlich (vgl. Abb. 2). Caravaggio hatte die drei großformatigen Leinwandbilder mit dem Matthäus-Zyklus (der *Evangelist mit seinem Symbol*, die *Berufung* und das *Martyrium*) um 1600 für die Contarelli-Kapelle in der Kirche San Luigi dei Francesi in Rom gemalt. Mit diesem ersten öffentlichen Auftrag begann Caravaggios steile Karriere. Die Bilder riefen ob ihrer dunklen Malweise und ihres neuen Realismus Bewunderung, aber auch Empörung hervor. Die erste Version des Evangelisten-Bildes wurde von der Kirche abgelehnt.[4] Den Evangelisten als Bauern mit

2 Ebenda, S. 173. Es ist nicht unwichtig zu wissen, dass Bellori zwar die Naturwahrheit in den Bildern Caravaggios würdigte, ihm insgesamt aber sämtliche künstlerischen Fähigkeiten, also Invention, Dekorum, Zeichnung, und das Wissen über Malerei, absprach; nehme man ihm das Modell weg, seien Geist und Hände leer: „[...] e le megliori parti gli mancavano, perche non erano in lui né inventione, né decoro, né disegno, né scienza alcuna della pittura, mentre tolti da gli occhi suio il modello restavano vacui la mano e l'ingegno" (zit. n. Walter Friedländer: Caravaggio Studies, Princeton 1974, S. 244).

3 Rudolf Preimesberger, den ich in der Ausstellung *Rembrandt-Caravaggio* vor diesem Bild traf, machte mich darauf aufmerksam, dass Caravaggio die Laterne, die eigentlich nur ein Papierlampion ist, wie einen Stift in der Hand hält. Ausgerechnet dieses Gemälde wurde erst 1991 wiederentdeckt und zwar von einem Restaurator, der den jahrhundertealten verschmutzten Firnis abnahm. Bis dahin hing es in einem irischen Kloster, unerkannt, da ungesehen. Zur Frage der Selbstrepräsentation in Caravaggios Werken vgl. ders.: Caravaggio im ‚Matthäusmartyrium' der Cappella Contarelli. In: P. K. Klein, R. Prange (Hrsg.): Zeitenspiegelung. Zur Bedeutung von Traditionen in Kunst und Kunstwissenschaft. Festschrift für Konrad Hoffmann zum 60. Geburtstag, Berlin 1998, S. 135–149.

4 Das Werk wurde von Caravaggios Gönner, dem Marchese Vincenzo Giustiniani, gekauft und so gerettet. Es wurde dann in Berlin im Zweiten Weltkrieg zerstört; vgl. Howard Hibbard: Caravaggio, London 1983, S. 91 ff., 144.

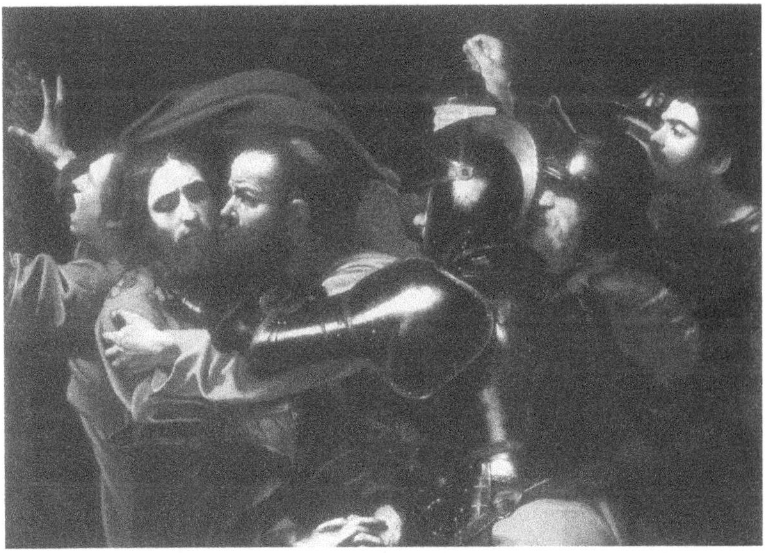

Abb. 1: Caravaggio: Gefangennahme Christi, 1602, Öl/Leinwand, 133,5 x 169,5 cm, Dublin, National Gallery of Ireland.

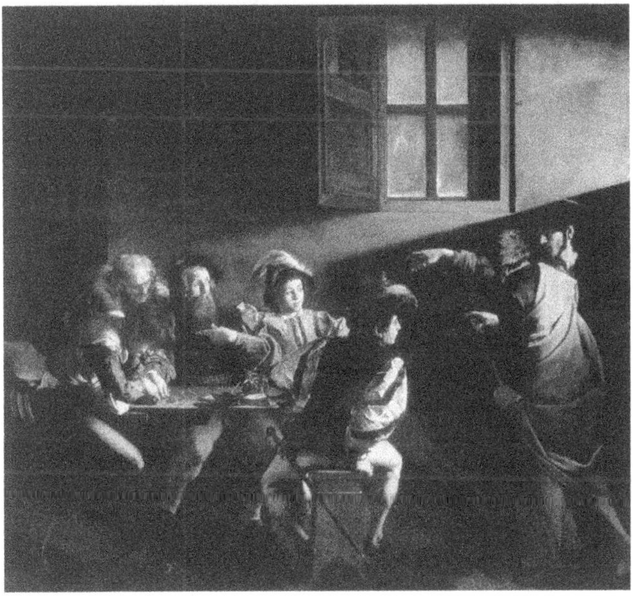

Abb. 2: Caravaggio: Die Berufung des Evangelisten Matthäus, 1600, Öl/Leinwand, 322 x 340 cm, Rom, San Luigi dei Francesi, Contarelli-Kapelle.

schmutzigen Füßen, als Analphabeten, dem ein höchst lasziver Engel die Hand führt, darzustellen, war der Kirche zu viel. Überdies hing dieses Bild direkt über dem Altar. Caravaggio hat sich gebeugt und einen anderen Evangelisten gemalt, der dem traditionellen Heiligen und dem herkömmlichen Inspirationstypus entsprach. Im Bereich der Ikonographie, der Motive und der Darstellung der Figuren war der Bruch des Dekorum offensichtlich und für die klerikale Obrigkeit unerträglich. Im Bereich der Lichtregie, also in der ästhetischen Inszenierung im engeren Sinn, war das revolutionäre und ketzerische Moment wenig augenfällig, aber, wie ich meine, ebenso subversiv.

In der *Berufung des Matthäus* sehen wir einen dunklen Raum, reduziert – wie immer bei Caravaggio – auf eine schmale Bühne, auf der lediglich ein Tisch, der Zöllner Matthäus mit vier seiner Kollegen und Christus mit Petrus zu sehen sind. Es handelt sich nicht, wie man zunächst meinen könnte, um einen Innenraum, ein dunkles Kellerloch, sondern um einen Außenraum, sichtbar an der schwach angedeuteten Kante des Gebäudes links und an dem von innen beleuchteten Fenster mit dem Fensterladen. Die Figuren am Tisch sind zeitgenössisch gekleidet, zum Teil wie römische *bravi* und nicht in den zur Zeit der Gegenreformation für biblische Figuren vorgesehenen historisierenden Gewändern.[5] Die Männer waren eben mit dem Zählen der Geldmünzen beschäftigt, zwei von ihnen widmen ihm immer noch ungeteilte Aufmerksamkeit. Die Gruppe ist offensichtlich von den beiden Herantretenden, Christus und Petrus, überrascht worden, was durch die Körperdrehungen und Kopfwendungen visualisiert wird. Die Inszenierung fokussiert den Augenblick der Berufung: Christus weist mit seinem ausgestreckten Arm auf Matthäus, dieser zeigt überrascht mit seiner linken Hand wie fragend auf sich: Bin ich gemeint? Caravaggio scheint es weniger um die Tatsache der Berufung zu gehen als um die psychische Reaktion auf das Geschehen: ein unvorhergesehenes Ereignis, das plötzlich das Leben eines Menschen von Grund auf verändert. Im Bibeltext (Mt 9,9) heißt es lapidar: „Jesus sah einen mit Namen Matthäus in seinem Zollhaus und er sagte zu ihm: Folge mir. Und Matthäus stand auf und folgte ihm." Der textwidrige Zweifel von Matthäus wird durch seine rechte Hand unterstrichen, die noch mit dem Geld beschäftigt ist. Die unterschiedlichen Reaktionen der Anwesenden werden differenziert ausgebreitet: von beginnender Erkenntnis, ungläubigem Staunen, schierer Überraschung bis zur Nichtregistrierung. Das Thema der Berufung des Matthäus wurde vor allem in der niederländischen Malerei des 16. Jahrhunderts aufgegriffen, geht es doch um die Berufung eines Menschen,

5 Zur zwielichtigen Figur des *bravo*, des mit einem Degen bewaffneten und oft zum Mord gedungenen Leibwächters, vgl. Preimesberger (wie Anm. 3), S. 140.

der mit Geldgeschäften zu tun hat. Es reflektiert somit die Frage des Zinsverbots der Kirche in beginnenden kapitalistischen Verhältnissen.[6] Die Maler des Nordens wie Hemessen und Reymerswaele folgen einer protestantischen Auslegung, in der Matthäus als einer gezeigt wird, der selbst in Geldgeschäfte verwickelt war und dem dann, gleichsam ohne sein Zutun, die Gnade der Berufung zuteil wurde. Die wenigen italienischen Beispiele, sowohl die frühen wie Carpaccio[7] wie auch die nach Caravaggio,[8] etwa Caracciolo, betonen demgegenüber die markante Differenz zwischen den sündigen Menschen und dem Heiligen, der ohne jedes Zögern dem Ruf Christi folgt (vgl. Abb. 3). Caravaggios Version folgt bemerkenswerterweise der niederländischen Tradition.

Beleuchtet wird die Szene durch ein Licht, das von oben rechts herzukommen scheint. Noch nie wurde der Logik, mit der einfallendes Licht Figuren und Objekte berührt, so konsequent gefolgt. Der Effekt dieser Lichtregie ist der Eindruck eines *realen* Lichtes, das von einer Lichtquelle außerhalb des Bildes herzurühren scheint. Der Lichtkegel ist durch eine scharfe Kante vom Schatten abgegrenzt. Das Licht fällt auf Matthäus und seinen jugendlichen Kumpanen gleichermaßen, somit nicht nur auf den Auserwählten. Christus und Petrus hingegen stehen im Schatten; von Petrus sind nur Teile des Umhangs am Rücken sowie seines Hinterkopfes und die rechte Hand beleuchtet. Bei der Christusfigur strahlt das Licht lediglich auf Partien seiner ausgestreckten Hand[9] und auf Teile seines Gesichts unterhalb der Augen. Sein Heiligenschein ist nur an der Grenze von Licht/Schatten sichtbar; er verschwindet praktisch in der Schattenpartie und wird vom einfallenden Licht überblendet. Diese Lichtinszenierung signalisiert zweierlei: Erstens wird der Eindruck erweckt, dass sich der Lichteinfall (im Bild) verändern könnte – da ja die Illusion erzeugt wird, das Licht stamme von einer realen Quelle außerhalb des Bildes. Es entsteht die Suggestion einer möglichen Veränderung der gesamten Szene: Ändert sich die Lichtsituation, ändert sich das Bild.

6 Es gibt mehrere Fassungen von Jan Sanders van Hemessen, davon zwei im Wiener KHM (Abb. vgl. Katalog der Gemäldegalerie: Flämische Malerei von Jan van Eyck bis Pieter Bruegel d. Ä., Wien 1981, S. 200 f.) oder von Marinus van Reymerswaele (z. B. im Museum Thyssen-Bornemisza, Madrid, Museum voor Schone Kunsten, Gent); G. A. H. Vlam: The Calling of Saint Matthew in Sixteenth-Century Flemish Painting. In: The Art Bulletin 59 (1977), H. 4, S. 561–570; Jutta Held: Caravaggio. Politik und Martyrium der Körper, Berlin 1996, S. 81.

7 San Giorgio degli Schiavoni, Venedig, 1502, Abb.: Guido Perocco: L'Opera Completa del Carpaccio, Mailand 1967, Nr. 33.

8 So auch Ludovico Carracci (Pinakothek, Bologna).

9 Die Christushand ist ein Zitat nach Caravaggios großem Vorbild Michelangelo, nach dessen *Erschaffung Adams* in der Sixtina. Allerdings wird nicht die Hand Gottes zitiert, sondern die Adams.

Somit wird der Faktor *Zeit* assoziiert. Zweitens wird deutlich gemacht, dass das Licht, das als reales Licht gezeigt wird, die übergeordnete Kategorie ist, eine natürliche Größe, der auch Christus unterstellt ist. Um die Tragweite dieser neuartigen Lichtregie zu ermessen, sei an die Lichtkonzepte der Kunst des Mittelalters und der Frühen Neuzeit erinnert. In der mittelalterlichen Kunst *ist* Gott/Christus das Licht, das Göttliche und das Licht sind eins. Es ist das Licht des Goldes, ein Licht, das auf Transzendenz verweist. Ein Licht, das selbstleuchtend ist, das nicht beleuchtet, das keinen Raum erzeugt, keine Plastizität, keine Stofflichkeit. Ein Licht, das Raum und Zeit negiert und Ewigkeit symbolisiert. Bei Giotto und den Künstlern des Trecento hat das Licht bereits die Funktion der Körpermodellierung. Aber erst in der Renaissance wird das Licht als von Körpern/Objekten unabhängige Größe gedacht; das Licht bietet nun die Möglichkeit, Plastizität, Räumlichkeit und Stofflichkeit zu erzeugen. Vor allem bei den Niederländern, insbesondere bei Jan van Eyck, wird Licht zur Charakterisierung von Stofflichkeit eingesetzt, unterschiedliche Materialien reflektieren Licht in je unterschiedlicher Weise. Aber auch bei van Eyck ist Christus, wenn er auch nicht mehr die Quelle des Lichtes ist, immer hell beleuchtet. Bei Caravaggio hingegen geht das Licht nicht nur nicht von Christus aus: Er selbst steht nicht im Licht. Christus steht im Schatten. Es ist aufschlussreich, mit zeitgleichen Versionen desselben Themas zu vergleichen, etwa mit der Matthäus-Berufung von Caracciolo (vgl. Abb. 3). Obwohl Carraciolo ein dezidierter Caravaggist war und seinem Vorbild im Konzept des Schlaglichts, der extremen Hell-Dunkel-Kontraste durchaus folgte, werden das Antlitz Christi und dessen Hand voll ausgeleuchtet. Es lässt sich aber auch nicht behaupten, dass bei Caravaggio zwar Christus im Schatten stehe, aber das Licht selbst als göttlicher Strahl gedeutet werden müsse. Dagegen spricht, dass das Licht eben nicht allein auf die Auserwählten und die Heiligen trifft: In der Berufung des Matthäus erleuchtet es den Jungen vor Matthäus ebenso wie diesen selbst. In der *Marter des Matthäus* nimmt der brutale Henker die zentrale Stellung ein, das grelle Licht wird ihm genauso zuteil wie seinem Opfer. In der Caravaggio-Forschung wird das Licht fast durchgehend als göttlicher Strahl gedeutet, durch dessen übernatürliche Kraft die Konversion Matthei vom Sünder zum Heiligen visualisiert werde.[10] Das Licht wird somit ausschließlich theologisch interpre-

10 So schreibt Friedländer über das Licht (wie Anm. 2), S. 18: „[...] penetrates the heart of the sinner." Das Licht verwandle den Zöllner in den Heiligen Matthäus, den Evangelisten. Und bei Hibbard (wie Anm. 4), einer der wichtigsten Monographien über Caravaggio, heißt es auf S. 116: „We are aware of its supernatural force. Its divine power is symbolic in the calling, but it is strong enough to convert a sinful man." Ganz ähnlich in einem der neuesten Beiträge zur Lichtkonzeption bei Caravaggio, bei

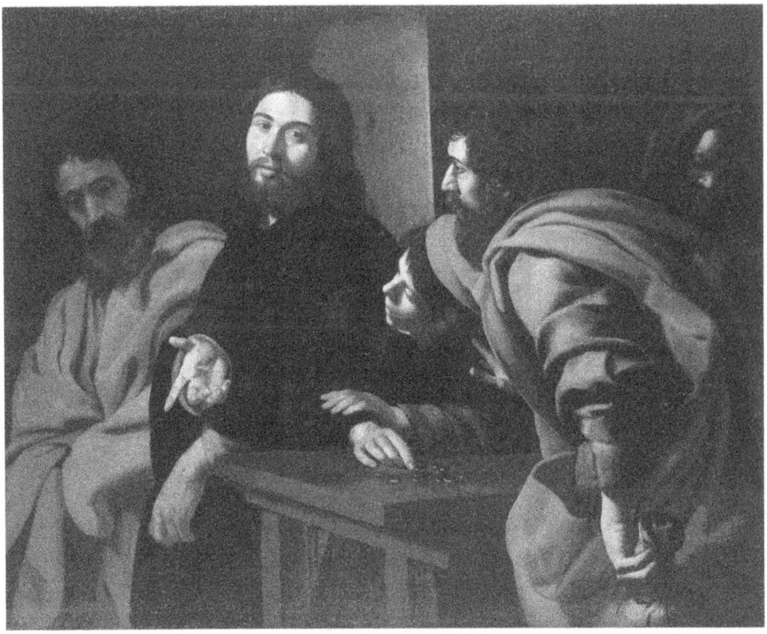

Abb. 3: Giovanni Battista Caracciolo: Die Berufung des Evangelisten Matthäus, 1625–35, Öl/Leinwand, 128 x 154 cm, London, Matthiesen Gallery.

pretiert. Ich kann dieser Deutung aus den genannten Gründen nicht folgen. Ich kann mich aber auch nicht der Meinung von Eikema Hommes und van de Wetering anschließen, den Autoren des aktuellen Ausstellungskataloges *Rembrandt-Caravaggio*, die sich zwar vehement gegen eine religiöse Deutung wehren, das Licht aber mit Berufung auf zeitgenössische Quellen ausschließlich als Darstellungsmittel zur Erzeugung von Plastizität interpretieren.[11] Ich gehe davon aus, dass die ästhetische Inszenierung nicht lediglich formal zu deuten ist, sondern inhaltlich im Sinne

Sergio Benedetti (Darkness and Light. In: E. Capon: Darkness and Light. Caravaggio and His World. Ausstellungskatalog, Art Gallery of New South Wales, National Gallery of Victoria, Melbourne 2003, S. 31 f.): „It is this ray of light which distracts Matthew from his calculation, and there is no doubt that it is of divine origin – a fact which would have been more than obvious to the faithful believers of Caravaggio's time." Held (wie Anm. 6) wiederum, die sich prinzipiell gegen eine theologische Deutung Caravaggios im Sinne der Gegenreformation stellt und dessen widerständiges Potenzial aufzeigt und auch im historischen Kontext belegt, widmet dem Licht kaum Beachtung. Über das Licht in der Berufung schreibt sie lediglich: „Auch das Licht streift seine [Christi] Gestalt nur beiläufig, es ist keineswegs auf ihn zentriert." (S. 1).

11 Rembrandt-Caravaggio (wie Anm. 1), S. 167 f.

einer Produktion von Bedeutung. Caravaggios Lichtregie ermöglichte neue Formen von Wahrnehmung.

Meine These ist: Diese Lichtinszenierung von Caravaggio, die das reale Licht (ob als natürliches Licht oder von einer künstlichen Lichtquelle wie einer Öllampe oder Kerze stammend) als strukturierendes Prinzip visualisiert, verweist auf den Paradigmenwechsel des 17. Jahrhunderts, in dem allmählich das theologische von einem naturwissenschaftlichen Weltbild abgelöst wurde. Das 17. Jahrhundert war *das* Jahrhundert der Optik, der Erfindung beziehungsweise Erprobung von neuen Sehinstrumenten, dem Mikroskop und dem Fernglas. Das Verhältnis von Auge, Sehen und Licht wurde Gegenstand der Wissenschaft. Caravaggio gehörte seit etwa 1597 zum engsten Kreis um Kardinal Francesco Maria del Monte, durch dessen Einfluss und Verbindungen zu Frankreich er auch seinen ersten öffentlichen Auftrag für den Matthäus-Zyklus in San Luigi dei Francesi erhielt.[12] Del Monte war ein in den Wissenschaften und Künsten hochgebildeter Mann, ein Zentrum der damaligen Avantgarde. In seinem Kreis verkehrte zwischen 1597 und 1603 auch Galileo Galilei, den mit Guidobaldo del Monte, dem Bruder des Kardinals, eine enge Freundschaft verband. In der Frühen Neuzeit dissoziierten sich die Diskurse über das Licht in einen theologischen und einen optisch-physikalischen. Allerdings verwiesen auch die Autoren, die sich zur neuen Naturtheorie bekannten und sich auf eine durchaus naturwissenschaftlich orientierte Analyse des Phänomens konzentrierten, wie etwa Descartes, auf die metaphysisch-theologische Sinndimension von Licht.[13] Analog ist das künstlerische Verfahren bei Caravaggio zu sehen: Das empirische Beobachten von Licht und Schatten und die radikale Privilegierung dieses natürlichen Phänomens gegenüber Figuren des Göttlichen (Christus im Schatten) eröffnete einerseits neue Möglichkeiten der Wahrnehmung, blieb aber gleichzeitig über die ikonographische Tradition einer christlichen Deutung gegenüber offen. Niemand hätte zu Caravaggios Zeit sprachlich formuliert, dass das Göttliche der Kategorie des natürlichen Lichtes ‚untergeordnet' sei. Auch Caravaggio selbst hätte das so sicher nicht bewusst gedacht, geschweige denn ausgesprochen. Aber in dieser Form der Repräsentation wurden neue Möglichkeiten, die Welt

12 Vgl. das Kapitel „Caravaggios Auftraggeber, seine Protektoren und sein Publikum". In: Held (wie Anm. 6), S. 222–230; Luigi Spezzaferro: Caravaggio in Context: A Historical Perspective. In: Darkness and Light (wie Anm. 10), S. 33–37, insbes. S. 35 f.; G. Gilbert: Caravaggio and his two Cardinals, University Park 1995.

13 Ich stütze mich auf den Vortrag von Thomas Leinkauf: *Die Implikationen des Begriffs ‚Licht' in der frühen Neuzeit* auf der Tagung *Rembrandt und Vermeer. Lichtgefüge des 17. Jahrhunderts* vom 2.–4.10.2004 in der Herzog August Bibliothek Wolfenbüttel. Die Vorträge werden im Fink Verlag von Carolin Bohlmann, Thomas Fink und Philipp Weiss herausgegeben.

wahrzunehmen, produziert und damit neue Bedeutungen, die, verwandt mit den Wissenschaften, zu neuen Formen des Denkens führten.

II.

Caravaggios Einfluss war enorm, nicht nur auf seine direkten Nachfolger, die Caravaggisten, sondern auch auf Maler wie Velazquez oder Rembrandt, Künstler, die sich eigenständig mit den neuen Repräsentationsmöglichkeiten auseinandersetzten. Rembrandt ist Caravaggio nie begegnet, er war vier Jahre alt, als Caravaggio starb. Auch ist er nicht nach Italien gereist; er hat wohl nie ein Original von Caravggio gesehen. Aber dessen Kunst wurde ihm durch die Utrechter Caravaggisten, Terbrugghen, Baburen und Honthorst bekannt gemacht, wohl auch durch die Stiche von Goudt nach Elsheimer. Rembrandt, dem holländischen Maler, ging es bei seiner Lichtregie nicht so sehr um die Herausarbeitung von Dreidimensionalität, sondern eher um ein sanftes Raumlicht und um die Integration von Figuren in den Raum; das Licht prallt nicht mit gleicher Intensität auf die Gegenstände, sondern erfährt allmähliche Abstufungen von Hell zu Dunkel. Auch verfügte Rembrandt über eine andere Malweise. Mehrere Farbschichten übereinander zu malen, war nicht neu, aber bei Rembrandt bilden diese Farbschichten keine feine, glatte Oberfläche mehr. Im Gegenteil, die Oberfläche zeigt eine unregelmäßige, offene Struktur, in der die einzelnen Farbschichten als Schichtungen sichtbar bleiben. Glattere Flächen wechseln mit pastos, plastisch-aufgetragenen Farbpartikeln, deren materieller Körper erhalten bleibt. Oft werden helle Farben lediglich von einer dunklen Lasur überpinselt. Für unser Thema bedeutet dies, dass, abgesehen von den auf dem Gemälde *dargestellten* Licht/Schatteneffekten, das reale Licht außerhalb des Bildes auf der Maloberfläche des Bildes Licht- und Schatteneffekte erzeugt. Lichtreflexe werden somit nicht nur repräsentiert, sondern finden materialiter auf der Oberfläche des Bildes statt.[14]

Das Licht wird bei Rembrandt zu dem zentralen Element in der Bilderzählung, es wird zum Handlungsträger. Erinnert sei an Werke wie *Samsons Blendung*, in dem es gleichsam das Licht ist, das Samson niederstreckt, Blendung somit im doppelten Wortsinn verstanden werden kann.[15] Oder man denke an die Radierung der *Kreuzigung*, in der die eigentliche Handlung an den Figuren kaum mehr nachvollziehbar ist, sondern Licht und

14 Zu Rembrandts Malweise vgl. u. a. Ernst van de Wetering: Rembrandt, the Painter at Work, Amsterdam 1997; Svetlana Alpers: Rembrandt als Unternehmer. Sein Atelier und der Markt, Köln 2003 (^{1}1989), insbes. S. 37–79.

15 Otto Pächt: Rembrandt, hrsg. v. E. Lachnit, München 1991, S. 86.

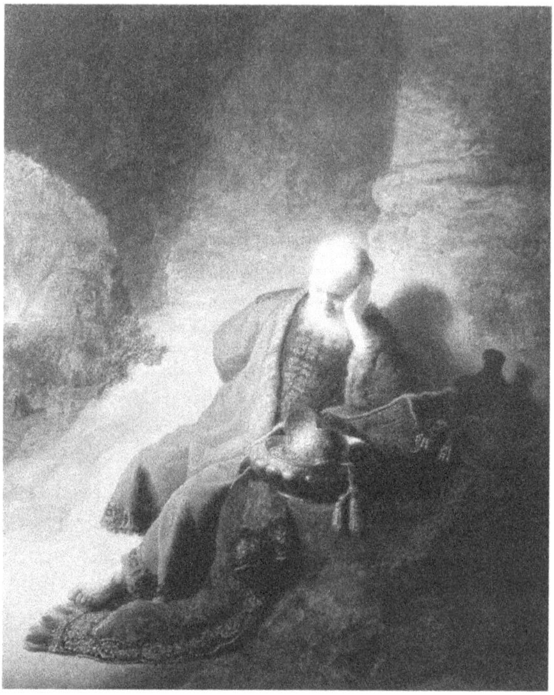

Abb. 4: Rembrandt: Jeremias trauert über die Zerstörung Jerusalems, 1630, Öl/Holz, 58,3 x 46,6 cm, Amsterdam, Rijksmuseum.

Dunkel das Drama des Geschehens erzählen. Die Semantik des Lichtes ist vielfältig; das Licht in Rembrandts Bildern kann keinesfalls auf eine einzige Funktion oder Bedeutung fixiert werden. Licht steht auch für innere Erkenntnis; Erkenntnis ist ein zentrales Thema bei Rembrandt, erinnert sei an die Bedeutung von Blindheit in seinem Werk. Rembrandt thematisierte die Frage des Verhältnisses von physischem und innerem Sehen, wobei dem *inneren Sehen* als eigentlicher Erkenntnis der Vorzug gegeben wird. Rembrandt zeigte mit den Mitteln der Malerei, also der Sichtbarkeit, dass es eigentlich um das Unsichtbare geht.[16] Die unterschiedliche Semantisierung des Lichtes kann auch innerhalb eines Bildes beobachtet

16 Als ein Beispiel unter vielen sei der *Jakobsegen* von 1656 (Kassel, Gemäldegalerie) genannt: Jakob segnet mit seiner Rechten seinen jüngeren Enkel und mit der Linken den Erstgeborenen, was dem Ritus widerspricht. Josef, Sohn Jakobs und Vater der Kinder, sieht den Grund dafür in der schwachen Sehkraft des Vaters und will dessen Hand auf das Haupt des anderen Kindes legen. Jakob aber handelte aus göttlicher Eingebung. Rembrandt zeigt die Überlegenheit des inneren Sehens gegenüber dem äußeren; vgl. ebenda, S. 141 f.

werden wie beispielsweise bei *Jeremia trauert über die Zerstörung Jerusalems* von 1630 (vgl. Abb. 4). Jeremia und die Objekte im Vordergrund werden von einem (natürlichen) Licht, das von links oben einfällt, beleuchtet. Sorgfältig sind die Differenzen bei der Reflexion unterschiedlicher Materialien herausgearbeitet: Das kostbare Metall reflektiert das Licht im Unterschied zu den Stoffen und dem Pelz, die Licht schlucken. Im Hintergrund ist das brennende Jerusalem zu sehen. Den Propheten hingegen umgibt ein diffuses Licht, das nicht direkt mit einer natürlichen Lichtquelle in Verbindung zu bringen ist. Es steht gleichsam für die Erleuchtung des Propheten, denn die brennende Stadt ist seine Vision, die dann allerdings Realität geworden ist. Den unterschiedlichen Semantisierungen des Lichtes bei Rembrandt entsprechen die unterschiedlichen Diskurse zum Thema Licht: der theologische bzw. der beginnende naturwissenschaftliche Diskurs, die vielfältigen gedanklichen Verweisen und Metaphern, die mit dem Phänomen Licht verbunden sind wie Immaterialität, Erhellung, Offenbarung, Verweis auf das Innere, auf die Seele oder Identifikation des Lichtes mit dem Sein. Das Medium des Bildes macht es möglich, das Spektrum der Bedeutungen synoptisch zu repräsentieren.

III.

Abschließend soll auf den unterschiedlichen Umgang mit der Relation von Farbe und Licht bei Caravaggio und Rembrandt eingegangen werden.[17] Caravaggio verzichtete weitgehend auf bunte Lokalfarben. Seine Farbpalette kreist vor allem um Ocker- und Brauntöne, Schwarz und Weiß, mit wenigen Rottönen. Zeitgenossen bewunderten die neuartige Farbigkeit, die alle „Schnörkeleien“ weglasse. Seine Farbpalette stand in einem auffallenden Gegensatz zu der Buntheit in der Malerei der Manieristen und der Kollegen der Barockmalerei wie Carracci. Janis Bell hat dargelegt, dass Caravaggio einer der ersten Maler gewesen ist, der die Farbe mit dem Helldunkel (*chiaroscuro)* so kombinierte, dass die Farbe jedes einzelnen Körpers, jeder Draperie und jedes Gegenstandes stets als konstant erfahren werde, an den beleuchteten wie an den beschatteten Stellen.[18] Bereits Caravaggios Gönner Giustiniani hob hervor, dass bei Caravaggio keine einzige Veränderung in der eigentlichen Farbe des

17 Im Unterschied zum Vortrag stehen mir in der schriftlichen Fassung keine Farbabbildungen zur Verfügung, daher sei auf die entsprechenden Bildbände über Caravaggio bzw. Rembrandt verwiesen.

18 Janis Bell: Some Seventeenth-Century appraisals of Caravaggio's coloring. In: Artibus et Historiae 14 (1993), Nr. 27, S. 103–129; ders.: Light and Color in Caravaggio's *Supper at Emmaus*. In: Artibus et Historiae 16 (1995), Nr. 31, S. 139–170.

Objekts wahrgenommen werden kann. Die leuchtendste Farbe befindet sich bei Caravaggio immer an den am stärksten beleuchteten Partien und verliert proportional zum Schatten an Intensität, bis die Farbe in den dunkelsten Partien praktisch verschwunden ist.[19] Dennoch hielt Caravaggio an der Lokalfarbigkeit fest: Ein bestimmtes Objekt besitzt eine bestimmte Farbigkeit, unabhängig vom Licht. (Ein rotes Wams ist ein rotes Wams, die Farbe lässt sich an der am stärksten beleuchteten Stelle eindeutig identifizieren.) Bei Rembrandt hingegen ist die Farbe keine eigenständige, vom Licht unabhängige Kategorie, das Licht verändert den Farbton; wir können oft nicht ausmachen, welche Farbe ein Stoff hat, Farbe wird immer durch Licht gebrochen.[20] Besonders deutlich wird dies in den Landschaftsbildern von Rembrandt, die hierin mit den Landschaften der holländischen Kollegen wie etwa Ruisdael übereinstimmen. Diese Landschaftsbilder werden wesentlich durch Licht-Schatten strukturiert, die Objektwelt tritt zurück.[21]

Diese künstlerische Visualisierung der Abhängigkeit der Farbe vom Licht findet eine Entsprechung in der Wissenschaft. Descartes hat seinem *Discours de la Méthode* einen Essay über die Optik *La Dioptrique* beigefügt, beide sind 1637 in Leyden publiziert worden. Descartes formuliert in der *Dioptrique* erstmals eine neue Definition über das Licht und die Farben und ihr gegenseitiges Verhältnis.[22] Bei Descartes ist Farbe nicht mehr wie in der aristotelischen und scholastischen Tradition eine Eigenschaft von Körpern. Farbe, besser gesagt, die Möglichkeit für unsere Augen, Farbe wahrzunehmen, wird ausschließlich durch Licht erzeugt. Farben in Körpern, die wir farbig nennen, sind nichts anderes als die unterschiedliche Art und Weise, in der diese Körper Licht empfangen und es reflektieren. Licht ist somit nicht mehr lediglich eine Kraft, die

19 In Ansätzen lässt sich das bereits in der niederländischen Malerei des 15. Jahrhunderts beobachten, insbesondere bei Jan van Eyck, allerdings blieb van Eyck der mittelalterlichen Schönfarbigkeit treu.

20 Die Veränderungen in der Farbe sind nun aber nicht mehr willkürlich wie im Manierismus, sondern eben immer durch Licht-/Schatteneinfall begründet.

21 Dies unterscheidet die Landschaftsbilder des 17. Jahrhunderts von denen des vorangegangenen Jahrhunderts. Bei Bruegel etwa wird die jeweilige Farbe gegenständlich begründet, Grün-Braun-Ockertöne verweisen auf Wiesen, Felder, Weinberge etc. In den meisten holländischen Landschaftsbildern des 17. Jahrhunderts hingegen werden die Farbunterschiede im Bild nur durch Lichtsituationen begründet, d. h., dass ein und dasselbe Feld z. B. völlig unterschiedliche Farbtöne aufweisen kann, wobei der Farbwechsel jeweils durch die Wolkenformationen am Himmel einsichtig gemacht wird.

22 Ich stütze mich auf einen Vortrag von Alan E. Shapiro, Professor für Sciene and Technology an der University of Minnesota, zu *Descartes and Some Cartesians on the Nature of Light and Color*, Herzog August Bibliothek Wolfenbüttel 2004 (wie Anm. 13).

Farben sichtbar macht, sondern diese aktiv erzeugt. Licht und Farbe sind keine getrennten Phänomene. Farbe ist modifiziertes Licht.

Diese neue cartesische Definition des Verhältnisses von Licht und Farbe entspricht erstaunlich genau den Neuerungen in Rembrandts Bildern.[23] Wie ist diese Übereinstimmung zu verstehen? Keinesfalls kann von einem Einfluss von Descartes auf Rembrandt die Rede sein. Rembrandts Frühwerke sind bereits in der zweiten Hälfte der 1620er Jahre entstanden, und Descartes Schrift wurde erst 1637 in französischer Sprache publiziert, 1644 ins Lateinische und 1659 ins Holländische übersetzt. Prinzipiell halte ich es für unwahrscheinlich, dass Maler sich von einem wissenschaftlichen Traktat über Optik haben leiten lassen. Vielmehr gingen sie wohl von eigenen Beobachtungen aus. Ich sehe in dieser Übereinstimmung eher analoge Entwicklungen, ein Dispositiv, das aufgrund der spezifischen sozialen (bürgerlichen) und kulturellen Verhältnisse in Holland neue Erfahrungen und Wahrnehmungsweisen ermöglichte. Es lässt sich eine Haltung der Welt gegenüber konstatieren, die in einem bislang nicht da gewesenen Maße von Beobachtungen und empirischen Untersuchungen ausging, wobei Phänomene der Optik und des Lichtes von herausragendem Interesse waren. Bilder können dazu beitragen, die Welt neu zu deuten. Erfahrungen und Vorstellungen können in bildender Kunst visualisiert werden, bevor sie begrifflich formuliert werden. Kulturwissenschaftler sind deshalb gut beraten, bildende Kunst ernst zu nehmen und auf ihren Beitrag in der Produktion von Bedeutung zu befragen, wobei Bedeutung nicht lediglich durch Motive, sondern auch durch die ästhetische Inszenierung konstituiert wird.

Abbildungsverzeichnis

(Abb. 1): Rembrandt-Caravaggio. Ausstellungskatalog, Rijksmuseum und Van Gogh Museum Amsterdam, hrsg. von Duncan Bull, Zwolle 2006, S. 81, Kat. Nr. 17.

(Abb. 2): Ebenda, S. 14, Abb. 5.

(Abb. 3): Caravaggio and his World: Darkness and Light, Ausstellungskatalog, Art Gallery of New South Wales, Sydney, National Gallery of Victoria, Melbourne, hrsg. v. Edmund Capon, Sydney, Melbourne 2003, S. 118, Nr. 20.

(Abb. 4): Jacqueline und Maurice Guillaud: Rembrandt. Das Bild des Menschen, Paris 1986, S. 501, Abb. 592.

23 Natürlich gibt es Vorstufen innerhalb der Malerei wie etwa das *Sfumato* bei Leonardo oder gewisse Entwicklungen in der niederländischen Kunst des 15. und 16. Jahrhunderts.

Moritz Wedell

Licht, Sicht und Liebe zwischen literarischer Tradition und technischer Innovation in Giovan Battista Andreinis Komödie „Amor nello Specchio" (1622)

strale che dolcemente per gli occhi m'impiaghi.
(*Amor nello Specchio* I.3)[1]

Giovan Battista Andreinis Komödie *Amor nello Specchio*[2] beginnt mit einer fulminanten Kampfansage der Protagonistin Florinda an die Männer. Komplementär zur zweiten weiblichen Protagonistin Lidia, die einen Edelmann hat einkerkern lassen, weil er ihre Liebe nicht erwiderte, verachtet Florinda nicht nur die um sie werbenden Gentiluomini Guerindo und Lelio, sondern das männliche Geschlecht prinzipiell. Die Verachtung ist so groß, dass sie, um es nicht sehen und hören zu müssen, glücklich wäre, blind und taub geboren zu sein (I.2). Dabei geht es nicht um ein unliebsames, aber korrigierbares Fehlverhalten im Einzelfall. Der Grund für ihre massive Ablehnung ist vor allem eine maßlose Liebe zu sich selbst. Ihr Narzissmus findet sein skandalöses Bild in der 3. Szene des I. Akts, die Andreini um die Regieanweisung ergänzt: „Florinda avrà un picciolo specchio in seno o nella manica".[3] Diesen Spiegel also, d. h. sich selbst

1 Amor nello Specchio. Commedia Di Giovan Battista Andreini fiorentino. All' illustrissimo Signore Basampiere dedicata. In Parigi. Apresso Nicolas della Vigna, stampatore nella strada Cloopi[na] allo Scudo di Francia, vicino al Piccolo Navarro, M. DC XXII. Moderne, im folgenden zitierte Ausgabe: Giovan Battista Andreini: Amor nello Specchio. A cura di Salvatore Maira e Anna Michela Borracci, Rom 1997.

2 Giovan Battista Andreini * 1576/79 (Florenz) – † 1654 (Reggio Emilia). Zur Biographie mit weiterführender Literatur vgl. Maurizio Rebaudengo: Giovan Battista Andreini tra poetica e drammaturgia, Torino 1994, S. 10–24.

3 „Florinda wird einen kleinen Spiegel an der Brust oder am Ärmel tragen." Andreini setzt an das Ende fast jedes seiner Werke eine Übersicht („Ordine per recitar"), die Szene für Szene ausweist, welche Gegenstände zur Bühnen- und Personenausstattung notwendig sind. Zit. nach: Ordine per recitar Amor nello Specchio con gran facilità. In: Amor nello Specchio (wie Anm. 1), S. 141–144, hier S. 141. Zu dem für seine Zeit ungewöhnlich großen Interesse des Autors, die praktische Umsetzung seiner Texte zu steuern vgl. Winifred Smith: Giovan Battista Andreini as a Theatrical Innovator. In: The Modern Language Review 17 (1922), S. 31–41.

vor Augen, formuliert sie brennende Bekenntnisse der Liebe und beginnt, sich auf der Bühne leidenschaftlich zu lieben:

S'ama dunque Florinda, e sì di core
Ch'entro uno specchio inamorata more [...].[4]

Diese unhaltbare Situation greifbar zu machen und aufzulösen ist der strukturbildende Impuls der Komödie. Die Szene ist als Knotenpunkt einer Gruppe von Themen angelegt, deren Entfaltung die Handlung vorantreibt und gestaltet. Zu ihnen gehören mindestens die Folgenden: die literarische Tradition des ins Höfische gewendeten Mythos von Narziss (die sich im Spiegel betrachtende Frau), die gesellschaftlich hochaktuelle Faszination an der technischen Lenkung von Lichtstrahlen, die Ontologie des Sehens, die Problemkreise der Homosexualität und der Magie.

Die Handlung ist auf den ersten Blick ganz nach den Schemata der Commedia dell'arte gestrickt. Die Eröffnung bietet gedoppelt das Motiv der nicht erwiderten Liebe: hier Florinda, vergeblich umworben von Lelio und Guerindo; dort Linda, abgelehnt durch Silvio und vergeblich begehrt von Orimberto. Die erste grundsätzliche Wendung erhält die Handlung dann durch einen Spiegeleffekt: Während sich Florinda selbstverliebt betrachtet, wird ihr Bild durch dasjenige eines Jünglings überblendet (II.6). In dieses Bildnis verliebt sich Florinda. Der optische Reflex entpuppt sich als Spiegelbild ihrer Nachbarin Lidia, die im gegenüberliegenden Haus weinend am Fenster steht, und die beiden Frauen entflammen in einer heftigen Liebesverbindung (III.1). Die als Liebhaber und Partner deklassierten Männer, Guerindo und Lelio, aber auch Orimberto, beschließen unabhängig voneinander, die Dienste eines Magiers in Anspruch zu nehmen und die Angebetete mit Hilfe von Zauberei auf ihre Seite zu ziehen (II.2–3; III.2).[5] Dazu importieren sie die große Maschinerie des Hoftheaters in die Welt der Commedia dell'arte. Allein, alle Erdbeben und Flammen, die Erscheinung von Toten, Kobolden und Höllengestalten, verfehlen den gewünschten Effekt (III.7–10).[6] Im IV. Akt initialisiert das Gesicht, das Florinda eingangs im Spiegel überraschte,

4 „Es liebt sich also Florinda, und so sehr von Herzen,/ dass sie in einem Spiegel, verliebt den Tod erleidet [...]" I.3, S. 64 (Übers. M. W.).

5 Lelio in II.2, S. 82; Guerindo in II.3, S. 84; entsprechend will auch Orimberto Lidia gewinnen in III.2, S. 99.

6 Vgl. die Angaben im Ordine per recitar (wie Anm. 3), S. 142–144 und Smith (wie Anm. 3). Über die Praxis zeitgenössischer Bühnenmaschinerie informiert Nicola Sabbatini: Pratica di fabricar scene, e machine ne' teatri Ristamp. coll'aggiunta del 2. libro, Ravenna 1638; Neudruck Alberto Perrini (Hrsg.): Scene e macchine teatrali: della commedia dell'arte e della scenotecnica barocca con i disegni originali, Rom 1989.

die zweite Wendung der Handlung: Eugenio trifft ein, der Bruder von Lidia, ihr zum Verwechseln ähnlich (IV.4). Er hat der Liebe abgeschworen und sich dem Militär verschrieben. Im V. Akt begegnet er Florinda, die in ihm die verkleidete Lidia zu erkennen glaubt (V.5). Nach einem verschachtelten Spiel von wechselseitigen Provokationen und Täuschungen, gefolgt von einer schockierenden Entdeckung im Schlafgemach, kommt Florinda auf den Gemeindeplatz und eröffnet der entsetzten Lidia, die der vorausgestürmten Dienerin Bernetta keinen Glauben schenken wollte, dass sie nun doch einen liebt, der zwar Frau, aber doch mehr Mann als Frau ist (V.7); worauf die Dienerin sich flugs bereit erklärt, dem hinzugetretenen, noch halb nackten Eugenio beim Bekleiden zur Hand zu gehen, um den Hermaphroditen aus der Nähe zu bestaunen. Abschließend lässt Florinda die ganze Geschichte Revue passieren. Infolge des Bekenntnisses ihrer Liebe zu Eugenio wird auch im Übrigen die Ordnung der Gesellschaft in schneller Schrittfolge restituiert: Der Gouverneur bestimmt die Vermählung von Lidia und Silvio, Orimberto gibt seine Ansprüche auf Lidia auf, der Magier kündigt seine baldige Abreise an, während die abgewiesenen Verehrer Florindas, denen die hoffnungslose Liebe leid geworden ist, sich ihrerseits für die Laufbahn im Militär, gegen die Liebe, entscheiden, und als Soldaten stante pede die Stadt verlassen (V.9).

Verfasst wurde die Komödie 1622 für die Compagnia dei Fedeli. Die Schauspielertruppe war von Giovan Battista Andreini 1604 in der Nachfolge der Compagnia dei Gelosi gegründet worden, der von Andreinis Eltern Isabella de' Canali und Francesco Andreini geleiteten Gruppe, die nach dem Tod seiner Mutter aufgelöst wurde. Bis 1652 verfasste Giovan Battista Andreini gut fünfzig Komödien, Tragödien, geistliche Spiele, weltliche Gedichte und einige theoretische Traktate über das Theater und den Schauspielberuf. Nach einer Reihe von Stationen an Fürstenhöfen vorwiegend in Mittel- und Norditalien, bei denen Andreini unter anderem mit Pier Maria Cecchini, Ottavio Rinucci, Alessandro Striggio, Jacopo Peri und Claudio Monteverdi zusammenarbeitete,[7] waren die Fedeli auf Einladung Ludwigs XIII. vom Jahreswechsel 1620/21 bis zum Frühjahr 1622 ein zweites Mal in Paris. *Amor nello specchio* ist eines von sechs Werken (fünf Komödien und ein genre-übergreifendes Werk), die 1621–1622 geschrieben und aufgeführt wurden.

Vor dem Hintergrund der Aufarbeitung der Korrespondenz, der historischen Verankerung der Widmung und der Reisezeugnisse der Compagnia dei Fedeli hat die Forschung zur Deutung der Komödie vor allem

7 Salvatore Maira: Nota Biografica. In: Amor nello Specchio (wie Anm. 1), S. 35–40, hier S. 36 f.

biographisch orientierte Ansätze hervorgebracht.[8] Siro Ferrone und dann vor allem Nevia Buommino haben das Verhältnis der beiden Frauenfiguren zueinander als dramatische Verarbeitung eines Dreiecksverhältnisses interpretiert, das den Alltag in der Compagnia dei Fedeli wesentlich geprägt haben muss.[9] Florinda vertritt in dieser Lesart Virginia Ramponi, die Darstellerin der Florinda und Andreinis Ehefrau, Lidia die von der Dienerin zur Darstellerin avancierte Virginia Rotari, die Geliebte des Capocomico. Ein starkes Interesse haben dieselben Autoren den vielfältigen Bezügen innerhalb des umfangreichen Werks von Andreini entgegengebracht und ansatzweise auch darüber hinausweisende intertextuelle Bezüge nachgewiesen. Zwei Beiträge von Maurizio Rebaudengo fokussieren vor allem das Problem von Anomalie und Korrektur.[10] Zuletzt hat Piermaria Vescovo neben der mythologischen Tradition auf die Bedeutung des zeitgenössischen Hermaphroditismus-Diskurses für die Komödie hingewiesen.[11] Die Entdeckung der grundsätzlichen Wandelbarkeit des Geschlechts korrespondiert nach Vescovo einer streng geometrischen Konstruktion der Komödie. Im Zusammenhang mit der Erarbeitung der modernen Textausgabe durch Salvatore Maira[12] ist außerdem ein Kinofilm *Amor nello specchio* entstanden, dessen Plot sich um die Entstehung dieser Komödie rankt. Auch diese Bearbeitung schließt wesentlich an die biographische Deutung an. Daneben nimmt sich Maira in der (Re-)Konstruktion einer Reihe von Bühnenszenen der technikgeschichtlichen Dimension der Komödie an,[13] die bis dahin nur punktuell behandelt worden war.[14]

8 Vgl. den ausführlichen Beitrag von Enrico Bevilaqua: Giambattista Andreini e la Compagnia dei Fedeli. In: Giornale storico della letteratura italiana 23 (1894), S. 76–155, 24 (1894), S. 82–165. Die Korrespondenz ist inzwischen ediert bei Siro Ferrone (Hrsg.): Comici dell'Arte. Corrispondenze, Bd. 1, Florenz 1993, S. 61–169.

9 Grundlegend Siro Ferrone: Attori, mercanti, corsari. La Commedia dell'Arte in Europa tra Cinque e Seicento, Torino 1993, bes. S. 256–260. Seine Ergebnisse werden aufgenommen von Salvatore Maira: Introduzione. In: Amor nello Specchio (wie Anm. 1), S. 9–34 und im Abschnitt „Fantasmi e giochi autobiografici" in Nevia Buommino: Lo Specchio nel teatro di Giovan Battista Andreini, Rom 1999, S. 7–34 ausgebaut.

10 Rebaudengo (wie Anm. 2), S. 136–197; ders.: Grandissima forza ha'l piccolo fanciullo Amore: l'eterodossia erotica in Amor nello Specchio di Giovan Battista Andreini. In: Sodoma. Rivista omosessuale di cultura 5 (1993), S. 57–74.

11 Piermaria Vescovo: Narciso, Psiche e Marte ‚mestruato'. Una lettura di Amor nello specchio di Giovan Battista Andreini. In: Lettere Italiane 56 (2004), S. 50–80.

12 Amor nello Specchio (wie Anm. 1).

13 Amor nello Specchio. Un film di Salvatore Maira, Italien 1999. Zweimal ist die Komödie zudem unter der Regie von Luca Ronconi aufgeführt worden. 1987 an der Accademia d'Arte Drammatica „Silvio D'Amico" in Venedig (vgl. Luca Ronconi: Il teatro dimenticato. In: Teatro in Europa 6 [1989], S. 98–103) und 2002 am Teatro Communale in Ferrara.

14 Smith (wie Anm. 3).

Noch keine befriedigende These hat die Forschung zur Funktionalisierung des optischen Wissens bei Andreini formuliert. Dasselbe gilt für die literarische Tradition, über die die Spiegelthematik in die Komödie Eingang findet, und die Rolle der Magie, die im Zusammenhang mit dem Spiegel wiederholt behauptet worden ist. Die drei Themen verbindet die Frage nach der Ontologie und technischen Funktionalität der Blicke und des Lichts. Ich möchte hier anknüpfen und die These formulieren, dass Andreini die zu seiner Zeit wissenschaftlich aktuelle und gesellschaftlich modische Ausstellung von Spiegelphänomenen bewusst mit der ins höfische Milieu gewendeten Erzählung von Narziss verknüpft hat, um durch die konzeptionelle Einbindung der neuen Projektionstechniken den literarischen Topos strukturell weiterentwickeln und dramaturgisch dynamisieren zu können. Um die These zu erhärten, ist es entscheidend, zunächst erstens die von Andreini inszenierte Doppelfunktion des Spiegels als Ort eines fantasmatischen und eines optischen Ereignisses zu vergegenwärtigen (I.) und zweitens seine Inszenierung des Effekts herauszustellen, der durch die optische Überblendung entsteht (II.). Im dritten Schritt wird dieser Vorgang im Licht des Verhältnisses von literarischer Tradition und technischer Innovation gedeutet (III.) und viertens, abschließend, in einen größeren poetologischen Zusammenhang eingeordnet (IV.).

I.

Die Präsenz des Spiegels als Ort der Vereinigung von seelischer Projektion und optischer Reflexion wird vor allem in der eingangs zitierten Szene aus dem I. Akt (I.3) entfaltet. Als Bühnenrequisit ist der Spiegel zunächst ein optisches Instrument. In Florindas narzisstischer Selbstbetrachtung wird aber zugleich die Überkodierung des gläsernen Reflexionsmediums markiert und ausdifferenziert: „O vetro non vetro" wiederholt sie fünf Mal und ergänzt, was sie jeweils im Spiegel sieht:

> O vetro non vetro, ma sfera dove si raggira Amore.
> O vetro non vetro, ma gemma più viva del sole.
> O vetro non vetro, ma strale che dolcemente per gli occhi m'impiaghi.
> O vetro non vetro, ma fiamma dov'ardendo fenice, e nasco e moro.
> O vetro non vetro, ma cielo dove quest'occhi sono le stelle, anzi la luna, e'l sole.[15]

15 „O Glas nicht Glas, sondern Reich, in dem die Liebe umhergeht. / O Glas nicht Glas, sondern Edelstein, der lebendiger als die Sonne ist. / O Glas nicht Glas, sondern Pfeil, der sanft durch die Augen mich verletzt. / O Glas nicht Glas, sondern Flamme, in der Phönix brennt, und in der ich geboren werde und sterbe. / O Glas nicht Glas, sondern Himmel, wo diese Augen Sterne sind, mehr noch der Mond, und die Sonne." I.3, S. 65.

Die Materialität des Spiegels wird zugleich beschworen und imaginativ überblendet. So verändert sich das Objekt von einer spiegelnden Fläche zu einem *Raum*, zur Sphäre der Liebe. Das Glas erscheint Florinda als Edelstein, der in seiner Lebendigkeit sogar die Sonne überbietet. Die Metaphorik der lichtspendenden Sonne wird weitergeführt, indem das Glas durch die Vorstellung des Pfeils bzw. Strahls überspielt wird, der „sanft durch die Augen mich verletzt"[16]. Das macht zugleich deutlich, dass es sich bei dem Raum, der im Medium des imaginativ veredelten Glases aufscheint, um einen performativen, durch das Erlebnis konstituierten Raum handelt. In diesem Sinne steigert sich der Spiegel in der Wahrnehmung der Protagonistin zu einer Flamme, in der sie, dem Phönix gleich, brennt, stetig geboren wird und stirbt; zu einem Raum, der sich bis in den Himmel ausdehnt, der es ihr erlaubt, den Reflex ihrer eigenen Augen als Sterne, als Mond und Sonne zu erfahren. Der Spiegel erlaubt ihr auf der Basis der optischen Reflexion die seelische Projektion einer restlosen Überhöhung und Selbstentgrenzung.

In einer monologischen Ansprache an Narziss hatte Florinda zuvor behauptet, dass sich ihre Selbstliebe grundsätzlich von der seinen unterscheide. Dieser bewundere sich aus Stolz, weil er glaubte, „das Licht von tausend Herzen, der (Licht-/Liebes-)Strahl von tausend Brüsten" zu sein. Ihr gehe es darum, sich selbst zu *begehren*, und um sich selbst zu schätzen, verachte sie jeden.[17] Guerindos Liebeswerben hatte sie zudem mit dem Argument abgeschmettert, dass sie ihren Narzissmus als Selbstschutz und als Anspruch auf Freiheit deute: als eine Form der legitimen Liebe, die ihr Erfüllung gewähre und sie zugleich vor den Übergriffen schütze, denen sie sich in einer konventionellen Bindung ausgesetzt sehen würde (II.2). Vor diesem Hintergrund erhält der Spiegeleffekt die Funktion eines Schutzraumes vor der Welt und ihr Spiegelbild den Charakter einer im gesteigerten Sinn exklusiven Gesellschaft. Florinda imaginiert es als ein Gegenüber, das mit ihr auf mehreren Ebenen kommuniziert: Sowohl im Bild und in der Stimmung –

> Questo è il ritratto di colui ch'adoro; [...] s'io mesta sono, egli è mesto, se lieta lieto, e s'io piango, pur ei piange.[18]

– als auch im Wort. Florinda imaginiert einen Dialog, in dem sie das Echo ihrer Worte dem Spiegelbild als Antwort in den Mund legt:

16 Ebenda.

17 „[...] credevi d'essere face di mille cuori, strale di mille petti; ma io sola di me medesma vaga, per apprezzar me stessa, ciascuno disprezzo." I.3, S. 64.

18 „Das ist das Porträt dessen, den ich anbete; [...] wenn ich betrübt bin, ist er betrübt, wenn ich glücklich bin, glücklich, und wenn ich weine, weint er auch." II.2, S. 80.

> [...] in questo specchio sta nascosto colui ch'al moto solo delle mie labbra, senza pur udir picciolo suono di voce, alle mie voci risponde, e che 'l vero io discorra, imagine bella, Eco gentile, ch'io seco favelli, ch'egli cortese mi risponda. „O bella imagine di colui ch'adoro, ami pur la tua Florinda, non è così?" Ed ella col gesto dice sì. „La lascerai giamai?". Ed ella dice: „Mai". „Sarai della tua amata disamante?". Ed ella dice: „Amante". „Se l'abbandoni nel morir farà le guance smorte"; ed ella dice „Morte", cioè che non mi lascerà se non per morte. „Io baciar ti vorrei; dimmi tu voglio o non voglio". „Voglio".[19]

Sie imaginiert die Begegnung sogar haptisch, indem sie ihr Spiegelbild umarmt, an die Brust drückt und sich so ihrer Liebe versichert:

> E io Florinda sempre miro, sempre ne' dolci moti della bocca tacita l'ascolto, e ad ognor nel seno stringendola io la godo. Abbracciami cor mio e così tiemmi stretta, che non mai t'abbandoni.[20]

Das technische Substrat der Lösung ihrer Ängste, aller Formen von Begehrlichkeit, Unverlässlichkeit und Andersartigkeit, denen sie für immer entfliehen will,[21] ist die optische Reflexion ihrer selbst: das naturgesetzlich verbürgte Erscheinen ihres Bildes im Spiegel. Im Spiegel findet sie die mühelose Verfügbarkeit ihres Gegenübers, unerschütterliche Treue, den emotionalen Gleichschritt; zugleich die Vermeidung jeder körperlichen Bedrohung durch Sexualität und Schwangerschaft sowie die Gefahr eines mit der Geburt verbundenen Sterbens.[22] So sieht sie sich im vollen Besitz der Liebe:

> Dei tre diletti maggiori che 'n amor si gusti, io tutti appieno gli godo; e s'uno di quelli è 'l mirar la cosa amata, l'altro l'udirla e l'ultimo, e il maggiore, è 'l goderla.[23]

19 „[...] in diesem Spiegel ist der verborgen, der allein durch die Bewegung meiner Lippen, ohne auch nur einen kleinen Laut der Stimme zu hören, auf meine Äußerung antwortet und der das Wahre, das ich sage, schönes Bild, freundliches Echo, mit dem ich spreche, dass er höflich mir antwortet: ‚O schönes Bild von dem, den ich anbete, liebst du auch deine Florinda, ist es nicht so *(così)?*'. Und sie sagt mit der Geste ja *(sì)*. ‚Du wirst sie nie verlassen *(giamai)?*'. Und sie sagt: ‚Nie *(Mai)*'. ‚Wirst du deiner Geliebten Nicht-Geliebte sein *(disamante)?*'. Und sie sagt ‚Geliebte *(Amante)*'. ‚Wenn du sie im Sterben verlässt, wird sie blasse Wangen bekommen *(smorte)*'; und sie sagt ‚Tod *(Morte)*', das heißt, dass sie mich nicht verlässt, es sei denn durch den Tod. ‚Ich wünschte dich zu küssen; sag du mir, ich will oder ich will nicht *(voglio)*'. ‚Ich will *(voglio)*'." II.1, S. 80 f. Zur Einordnung dieser Technik bei Andreini vgl. Rebaudengo (wie Anm. 2), S. 104–119.

20 „Und ich schaue Florinda immer an, immer höre ich sie in den süßen Bewegungen ihres stummen Mundes und zu jeder Stunde, sie an die Brust drückend, erfreue ich mich an ihr. Umarme mich, mein Herz, und halte mich fest, dass ich dich nie verlasse." II.1, S. 81.

21 „In altro luogo andiamo, gridando: ‚Io amo, io amo!'" („An einen anderen Ort gehen wir, ausrufend ‚Ich liebe, ich liebe!'"). II.1, S. 81.

22 Ebenda.

23 „Von den drei größten Vergnügungen, die man in der Liebe schmeckt, genieße ich

Mit dem Lichtbrechungsinstrument wird so ein abgeschirmter, himmlischer Kommunikationsraum erzeugt, in den sie als Gesellschaft ein Gegenüber projiziert, dem sie ohne Scheu emotional begegnen kann.

II.

In dieses psychologisch feinkalibrierte Setting bricht nun das barocke Theater und seine Lichtmaschinerie ein. Das gesellschaftliche Prestige von Spiegelsälen und -gallerien,[24] die wissenschaftliche Aktualität katoptrischer Experimente,[25] die theatralische Ausstellung von Maschinen[26] auf der einen und die Einbindung von Maschinen ins Theater[27] auf der anderen Seite bilden den Hintergrund, vor dem Andreini eine Art Lichtspiel in die Handlung montiert und in Florindas Spiegel ein zweites Gesicht aufscheinen lässt.[28] Indem Florinda sich in dieses Gesicht unsterblich verliebt, wird zugleich ihr Narzissmus gebrochen. Dieser optische Akt gibt den entscheidenden Impuls für die Ausgestaltung der Handlung. Warum verliebt sie sich?

Florindas Liebesökonomie beruht auf der Ablehnung der Gefahren jeder konventionellen Bindung und auf dem Vertrauen, dass die optische

alle vollkommen; und wenn eines von denen ist, die geliebte Sache zu sehen, die andere, sie zu hören, und die letzte, und die größte, ist, sich an ihr zu erfreuen." II.1, S. 81.

24 Vgl. Serge Roche: Miroirs. Galeries et cabinets de Glaces, Paris 1956; Pierre Devinoy: Mirrors, New York 1985; Cristina Càndito: Occhio, misura e rilievo. Gli strumenti ottici e catottrici per l'architettura e il recupero de Collegio dei Gesuiti a Genova, Genua 2001.

25 Vgl. Jurgis Baltrusaitis: Le Miroir. Essaie sur une légende scientifique. Révélations, science-fictions et fallacies, Paris 1978 (dt.: Der Spiegel. Entdeckungen, Täuschungen, Phantasien, Gießen 1986, ^{2}1996); zuletzt Marie Theres Stauffer: „Nihil tam obvium, quam specula; nihil tam prodigiosum, quam speculorum phasmata". Zur Visualisierung von katoptrischen Experimenten des späten 16. und 17. Jahrhunderts. In: S. Schütze: Kunst und ihre Betrachter in der Frühen Neuzeit. Ansichten – Standpunkte – Perspektiven, Berlin 2005, S. 251–290.

26 Vgl. zuletzt Luisa Dolza: Utilitas et delectatio: Libri di tecniche e teatri di machine. In: G. L. Fontana, L. Molà (Hrsg.): Il Rinascimento italiano e l'Europa. Volume Terzo: Produzione e tecniche. A cura di Ph. Braunstein e L. Molà, Vicenza 2007, S. 125–143; Donata Pesenti Compagnoni: Verso il Cinema. Machine, spettacoli e mirabili visioni, Torino 1995.

27 Vgl. Sabbatini (wie Anm. 6); Enrico Gamba, Vico Montebelli (Hrsg.): Macchine da teatro e teatri di macchine (catalogo della mostra, Pesaro 29 luglio–29 agosto 1995), Urbino 1995; Philipp Butterworth: Die *Books of Secrets* und die Magie des Lichts im frühneuzeitlichen Theater. In: H. Schramm, L. Schwarte, J. Lazardzig (Hrsg.): Spektakuläre Experimente. Praktiken der Evidenzbildung im 17. Jahrhundert, Berlin, New York 2006, S. 18–42.

28 Vgl. insb. die von Baltrusaitis (wie Anm. 25, S. 37, 264 f.) besprochenen katoptrischen Anordnungen aus der ersten Hälfte des 17. Jahrhunderts.

Projektion und die seelische Projektion stabil aufeinander bezogen sind. Diese letzte Gewissheit wird zerstört: Durch das televisionäre Hereinbrechen einer anderen Figur in ihren intimen Kommunikationsraum gehen optische Reflexion und seelische Projektion nicht mehr ineinander auf. Trotz der unvermeidlichen Irritation und Abwehr: Gerade *weil* eine optische Reflexion den Wahrnehmungsraum konstituiert, in dem Florinda sich einem Anblick öffnen und Empathie empfinden kann, sollte es nicht erstaunen, dass sie – wenn es einmal einem Lichtstrahl gelungen ist, ein anderes Bild in diesen Raum zu projizieren – auch das Urbild dieser Reflexion in ihre Empathie einschließt und ein neues, über sie hinaus reichendes Verlangen entwickeln kann.

Der Prozess, in dem dieser Übergang geschieht, wird von Andreini differenziert in Szene gesetzt (II.6). Auf Verwunderung – „Ma qual volto qui dentro d'uomo rimiro?"[29] – folgt Aggression:

> Giuro al cielo se non mi fosti o specchio così caro, che gittandoti al suolo in mille parti io ti frangerei; adunque Florinda dello specchio fuori è nemica degli uomini, e colà dentro poi con gl'istessi uomini sta congiunta?[30]

Der Reflex geht in Abwehr über – „Fuggi da questo specchio [...]"[31] – wird jedoch durch einen Gedankenschwenk auf Amor abgefedert:

> [...] se a caso non fosti Amore, che per mirar più bella Psiche, qui dentro venuto fosti a trastullarti.[32]

Schließlich entsteht, durch den Gedanken an Amor vermittelt, ein erstes Verlangen:

> Begnissimo Nume, con le ginocchia a terra io t'adoro. Oh qual leggiadro viso, oh qual vago sembiante! Oh, se tali gli uomini fossero, non sarei già di loro così fiera persecutrice.[33]

Und es folgt die Infektion durch die Liebe, die sie wie eine süße Entzündung wahrnimmt, die von Ader zu Ader voranschreitet und das Herz ganz mit einem liebenden und unlöschbaren Feuer ausfüllt:

29 „Aber was für ein Gesicht eines Mannes sehe ich hier drinnen?" II.6, S. 88.

30 „Ich schwöre beim Himmel, wenn du nicht, o Spiegel, mir so teuer wärst, dass ich dich auf den Boden werfend in tausend Teile (zer)brechen würde; also ist Florinda außerhalb des Spiegels Feindin der Männer und da drinnen dann mit denselben Männern vereint?" II.6, S. 88.

31 „Verschwinde aus diesem Spiegel". II.6, S. 88.

32 „wenn du nicht Amor wärst, der, um Psyche schöner zu sehen, hierein gekommen wärst, um dich zu unterhalten." II.6, S. 88 f.

33 „Günstigster Gott, mit den Knien auf der Erde bete ich dich an. Oh was für ein liebliches Gesicht, o was für ein anmutiges Aussehen! Oh, wenn solche die Männer wären, dann wäre ich nicht so stolz ihre Verfolgerin." II.6, S. 89.

Sento un benigno incendio, che di vena in vena guingendo al cuore tutta m'accende d'amoroso e inestinguibil fuoco.[34]

Insgesamt mündet die Abwehr in die Suche nach dem Gesicht in der Außenwelt, in Empathie und wachsendes Verlangen.[35] Der Wunsch nach der Begegnung wird am Beginn des III. Aktes eingelöst und der stufenweise Übergang von der Virtualität eines geliebten Spiegelbildes zur Aktualität eines geliebten Anderen noch einmal differenziert nachvollzogen.[36]

III.

Das Licht in Andreinis *Amor nello Specchio* begleitet immer die Wahrnehmung der Liebe.[37] Das ist die konzeptuelle Voraussetzung der entscheidenden Ereignisse in den beschriebenen Szenen. Dabei verbinden sich zwei unterschiedliche Traditionslinien. Die eine geht auf eine platonische Konzeption des Sehens zurück. Die Vorstellung, dass im Wahrnehmungsvorgang vom Auge Lichtstrahlen ausgesandt werden, die, indem sie auf die gesehenen Dinge stoßen, der Seele Bewegungen übermitteln, die dann in der Seele Empfindungen hervorrufen,[38] trägt auch die Vorstellung vom liebenden Blick. So setzt auch bei Andreini die Liebe immer im Blick der Augen an. Und immer werden die Augen mit Licht-Sendern verglichen, den Sternen,[39] der Sonne und dem Mond,[40] oder direkt als „(serenate) lumi"[41] adressiert. Von den als Lichtquellen identifizierten Augen werden „strale", Strahlen oder Pfeile, abgesandt, die durch die Augen in die Seele der Betrachteten eintreten. Die Materialität dieser Licht-Blicke ist durchschlagend. Explizit wird sie eingangs bei

34 „Ich fühle eine süße Entzündung, die, von Ader zu Ader das Herz erreichend, mich ganz von liebendem und unlöschbarem Feuer entzündet." II.6, S. 89.

35 II.6, S. 89.

36 III.1, S. 95.

37 Das gilt sogar für die burleske Aufnahme des Motivs durch die Dienerin Bernetta, die beklagt, dass die Frauen wie die Laterne seien, die ohne das Kerzlein keinen Glanz entfalten könnten. II.4, S. 86.

38 David C. Lindberg: Auge und Licht im Mittelalter. Die Entwicklung der Optik von Alkindi bis Kepler, Frankfurt a. M. 1987 (engl. Orig.: Theories of Vision from Al-Kindi to Kepler, Chicago, London 1976), S. 24–27. Die bis zur Antikenrezeption dominierende Überlieferung zur Emissionstheorie des Sehens unterstreicht Gudrun Schleusener-Eichholz: Das Auge im Mittelalter, 2 Bde., München 1985, Bd. 1, S. 57 ff.

39 „stelle lucidissime quest'occhi io chiamo" [„Leuchtende Sterne nenne ich diese Augen"]. I.3, S. 64.

40 „cielo dove quest'occhi sono le stelle, anzi la luna e'l sole" [„Himmel, wo diese Augen die Sterne sind, mehr noch der Mond und die Sonne"]. I.3, S. 65.

41 „(nächtliche) Leuchten". II.6, S. 88.

Florindas Selbstbetrachtung im Spiegel, wenn sie durch den Reflex ihres eigenen Spiegelbilds sanft verletzt – „strale che dolcemente per gli occhi m'impiaghi"[42] – oder wenn sie später – „piagata dallo strale degli occhi vostri io sono"[43] – durch die Blicke Lidias verwundet wird.[44] Diese physisch-taktile Konzeption des liebenden Blicks ist über eine Reihe von Rezeptionsstufen in die mittelalterliche und frühneuzeitliche Dichtung eingegangen und vielfach besprochen worden. Ruth H. Cline[45] hat mit Blick auf die altfranzösische Dichtung ihre antiken Wurzeln und Traditionswege erörtert, Christina Lechtermann[46] den taktilen Blick im Kontext mittelalterlicher Präsenzkultur als poetologisches Modell der mittelhochdeutschen Klassik herausgearbeitet, während Gerhard Wolf[47] das Phänomen mit der frühneuzeitlichen Bildtechnik der *figura cuncta videntis* verknüpft, dem Porträt, dessen Augen den Betrachter zu jedem Zeitpunkt anblicken, in welcher Lage er sich auch zu dem Bild befinde.

Giorgio Agamben hat dagegen mit Nachdruck auf die Bedeutung der konkurrierenden aristotelischen Empfangstheorie verwiesen, wie sie bei Averroes paraphrasiert wird, die sich wissenschaftlich durchsetzt[48] und nicht zuletzt in die Liebestheorie von Andreas Cappellanus eingegangen ist.[49] Mit der Vorstellung, dass der Gesichtssinn die Dinge nicht durch die Emission eines Sehpneumas erfasst, sondern dass vielmehr das ubiquitäre Unsichtbare von den Dingen ihre Form empfängt, die sich dann auf der Netzhaut abspiegelt und durch weitere Spiegelungen die Seelenkammern durchläuft, ist nach Agamben auch ein entscheidender Grundzug der psycho-physiologischen Wahrnehmung von Liebe im Mittelalter

42 „Pfeile/Strahlen, die sanft durch die Augen mich verletzen". I.3, S. 65.

43 „Verletzt von den Pfeilen/Strahlen Eurer Augen bin ich". III.1, S. 96.

44 Vgl. auch Lidias Vergegenwärtigung der Ereignisse in III.1, S. 95.

45 Ruth H. Cline: Heart and Eyes. In: Romance Philology 25 (1972), S. 263–297.

46 Christina Lechtermann: Berührt werden. Narrative Strategien der Präsenz in der höfischen Literatur um 1200, Berlin 2005, bes. S. 115 ff.

47 Gerhard Wolf: *Toccar con gli occhi*. Zu Konstellationen und Konzeptionen von Bild und Wirklichkeit im späten Quattrocento. In: Th. W. Gaethgens (Hrsg.): Künstlerischer Austausch: Internationaler Kongress für Kunstgeschichte 15.–20.7.1992, Berlin 1993, Bd. 2, S. 437–452.

48 Zur Rivalität der Positionen Laurence M. Eldredge: The anatomy of the eye in the thirteenth century. The transmission of theory and the extent of practical knowledge. In: Micrologus 5 (1997), S. 145–160; zur Durchsetzung der Empfangstheorie Michael Camille: Before the Gaze. The Internal Senses and Late Medieval Practices of Seeing. In: R. S. Nelson (Hrsg.): Visuality Before and Beyond the Renaissance. Seeing as Others Saw, Cambridge 2000, S. 197–223.

49 Giorgio Agamben: Stanze. La parola e il fantasma nella cultura occidentale, Torino 1977, S. 90–100. Den Anschluss der Literatur des italienischen Trecento an die aktuelle wissenschaftliche Diskussion skizziert auch Bartolo Martinelli: L'„aura" e la „luce": rito e archetipi culturali nella canzone 127 del Petrarca. In: Rivista di letteratura italiana 22 (2004), S. 11–46, bes. 39–45.

beschrieben. Auch das Lieben ist in diesem Sinne notwendigerweise eine „Spekulation": „[…] un processo essenzialmente fantasmatico, che coinvolge immaginazione e memoria in un assicuo rovello intorno a un' immagine dipinta o riflessa nell'intimo dell'uomo."[50] Dass die Liebe in diesem Modell wesentlich auf das in der Seele durch Spiegelungen erzeugte Phantasma bezogen sei, erkläre die privilegierte Stellung der Erzählung von Narziss und der Ikonographie der Selbstbetrachtung im Spiegel: Als Allegorien visualisieren sie einen Prozess der Liebe, der essenziell als obsessives Begehren eines Bildes verstanden wird, in dem jedes authentische Verlieben immer ein „amare per ombra" oder „per figura" ist.[51]

Spätestens mit Francesco Petrarca bildet diese Konzeption des Spiegelns eine eigenständige literarische Tradition aus. Sie basiert auf der Konfiguration einer Frau (die sich im Spiegel betrachtet) mit ihrem Spiegelbild (bzw. dem Spiegel, in dem sie sich betrachtet), ergänzt um die Figur des Verehrers, wobei die Rivalität zwischen dem begehrenden Liebenden und dem Spiegel als seinem Antagonisten jeweils die Motivation der poetischen Rede bietet.[52] In dieses ursprünglich aristotelisch-averroistisch motivierte Schema wird dann nichtsdestoweniger die literarisch lebendig gebliebene, ursprünglich platonisch-augustinisch motivierte Konzeption des taktilen, als Strahl durch die Augen in die Seele eintretenden Blicks montiert. Vor allem in der Nachfolge Petrarcas und im Kreis um Torquato Tasso und Giovam Battista Marino wird das Schema noch um vielfältige metaphorische Spiegelungen erweitert, in denen vor allem die Frau und die Gestirne aufeinander bezogen werden, um auf dieser Basis die Phänomenologie der Liebe in allen denkbaren Variationen durchzuspielen.[53]

Es ist diese Tradition, mit der Andreini vertraut gewesen sein dürfte,[54] an die er anknüpft und die er aufbricht, um sie um eine eigenständige Dimension zu erweitern. In der Selbstbetrachtung Florindas im Spiegel werden zunächst die wesentlichen Motive, die seit Petrarca mit der Figur der Frau vor dem Spiegel verbunden sind, aufgerufen und bis zum erotisch konnotierten Verbrennen im Angesicht ihres eigenen Anblicks gestei-

50 Agamben (wie Anm. 48), S. 96.

51 Ebenda, S. 98.

52 Vgl. dazu die systematische Studie von Beatrice Rima: Lo specchio e il suo enigma. Vita di un tema intorno a Tasso e Marino, Padua 1991, S. 27 f.

53 Vgl. ebenda, passim, z. B. 29 f., 32 f., 46 ff., 59 f.; ferner u. a. Ilvano Caliaro: Gli occhi di Laura. Astralità di Madonna fra stilnovo e Petrarca. In: Lettere Italiane 34 (1982), S. 396–405; Buommino (wie Anm. 9), S. 29, Anm. 91.

54 Davon ist wegen der literarischen Kontakte seiner Mutter Isabella Andreini (de' Canali) auszugehen. Vgl. Luisella Giachino: Dall' effimero teatrale alla quête dell' immortalità. Le rime di Isabella Andreini. In: Giornale storico della letteratura italiana 178 (2001), S. 530–552.

gert: der Spiegel als Sitz Amors, der lebendige Glanz des Spiegelbildes, die Strahlen, die durch die Augen eindringen und die Seele verletzen, das damit verbundene Feuer, dessen Macht für den von ihm Getroffenen den Tod und zugleich das neue Leben bedeutet, die Identifikation der Augen mit den Reflektoren dieses hellen und brennenden Lichts (den Sternen und dem Mond) und mit seinem Urheber, der Sonne. Als Bearbeitung des literarischen Topos zeichnet den Monolog auch die strukturelle Transparenz aus, mit der Andreini die rhetorische Verdoppelung der Frau in ihrem Spiegelbild als eigenständiges Gegenüber organisiert, um diese Spannung in einer umso drastischeren Wiederverschmelzung Florindas mit ihrem Spiegelgegenüber münden zu lassen.[55]

Entscheidend ist dann, dass Andreini das optische Substrat des Spiegelmotivs beim Wort nimmt und die literarisch präsente Vorstellung des physisch-taktilen liebenden Blicks technisch aktualisiert. Die Initialzündung des im eigentlichen Sinne dramatischen Geschehens ereignet sich, wo die Pfeile *Amors*, die *Sicht*-Strahlen der Liebe, von den *Licht*-Strahlen der Optik getragen werden, wo die unerwartet gelenkte Projektion das Spiegelbild Florindas überblendet, und wo – in dieser nach Agamben exemplarischen Situation des Begehrens – sich durch den Blickkontakt die emotionale Begegnung Florindas mit einem Anderen ereignet. In diesem optisch basierten Akt wird die statische Topik der narzisstischen Selbstliebe im Spiegel aufgebrochen und in einen dramatischen Prozess überführt.

Anders als es die opulente Konstruktion dieser Szene im Film von Maira[56] nahelegt, muss jedoch unterstrichen werden, dass die technische Inszenierung des Spiegelereignisses bei Andreini *nicht* als Bühnenspektakel angelegt ist, sondern als literarischer Topos weiterentwickelt wird. Es gibt keine entsprechende Regieanweisung. Und der Spiegel an der Brust oder dem Ärmel wäre wohl auch zu klein und beweglich, um unter den zeitgenössischen Bühnenbedingungen entsprechende für den Zuschauer sichtbare Effekte zu erzeugen.[57] Dass der liebende Blick psychophysiologisch als lichtbasiertes Phänomen aufgefasst wird, bleibt nichtsdestoweniger notwendige Voraussetzung für die Konsistenz der Handlung.

Mit dieser Lesart ist zugleich die eingangs erwähnte Frage nach der Magie weitgehend beantwortet. In der Forschung wird der Spiegel näm-

55 Vgl. Rima (wie Anm. 52) passim. Auch Ferrone (wie Anm. 8), S. 259 sieht die Präsenz der literarischen Tradition, konzediert dieser „amore di carta" aber lediglich die Funktion, im Laufe der Handlung besiegt zu werden, während er den Spiegel als Sinnbild für das Theater versteht.

56 Maira (wie Anm. 13).

57 Vgl. zum Problem der tatsächlichen Erzeugung entsprechender Effekte die Studie von Philipp Butterworth: Magic on Early English Stage, Cambridge 2005.

lich, abgesehen von dem mythologischen Bezug und seinem vielfältigen ikonologischen Gehalt vor allem in die Reihe der *instrumenta magica* eingegliedert, derer der „Ordine per recitar Amor nello Specchio con gran facilità" eine Reihe aufführt.[58] So spricht Buommino davon, dass der Spiegel, obwohl als optisches Gerät inszeniert, dennoch als Instrument der Verführung die Magie an Wirkungsmacht weit überbiete.[59] Und Maira sieht, obwohl er sonst die Rolle der Optik stark betont, den Spiegel im dramaturgischen Zusammenhang als das überhaupt einzig wirkungsvolle magische Objekt: „Per gli uomini la magia", so Maira, „per mezzo del mago, si trasforma in farsa; per le donne, per mezzo dello specchio si realizza."[60] Der Spiegel ist im Gefüge der Handlung jedoch gerade *kein* magisches Objekt im Sinne übernatürlicher Kräfte. Florinda und ihrer Dienerin Bernetta ist schnell klar, dass es sich bei dem Gesicht in ihrem Spiegel um eine optische Reflexion handelt. Dass Lidia im Spiegelbild als Jüngling erscheint, wird mit Überraschung aufgenommen, aber keinesfalls als magischer Akt verstanden.[61] Mit der Projektion hat keiner gerechnet, aber sie überschreitet nicht die Regeln dieser Welt. Nun ist der Begriff der *magia* durch die Emanzipation der wissenschaftlichen Naturerkenntnis außerordentlich ambivalent besetzt. Und seine Ausprägungen werden in einer mühevollen Auseinandersetzung zwei unterschiedlichen Diskursen zugeordnet, der *magia bianca* (oder *naturalis*), der Naturerkenntnis auf der einen, und der *magia nera,* der okkulten Praxis auf der anderen.[62] Diese Grenze wird von der Figur des Magiers manifest verwischt. Nach seiner einleitenden Bestimmung besteht das Magische in nichts anderem als in dem Wissen von der Kraft vor allem der natürlichen Dinge: „non è in altro che in saper la virtù primieramente delle cose naturali",[63] eine Definition, die die *magia naturalis* anklingen lässt, die er aber noch im selben Absatz weit über das kosmologische Wissen hinaus in den Bereich des okkulten Arkanwissens ausdehnt.[64] Auf der Handlungsebene

58 Zu III.6 sind verzeichnet „Buch, Stab, Girlande, Kerze für Lelio und für Granello". In: Ordine per recitar (wie Anm. 3), S. 142, aufwendiger etwa zu III.7 die Truhe, aus der die Toten auferstehen sollen, mitsamt der Anlage ihrer verborgenen Öffnungen, mit Angaben, wo sie auf der Bühne zu platzieren und wie sie zu präparieren sei, wer unter Verursachung welcher Geräusche ein Erdbeben simuliert, herausspringt, Feuer wirft usw. (S. 143).

59 Buommino (wie Anm. 9), S. 10.

60 Maira (wie Anm. 9), S. 22.

61 Als Erklärung läge es mit Vescovo (wie Anm. 11), S. 58 vielmehr nahe, dass der von Lidia getragene Strohhut ihre langen Haare verdeckt habe (II.6, S. 88).

62 Vgl. die Monographien Paola Zambelli: L'ambigua natura della magia. Filosofi, streghe, riti nel Rinascimento, Milano 1991 und dies.: Magia bianca, magia nera nel Rinascimento, Ravenna 2004.

63 III.2, S. 97.

64 Ebenda, S. 97 f.

spiegelt sich das wohl nicht zufällig darin, dass alle Versuche der Gentiluomini, ihre Angebetete *per incanto*, durch Zauberei, zu gewinnen, trotz der spektakulären Nebenwirkungen ohne Ergebnis bleiben. Durch das Scheitern der Magie als Zauber *(incanto)* wird im Gegenteil der Spiegel als Ort des Wirkens von den natürlichen Kräften *(magia naturalis)* legitimiert.

IV.

Einzuordnen bleibt der skandalöse Anfangsauftritt von Florinda (I.3). Wenn man die Widmung der Komödie an den Grafen von Bossampiere als Schlüssel zur Interpretation auffasst,[65] ist *Amor nello Specchio* gut ciceronianisch zunächst als Spiegel des menschlichen Lebens, als *speculum vitae humanae* zu verstehen.[66] Näherhin handele es sich, so ihr Autor, um einen „specchio nel quale ciascumo rimirando potesse le macchie de' cattivi costumi levarsi“,[67] so dass die Komödie in der Tradition der didaktischen *speculum*-Literatur zu lesen ist.[68] Nun führt Andreini in der Widmung ebenso programmatisch die Interpretation des Spiegels als Instrument zur Aufnahme und Weiterleitung von Licht ins Feld.[69] Abschließend muss deswegen die Frage gestellt werden, inwieweit die Verbindung der didaktischen und der optischen Spiegelkonzeption weiterführende Aussagen über die Poetik der Komödie nahelegt. Die Frage verweist auf einen 1625 in Paris verfassten, ebenfalls bei Nicolas della Vigna gedruckten Traktat mit dem Titel *Lo specchio*,[70] in dem Andreini auf

65 So bei Maira (wie Anm. 9), S. 13 ff.; Vescovo (wie Amn. 11), S. 74 ff.; Buommino (wie Anm. 9), S. 24 ff.

66 Illustrissimo Signore. In: Amor nello Specchio (wie Anm. 1), S. 55–57, hier S. 56. Das bestätigt am Ende des Stücks die Absicht des Governatore, auf der Grundlage der Ereignisse eine theatralische Skizze anzufertigen, diese *Amor nello Specchio* nennen und sie an der Akademie aufführen lassen zu wollen. V.8, S. 137.

67 Einen „Spiegel, in dem jeder sich betrachtend die Makel der schlechten Angewohnheiten beseitigen könne.“ Illustrissimo Signore (wie Anm. 66), S. 56. Zur Rezeption der ciceronianischen Formel bei Andreini und anderen zeitgenössischen Komödien-Autoren vgl. Buommino (wie Anm. 9), S. 75.

68 Vgl. etwa Herbert Grabes: Speculum, Mirror und Looking-Glass. Kontinuität und Originalität der Spiegelmetapher in den Buchtiteln des Mittelalters und der englischen Literatur des 13. bis 17. Jahrhunderts, Tübingen 1973.

69 Illustrissimo Signore (wie Anm. 66), S. 56.

70 LO SPECCHIO / COMPOSIZIONE SACRA, E / Poetica; nella quale si rappresenta / al viuo l'Imagine della Commedia, / quanto vaga, e deforme sia alhor / che da Comici virtuosi, o viziosi / rappresentata viene. / All'Illustrissimo, & Eccellentissimo S. / S. & Padron mio Colendissimo il S. Duca di Nemours. / Gio: Battista Andreini Fiorentino. / (marca tipografica) / Parigi. / Per Nicolao Callemont. / 1625. Moderne Edition in Buommino (wie Anm. 9), S. 103–120.

die klerikale Theaterskepsis seiner Zeit reagiert.[71] Hier gibt er Antwort auf die Frage, worin die Spiegelfunktion *des* Theaters näherhin besteht und legt darüber eine Deutung des Spiegels *im* Theater nahe.[72]

Mit seinem Traktat *Lo specchio*, dem Spiegel des Spiegels, schlägt Andreini sich auf die Seite seiner Kritiker. Dabei dreht er den Spieß jedoch um, betont gerade die soziale Verantwortung des Theaters und setzt sich damit als Vertreter der „comici virtuosi", der tugendhaften Schauspieler, von den „comici degeneri" ab, von der „turba pericolosa", von den „buffoni, istrioni, mimi, saltimbianchi" und „cerretani".[73] Ein getreuer Spiegel soll das Theater sein, indem es zugleich aber ein Ensemble von Regeln einhält: Festlegungen über die Vermeidung dreckiger und unzüchtiger Worte, unzüchtiger und laszíver Handlungen, überhaupt aller Handlungen, die den Nächsten schädigen könnten, Regeln zu Aufführungszeiten und -orten und zum dargestellten Personal.[74] So unscheinbar die Regeln vor dem Hintergrund ihrer weit ausgreifenden Rechtfertigung erscheinen, so hart sind die Einschnitte, die sie für die Praxis der Komödie in der Tradition der Commedia dell'arte bedeuten. Wenn der Traktat dennoch die Komödie (theoretisch) legitimiert, ist das nur denkbar, weil ein übergeordneter didaktischer Impuls die Regelverstöße lizenziert. Da kein Wort und keine Handlung *an sich* verwerflich sind,[75] werden mit dem Leitsatz „Non sunt facienda mala ut veniant bona"[76] die Regeln

71 Die Quellen zur tridentinischen Theaterkritik und Zensur im Umfeld der Compagnia dei Fedeli hat Buommino (wie Anm. 9) im Abschnitt: „Il teatro ‚celeste' nelle riflessioni teoriche: *Lo Specchio*", S. 66–100 aufgearbeitet.

72 Der Traktat umfasst eine lateinische Passage, die Positionen der Kirchenväter zum Nutzen des Theaters zusammenträgt, und einen volkssprachigen Abschnitt, in dem die zitierten Schriften ausgelegt und ihre Folgen für den Theaterbetrieb erläutert werden. Der lateinische Abschnitt „Additur pro veritatis elucidatione ex diversis doctoribus Ecclesiae Sanctae Dei et aliis gravissimis patribus" geht über nicht mehr rekonstruierbare Wege auf ein Thomas-Exzerpt zurück, das 1601 von Pier Maria Cecchini publiziert worden war und auch über Andreini hinaus verbreitet gewesen ist. Vgl. Buommino (wie Anm. 9), S. 71 f.

73 Diese Verschiebung in der Selbstdarstellung des Schauspielers, vom „buffone" zum „attore", von der sozialen Randständigkeit zur bürgerlichen Würde des Schauspielberufs, wird ebenfalls schon bei Cechini formuliert. Vgl. Buommino (wie Anm. 71), S. 67; Siro Ferrone (Hrsg.): Commedie dell' Arte, 2 Bde., Mailand 1985, hier Bd. 1, S. 5. Andreini schreibt diesen Trend auch fort, indem er zunehmend religiöse Sujets verarbeitet und sich mit einer größeren Zahl von Stücken in die neue Tradition des jesuitischen Kollogien-Theaters einreiht. Vgl. Silvia Carandini: „Inchiostri, sudori e lacrime" Teatro sacro di Giovan Battista Andreini Comico dell'Arte. In: M. Chiabò (Hrsg.): I Gesuiti e i Primordi del Teatro Barocco in Europa. Atti del XVIII Convegno Internazionale del Centro Studi sul Teatro Medioevale e Rinascimentale. (Roma-Anagni 26.–30. Oktober 1994), Rom 1995, S. 441–456.

74 Lo Specchio (wie Anm. 70), S. 115. Vgl. Buommino (wie Anm. 71).

75 Ebenda, S. 115.

76 Ebenda, S. 117.

umgekehrt instrumentalisiert. Sie *müssen* gebrochen werden, um eine Geschichte der Normalisierung und Einsicht überhaupt inszenieren zu können. In diesem Sinn hat vor allem Maurizio Rebaudengo *Amor nello Specchio* als eine zweischrittige Überwindung der Anomalie beschrieben.[77] Weil der Spiegel das Aufbrechen von Florindas Narzissmus motiviert, legitimiert er zugleich auch übergangsweise ihre Homosexualität; weil Eugenio das Aufbrechen von Florindas Homosexualität motiviert, kann er auch als Hermaphrodit auftreten. Während Rebaudengos Ansatz nicht erklären kann, warum Eugenios Auftritt dann bis in den IV. Akt aufgeschoben wird, legt meine oben vorgestellte Lektüre nahe, dass das Scheitern der Magie gegenbildlich zum Gelingen der Normalisierung konstruiert wird und somit ebenfalls durch das Normenprogramm von *Lo Specchio* gedeckt ist. Der Aufschub wird gewährt, damit erstens das Publikum mit den magischen Aufführungen bedient und begeistert werden kann, und zweitens gerade durch die Gegenüberstellung mit der natürlichen Spiegelung des Lichts *(magia naturalis)* die Nutzlosigkeit und Illegitimität des Zaubers *(incanto)* umso stärker hervorgehoben wird. Der optische Spiegel (als Requisit und Instrument) ist in dieser Lesart das entscheidende Movens dafür, dass der didaktische Spiegel (das Theater als *speculum vitae humanae*) dem normativen Spiegel (dem Traktat *Lo Specchio*) genügt.

Eine lupenreine Normalisierungsgeschichte ist die Komödie trotzdem nicht. Denn neben der literarisch tradierten Konzeption einer Licht, Sicht und Liebe vereinenden platonischen Sehstrahltheorie ist auch ein anderes platonisches Motiv nicht zu übersehen. Die Sehnsucht der Liebenden nach einem Gegenüber und der Reigen, in dem jede denkbare Kombination von Partnern durchgespielt wird, lässt an den vom Komödiendichter Aristophanes im Gastmahl vorgetragenen Ursprungsmythos der Menschen denken: an die Teilung der Kugelmenschen, der mannmännlichen, der weibweiblichen und der mannweiblichen in für sich jeweils unvollkommene Hälften.[78] Die aleatorische Variation der Beziehungsgefüge Florinda-Florinda, Florinda-Lidia, Florinda-Eugenio, Lidia-Silvio – von den unerfüllt Suchenden Lelio, Guerindo und Orimberto zu schweigen – motiviert die Entwicklung der Handlung auch jenseits der von der Zensur geforderten Teleologie.[79] Die Kombinationen erscheinen

77 Rebaudengo (wie Anm. 2), S. 155–161.

78 Platon: Symposion 189c–191d. Für einen Überblick zur Rezeption der platonischen Liebestheorie vgl. Sabrina Ebbersmeyer: Sinnlichkeit und Vernunft. Studien zur Rezeption und Transformation der Liebestheorie Platons in der Renaissance, München 2002.

79 In der Schwebe bleiben auch Florindas sexuelle Normalisierung und die Gegenbildlichkeit der Magie. Florindas Vereinigung mit einem Hermaphroditen kann nur

in dieser Lesart als gleichberechtigte Möglichkeiten und führen nicht zwingend, gleichsam nur zufällig zur Auflösung aller Spannungen am Ende der Komödie. Auch diese Dynamik wird durch den Spiegel initialisiert. So ist er ein Bühnenrequisit, das den Normenspiegel zugleich stützt und konterkariert.

Nicht zuletzt eine neue Wahrnehmung des Lichts führt dazu, dass der Spiegel nicht mehr allein zeigt, was sein soll, sondern auch das, was „ihm einleuchtet". – Der „picciolo specchio", den die Protagonistin Florinda an der Brust oder am Ärmel trägt, ist Dreh- und Angelpunkt eines Lichtspiels zwischen literarischer Tradition und technischer Innovation, das eine auch am Schluss nicht aufgehobene, nur angehaltene, Dynamik vorantreibt.

bedingt als heterosexuell verstanden worden sein und die Magie, die als Zauber scheitert, bleibt mit ihren vielfältigen Effekten dennoch unübersehbar in der Welt.

Ana Ofak

Lichte Wellen
Optische Medien, experimentelles Wissen und Lichtspiele um 1670

Götter, möchte man sagen, werden schließlich die Sterblichen sein,
Wenn sie imstande sind,
Sowohl fern und nah, hier und überall
Zu sein.

Wer will sagen, ob der Versucher nicht
Über ebendiese Gläser verfügte,
Als er dem Herrn zeigte
Alle Königreiche der Erde?

Constantijn Huygens
Auf das Teleskop, 5.4.1632
Auf dieselben Gläser, 8.4.1632[1]

In der „Neuen Welt", wie Constantijn Huygens sie dichtend wiedergibt, erschuf der Mensch ein machtvolles Mittel. Durch dieses offenbarten sich ihm fernste Sterne und winzigste Erdendinge. Es setzte neue Maßstäbe, die nicht von Gott, sondern von Menschenhandwerk vorgegeben wurden. Diese erschütterten zugleich eine andere, irdische Konstante: das Augenmaß. Nichts schien so zu sein, wie die Augen es sahen. Denn die Unermesslichkeit der Natur konnte nur mit einem Glas vor dem Auge in voller Größe erfasst werden. Das Glas, bis in das 17. Jahrhundert ein Teufelswerk, das „die Wahrnehmung irreführte und die Sicht verzerrte"[2], beförderte die Sinnestäuschung geradezu zur Bedingung des wahrheitsgetreuen Sehens. Ohne optische Instrumente und Medien traute man den Augen nicht mehr. Das Sehen durch etwas hindurch oder das vermittelte Sehen wurde zur Norm wissenschaftlicher Beobachtung.

1 Constantijn Huygens: In Telescopium und Des mesmes Lunettes. In: Ders.: De gedichten, Bd. 2, Groningen 1892, S. 236.

2 Svetlana Alpers: Kunst als Beschreibung. Holländische Malerei des 17. Jahrhunderts, Chicago 1998, S. 73.

Die wissenschaftliche Beobachtung war eine der drei Kategorien der neuzeitlichen Vermessung und visuellen Aneignung der Natur. Gestützt durch das Visualisierungspotenzial optischer Instrumente, wie Teleskop und Mikroskop, und durch die Projektionen optischer Medien, wie Camera obscura und Laterna magica, hob sich die wissenschaftliche Naturbeobachtung von der Naturschau der Antike und des Mittelalters ab. Dies gelang jedoch erst im Verbund mit den anderen zwei Kategorien, der Quantifizierung und der Wiederholung von Hypothesen im Experiment. So formte sich eine epistemische Praxis, aus der die Theorien neuzeitlicher Naturwissenschaften erwuchsen. Eine solche Theorie war die Wellentheorie des Lichts.

In meinem Text möchte ich den Entstehungspfad dieser für die Wissenschaft vom Licht entscheidenden theoretischen Wendung nachvollziehen. Die Wellentheorie bedeutete die Abkehr von geometrischer Optik, d. h. von einer Theorie der statischen, geradlinigen Ausbreitung des Lichts, hin zu einer kinetischen, allumfassenden Umkreisung des Beobachters durch lichte Wellen. Die sichtbare Natur sollte nicht mehr anhand einer perspektivisch-geometrischen Matrix vermessen, sondern als bewegtes, „gefaltetes" Raum-Zeit-Kontinuum in ihrer Unermesslichkeit erfasst werden. „Die Faltung der Materie", wie Deleuze das Wirken des Barock delektiert,[3] schwappte über den visuellen Raum und überzog ihn mit gekräuselten Texturen, die sich im Licht und Schatten der Wellenberge und -täler (Leibniz' Maxima und Minima), im Wechsel von Klarheit und Dunkelheit *(Chiaroscuro)* äußerten. Durch konzentrische Kreise dargestellt, zeigt die Abbildung 1 die Ausbreitung von optischen Signalen, wie sie Huygens in seiner Wellentheorie sah: In das Wellenmeer des Lichtsignals taucht der Blick des Betrachters wie ein Wurfgeschoss ein.[4]

Während die Herleitung und Aufstellung der Wellentheorie von der aktuellen Forschung weitgehend rekonstruiert ist,[5] beließ man die Objekte der Wissensgewinnung und -erprobung eher im Halbdunkel. Es ist die Rede von kleinsten, aber notwendigen Einheiten optischer Instrumente und Medien. In der Optik waren es das Glas, der Kristall oder in

3 Gilles Deleuze: Die Falte. Leibniz und der Barock, Frankfurt a. M. 1996, S. 11.

4 Das völlige Abstreifen von Keplers und Descartes' Erbe fiel Huygens schwer, so dass in seiner Diagrammatik der Wellentheorie immer noch geometrische und ballistische Dispositive stecken.

5 Fokko Jan Dijksterhuis: Lenses and Waves. Christiaan Huygens and the Mathematical Science of Optics in the Seventeenth Century, Dordrecht 2004; Jed Z. Buchwald: The Rise of the Wave Theory of Light. Optical Theory and the Experiment in the Early Nineteenth Century, Chicago 1989; Alan E. Shapiro: Kinematic Optics. A Study of the Wave Theory of Light in the Seventeenth Century. In: Archive for History of Exact Sciences 11 (1973), S. 134–266.

ausgearbeiteter Form die Linse und das Prisma. Diese sind eine Art Mikromedien oder „Medien vor den Medien".[6]

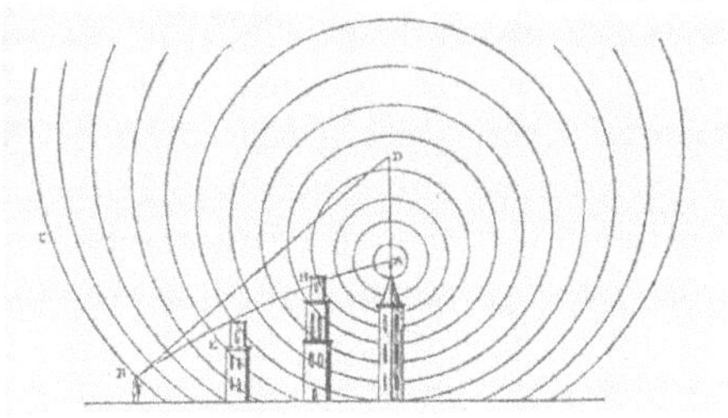

Abb. 1: Huygens „Wellenkreise".

Im Falle der Wellentheorie des Lichts war der Kalkspat ein solches optisches Mikromedium. Der in Island besonders oft vorkommende Mineralstein hat der Weiterentwicklung der Wellentheorie den Weg gebahnt. Erasmus Bartholinus, dänischer Professor der Mathematik, der nach eigenen Worten „die wissenschaftliche Kenntnis seltsamer Erscheinungen [an einem durchsichtigen Kristall] dem Vergnügen" an glänzenden Edelsteinen vorzieht,[7] beobachtete am Kalkspat die Doppelbrechung des Lichts. Die merkwürdige Aufspaltung in einen ordentlichen und einen außerordentlichen Strahl wollte so gar nicht in den kurz zuvor trigonometrisch bestimmten Verlauf einer Lichtbrechung passen. Dieses Außerkraftsetzen eines lang gesuchten Naturgesetzes, das u. a. die wissenschaftliche Neuzeit mit eingeläutet hatte, rief Experimentierlust und Erfindungsgabe auf den Plan. Christiaan Huygens bewies sie. Den Kalkspat wählte er dazu aus, an ihm die Wellentheorie des Lichts zu erproben und zugleich mit experimentellem Wissen anzureichern.

Dafür rückte Huygens ein optisches Medium in den Schatten: die Zauberlaterne. Der erste Projektionsapparat der Weltgeschichte, der durch eine Linse die Projektionsfläche mit Schreckensgespenstern und Klapperskeletten bespielte, war nach Huygens' Worten eine nicht weiter lohnenswerte „Bagatelle". Der Briefkorrespondenz mit seinem Bruder Lodewijk entnehmen wir, dass diese Bagatelle 1662 für den Tüftler Huygens bereits eine „alte Sache" war. Sie würde nur unnötig kostbare Experimentierzeit rauben, die derzeit für das Zuschleifen von teleskopischen

6 Ana Ofak: Meinst du Glas? Das Durchscheinende und die Geometrie des Durchscheinens. In: F. Kittler, A. Ofak (Hrsg.): Medien vor den Medien, München 2007.

7 Erasmus Bartholinus: Versuche mit dem Doppeltbrechenden isländischen Kristall die zur Entdeckung einer wunderbaren und außergewöhnlichen Brechung führten, Leipzig 1922, S. 7.

Linsen reserviert war.[8] Das Spiel mit dem Licht war nur dann legitim, wenn es, wie bereits Bartholinus bemerkte, zu wissenschaftlicher Erkenntnis führte und nicht als bloße Augenweide diente.

Lichtspiele waren jedoch *die* Augenweide des Barock. Während im Mittelalter das gotische Bauinnere, vor allem in Kirchen, durch schmale hohe Fenster mit ätherischem Licht gefüllt werden sollte, um das Erscheinen Gottes zu evozieren,[9] gebührten dem Barock die Inszenierungen des künstlichen Lichts. Die barocke Innenarchitektur entzückte mit opulenten Leuchtsystemen, glitzernden Lichtzierden und Spiegeleinsätzen. Der Spiegelsaal im Schloss von Versailles zeugt auf eindrucksvolle Weise davon. Die Inkarnation des Sonnenlichts, des Sonnengottes, wurde durch bedacht präparierte Reflexions- und Refraktionstechniken realisiert. Jeder einzelne Kristallstein der hängenden Lüster bricht das Licht entzwei, jeder weitere polarisiert es, und allesamt streuen Myriaden von schillernden Strahlen aus. Die Kristallspiegel verteilen und intensivieren das Schillern. Der Eintritt in den Saal lässt den Betrachter in ein Meer aus lichten Wellen eintauchen, geblendet von der „neuen Herrschaft des Lichts".[10]

Im Folgenden wird eine Parallelgeschichte entfaltet, die zwischen optischer Wahrnehmung, an Mikromedien in wissenschaftlichen Experimenten induziert, ästhetischer Inszenierung des Lichts im Barock und daraus resultierenden neuen Formen des Sehens oszilliert. Die kardinale Schaltstelle dieser Einzeldispositive, so meine These, ist die Wellentheorie des Lichts. Ihre Beförderer waren nicht nur Erasmus Bartholinus und Christiaan Huygens, sondern auch die Meister der Glasherstellung. Aus ihren Werkstätten bezog man das für die Optik so wichtige Experimentiermaterial. Das Wissen, das sich bei der Herstellung von optischen Linsen und Prismen ansammelte, floss subkutan in die Produktion anderer Glasobjekte ein, deren Wirkung auf das Licht in der Hofgesellschaft des Barock besonders geschätzt wurde: Kronleuchterbehang. Ich möchte zeigen, dass die Gelehrten der Optik und die Meister der Glasherstellung ähnliche Bestrebungen hatten: Geschliffene Glasartefakte sollten in unverwechselbarer Weise die Morphologie der Kristalle nachahmen, um einerseits ihre optische Wirkung in wissenschaftlichen Versuchsstätten überprüfbar zu machen und um andererseits den höfischen Raum in ein authentisches Lichtschillern tauchen zu können. Durch Perfektionierung der (Schleif-)Technik kulminierten diese Bestrebungen in einer Überhö-

8 Christiaan Huygens: Œuvres complètes de Christiaan Huygens, Bd. 4, La Haye 1888–1937, S. 102.

9 Erwin Panofsky: Gothic architecture and Scholasticism, New York 1957.

10 Deleuze (wie Anm. 3), S. 57. Im Fall des Spiegelsaals von Versailles sollte diese „neue Herrschaft des Lichts" den machtvollen Glanz des Königs repräsentieren und erhöhen.

hung der Mimesis, die Projektionen optischer Mikromedien über Lichtspiele der Natur erhob.

I. Goldenes Zeitalter

Die Huygens-Familie war in vielerlei Hinsicht repräsentativ für die zweite Epoche des Goldenen Zeitalters der Niederlande: Sie gehörte dem Adel an und zur Hofgesellschaft von Oranien. Contantijn Huygens erbte die Stellung seines Vaters als Sekretär der Statthalter von Oranien.[11] Er dichtete, musizierte und protegierte die Künste und Wissenschaften unter Anerkennung innovativer Techniken, allen voran der optischen. Als wissenschaftlicher Mittelsmann förderte er diese Erfindungen: Aus England brachte er eine Camera obscura mit und empfahl im Gegenzug dem englischen Hof Leeuwenhoeks mikroskopische Vorführungen. Constantijns Frau Susanna van Baerle bestellte die Haus- und Erziehungswirtschaft in einer Manier, über die er sich in seinem Werkgedicht *Dagh-werck* [12] genauso beeindruckt zeigt wie über das Handmikroskop von Leeuwenhoek. So wuchs ihr zweiter Sohn Christiaan in einer Sphäre klassischer humanistischer Bildung, vermischt mit wissenschaftlicher Neugier und technischer Kunstfertigkeit, heran. Mit zweiundzwanzig Jahren verfasste er sein Erstlingswerk *Über die gefundene Größe des Kreises* [13], in dem er eine Verbesserung von Archimedes' Berechnung der oberen und unteren Schranken des Kreisumfangs vorstellt.[14] Diese Abhandlung erwähne ich, weil sie einen symptomatischen Anfang für Christiaan Huygens' Wissenschaftskarriere bedeutete: Meist spektakuläre Probleme der Mathematik, hier die Quadratur des Kreises, wurden mit dem Ziel bearbeitet, die Lösungen zur praktischen Anwendung umzudisponieren. Die trigonometrische Approximation der Kreiszahl π diente Huygens bei seinen späteren astronomischen Berechnungen, wie z. B. der Saturnringe, die er durch ein selbst zusammengestecktes Teleskop erblickt hatte. Ganz im Sinne der Wissenschaftsmethode seines Jugendidols René Descartes applizierte Huygens das mathematische Wissen auf mechanische Weltansichten und verwertete es zur Kultivierung von Experimenten.[15]

11 Zunächst im Dienste Friedrich Heinrichs und daraufhin seines Sohnes Wilhelm II.

12 Constantijn Huygens: Dagh-werck, Bibliothèque littéraire van Gorcum, Nr. 22, 1973

13 Christiaan Huygens: Über die gefundene Größe des Kreises, Wiesbaden 1971.

14 Dies muss die erste „Begegnung" postmortem von Huygens mit Wilebrodr Snels Arbeiten gewesen sein. Der holländische Mathematiker und Professor in Leiden bis 1626 war der Erste, der mithilfe der Trigonometrie die Kreiszahlapproximation verbesserte. Berühmt wurde er jedoch durch seine saubere Bestimmung des Lichtbrechungsgesetzes.

15 Dirk J. Struik: The Land of Stevin and Huygens. A Sketch of Science and Technology in the Dutch Republic during the Golden Century, Dordrecht 1981, S. 93.

Seine wissenschaftlichen Unternehmungen waren frei von jeglichen metaphysischen Implikationen; sie beschränken sich auf die mathematische Herleitung von Prinzipien und ihre Aufwartung durch das Experiment. Christiaan Huygens war einer der wenigen „unter den führenden Gestalten, die sich im 17. Jahrhundert mit Naturwissenschaften befaßten [...], der nicht erklärtermaßen als Philosoph auftrat".[16] Vielmehr war er das Musterbeispiel eines handwerklich-technisch arbeitenden Gelehrten.[17]

II. Dioptrik

Aus den *Œuvres Complètes* erfahren wir, dass Huygens 1652 am Themenkreis der Dioptrik zu arbeiten begann. Der Auslöser war Keplers *Dioptrice* von 1611, dessen Frage nach mathematischem Verständnis dioptrischer Vorgänge beim Blick durch das Teleskop Huygens' Interesse weckte. Das Teleskop wurde 1608 bei seiner Einführung am holländischen Hof durch Hans Lipperhey als Schauobjekt und weniger als Präzisionsinstrument wahrgenommen.[18] Die Justierung, Verbesserung und Weiterentwicklung der teleskopischen Linsensysteme war dringend notwendig. Je filigraner der Zuschliff von Glasmaterial werden musste, z. B. für teleskopische Linsen, aber auch für Kronleuchterbehang, desto mehr Präzision am Werk musste die Gilde der Glasmacher und -schleifer aufbringen. Den Astronomen selbst reichten oberflächliche Kenntnisse der Dioptrik und verfügbare Linsen, um Erkundungen am Himmel anzustellen – Huygens nicht. Er wollte die besten Teleskope der Welt bauen und sie restlos durch eine korrekte dioptrische Theorie erschließen. In diesem Sinne war er forschender Utilitarist, von Instrumenten eingenommen, um unbeantwortete Rätsel der Wissenschaften zu lösen.[19] Zu diesem Zweck betrieb er mit seinem Bruder Constantijn Jr. eine Linsenschleiferei, durch die er ein solides Verständnis von Linsen, ihrer Formen

16 A. R. Hall: Summary. In: H. J. M. Bos (Hrsg.): Studies on Christiaan Huygens, Lisse 1980, S. 304.

17 Ganz in Übereinstimmung mit dem Spitznamen, den ihm Mersenne 1647 verliehen hatte: Ein neuer Archimedes. „Je ne croy pas s'il continue, qu'il ne surpasse quelque jour Archimede." Marin Mersenne. In: Œuvres complètes de Christiaan Huygens (wie Anm. 8), Bd. 1, S. 47.

18 Lipperhey war ein Instrumentenmacher aus Middelburgh, der mit seinem Kollegen Zacharias Jansen eine Spionierlinse auf den Markt gebracht hatte und so zu Ruhm gekommen war. Die Funktionsweise des teleskopischen Rohres demonstrierte er am Hof auf Einladung und unter Anwesenheit des Descartes-Förderers Moritz von Oranien und seines Bruders Friedrich Heinrich. In: Struijk (wie Anm. 15), S. 49.

19 Dijksterhuis (wie Anm. 5), S. 105.

und Wirkungen auf das Licht entwickelte. Die Abbildung 2 zeigt eine von Huygens' Linsen aus der Sammlung des Boerhaave Museums in Leiden.

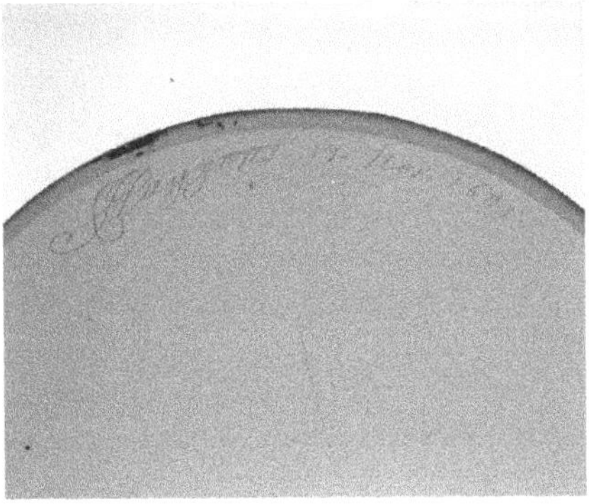

Abb. 2: Huygens' Linse.

Zugeschliffene Gläser fanden zwar ab Mitte des 14. Jahrhunderts Anwendung als künstliche Lesehilfen, ihre Herstellung blieb jedoch professionelles Geheimnis der venezianischen Glasmacher. Die ersten „Laienwerkstätten" entstanden um die Mitte des 17. Jahrhunderts. Huygens' Landsmann Baruch de Spinoza nahm nach der Niederlegung seiner ethisch-theologischen Studien eine Zweitkarriere als Linsenschleifer in Angriff, deren illustres Ergebnis eine durch und durch cartesische Abhandlung über den Regenbogen war. Descartes' *Dioptrique* war in jeder Hinsicht fachliches Vorbild für viele optisch interessierte Naturphilosophen, denn die eingehenden Beschreibungen der Linsenschleifmodule, ihrer Fabrikate und der Wege, Linsen nach mathematischen Vorgaben herzustellen, konnten zu dieser Zeit nur darin gefunden werden. So gelangte die Dioptrik, eine extreme Spezialwissenschaft, vor allem durch das symbiotische Verhältnis zur Teleskopie zu ihrem Ruhm: Sie lieferte nicht nur das mathematische Fundament zum Verständnis von z. B. chromatischen Aberrationen, sondern auch einen theoretischen Anleitungskatalog zum Zuschleifen geeigneter Linsen. An den Linsen selbst kamen hergeleitete Prinzipien oder Gesetze der Optik zum Stehen oder zu Fall.

III. Ondes en l'air

Jedoch nicht im Fall der Wellentheorie des Lichts. Die Verabschiedung geometrischer Optik bedeutete eine Konjunktur für Medien, die einen mehrwinkligen, fast verwinkelten Wahrnehmungsraum bespielen konnten und sein Verstehen förderten. Zuerst wurde an der seit der Antike aufrechterhaltenen Analogie über die Ausbreitung von Licht und Schall eine zeitgemäße Anpassung vorgenommen. Wellen sollten sich nicht mehr in der Luft, sondern im Äther, einer feinen, elastischen, alles anfüllenden Materie ausdehnen. Huygens begründet diesen Medienwechsel in seinem Entwurf *Projet du Contenu de la Dioptrique* (1673) nur knapp mit dem Aufrufen der eben genannten Analogie: „lumière comparée au son".[20] Der Entwurf war so etwas wie eine Schaltstelle zwischen der mathematisch-utilitaristischen Arbeit an der Dioptrik der Teleskope und dem Synthesewerk *Abhandlung über das Licht.* Das letztgenannte Werk inaugurierte die Wellentheorie in die Optik und lieferte eine illustre Beschreibung der wellenartigen Lichtausbreitung. Es beginnt mit der Bemerkung, die Wahrnehmung eines leuchtenden Gegenstandes könne nicht dadurch geschehen, dass Materie „von diesem Objekt bis zu uns gelangt, wie etwa ein Geschoß oder ein Pfeil die Luft durchfliegt".[21] Vielmehr steigen, vom Ort des Initialimpulses ausgehend, kugelförmige Flächen oder Wellen auf, die das Medium in Bewegung versetzen. Die Optik orientiert sich hier am Wissen der Akustik und ermöglicht so die Abkehr von der antiken Sehstrahltheorie und der mittelalterlichen *Perspectiva.* Auf der Strecke bleibt die *Géometrisation à outerance*, wie Koyré die Übergeometrisierung der Naturmaterie nannte, die Descartes' Werk bestimmt.[22] Der Descartes'sche Wahrnehmungsraum, wie er in Abbildung 3 skizziert wird, macht diese Geste der Übergeometrisierung, d. h. der Überordnung des Raumes über die Dimension der Zeit, besonders gut deutlich.

An die Stelle der Geradlinigkeit und Augenblicklichkeit der Ballistik treten dagegen in Huygens' Wellentheorie des Lichts Konzentrik und endliche Geschwindigkeit der kinematischen Bewegung.

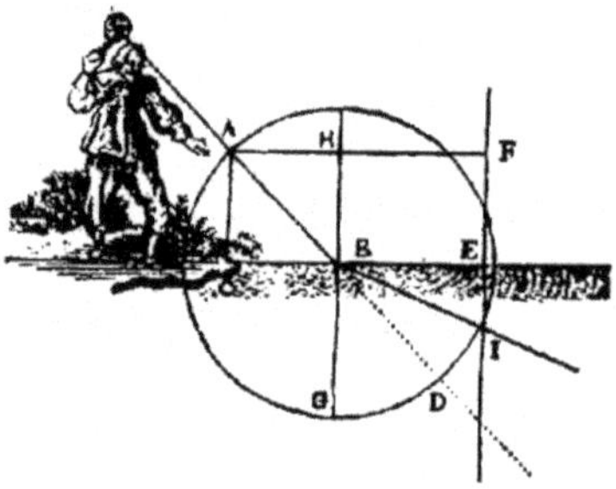

Abb. 3: Descartes' Balldiagramm.

20 Huygens: Œuvres complètes (wie Anm. 8), Bd. 8, fasc. 2, S. 742.
21 Christiaan Huygens: Abhandlung über das Licht, Frankfurt a. M. 1996, S. 11.
22 Alexandre Koyré: Études galiléennes, Paris 1939, S. 2: La loi de la chute des corps. Descartes et Galilée.

> Meiner Meinung nach läßt sich diese Bewegung durch nichts besser als dadurch erklären, daß man annimmt, die leuchtenden Körper, welche wie die Flamme [...] flüssig sind, seien aus Teilchen zusammengesetzt, welche in einer viel feineren Materie schwimmen, von welcher sie mit einer großen Geschwindigkeit bewegt und gegen die umgebenden, viel kleineren Ätherteilchen gestoßen werden.[23]

Nicht ohne Grund designiert Huygens die Kerze zum Beschreibungsobjekt der Mechanik wellenartiger Lichtausbreitung (vgl. Abb. 4).

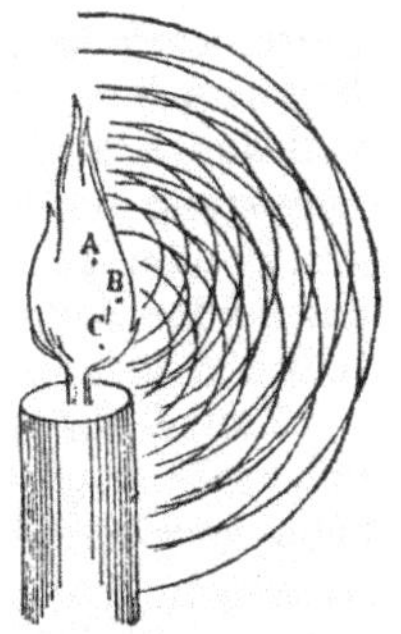

Abb. 4: Huygens' Kerze.

An einer tanzenden und auratisch strahlenden Flamme, wie sie Huygens in dieser Abbildung zeigt, lasst sich am plausibelsten andeuten, dass jeder einzelne Lichtpunkt eine sphärische Welle ausstößt, die wiederum von Ätherteilchen aufgenommen und als Wellenfront weitergetragen wird. Denn Huygens' Problem war es, dass man mit dem bloßen Auge kein wellenartiges Flimmern einer Lichtquelle, mit anderen Worten den periodischen Wechsel von Wellenbergen und -tälern sehen konnte. Die Frage nach dem jähen Ende einer Welle auf langer Strecke oder einer Überlagerung von einzelnen Wellenfronten, sprich Sichtschwund und Sichtstörung (durch Interferenz), umging Huygens mit der Annahme des hoch elastischen Äthers. Einzelne Lichtteilchen „schwimmen" in der feinen Äthermaterie widerstandslos und ungehindert geradeaus, um in Reih und Glied eine rollende Wellenfront zu formen. Lediglich beim Übergang von einem Medium in ein anderes weicht die Wellenfront aufgrund einer Geschwindigkeitsänderung von ihrem geraden Weg ab. Das Licht erscheint gebrochen. Diese veraltete mechanistische Erklärung bereitete dem Huygens'schen Prinzip – trotz einschlägiger Diagramme und Analogien zwischen Licht- und Schallausbreitung – Durchsetzungsschwierigkeiten gegenüber der Korpuskulartheorie des Lichts. Ohne die Signifi-

23 Huygens (wie Anm. 21), S. 16.

kanz von Experimenten, wie Newton sie aufweisen konnte,[24] drohte das Prinzip zu scheitern.[25] Abhilfe schuf der bereits erwähnte Kalkspat, das zweite, ausschlaggebende Medium der Wellentheorie des Lichts, an dem die Doppelbrechung des Lichts beobachtet werden konnte.

IV. Lichtdopplung

Der bekannteste Lehrsatz der Dioptrik, die Definition der Lichtbrechung, lautet: Wird ein Gegenstand durch ein durchscheinendes Medium hindurch betrachtet, das nur eine einzige Oberfläche aufweist, entsteht ein gebrochenes Bild. Besitzt das Medium dagegen mehrere Oberflächen, wie z. B. im Fall eines sechskantigen Prismas, so nimmt man auf jeder dieser Flächen ein gebrochenes Bild wahr. „Da nun bei unserem Kristall", wirft Bartholinus in seinen *Experimenta* ein, „zwar nur eine Oberfläche für das Auge des Beschauers vorhanden ist, aber gleichwohl stets ein doppeltes Bild von einem einzigen Gegenstand erscheint, so war scharf zu überlegen, woher dieses doppelte Bild kam"[26] (vgl. Abb. 5).

Genau diese scharfe Überlegung sollte Huygens leisten. Seine mechanistische Begründung der Lichtbrechung – Verlust der Ausbreitungsgeschwindigkeit beim Übergehen des Lichts von einem in ein anderes Medium – konnte nicht auf die Erscheinung der Lichtstrahlverdoppelung im Kalkspat appliziert werden. Die Regel, dass ein gerade einfallender Strahl ungehindert hindurchgeht, wohingegen ein schräg einfallender gebrochen erscheint, stand plötzlich Kopf. Der ordentliche Strahl folgte dem trigonometrischen Lichtbrechungsgesetz, der außerordentliche jedoch nicht. Um diesem Problem mathematisch beizukommen, schlug Bartholinus vor, statt der senkrechten Achse des Koordinatensystems den ungebrochenen, schrägen Strahl als Referenzpunkt für die Berechnung des Sinusquotienten der Doppelbrechung zu nehmen. Die Rechnung ging auf, jedoch ohne das Zustandekommen des doppelten Bildes aufzuklären. Durch das richtige Zuschleifen des Kristalls oder das Polieren eines Glases auf die Winkelverhältnisse des Kalkspats wollte Bartholinus dieses Manko nach cartesischem Vorbild beheben. „Da sich aber unser

24 Das *Experimentum crucis* – die Dispersion des Lichts in ein siebenfarbiges Spektrum mithilfe eines Prismas – bewies nicht nur die Heterogenität des Lichts, sondern erhärtete auch Newtons Behauptung, dass alle Materie aus kleinsten Teilchen zusammengesetzt ist. Die Korpuskeln sind ab einem gewissen Grad nicht mehr zerteilbar und verleihen in diesem Zustand der Materie ihre Eigenschaften.

25 Die Prominenz von Newtons Korpuskulartheorie wurde erst 130 Jahre später durch Thomas Youngs Interferenznachweis in Kalkspatversuchen zu Fall gebracht.

26 Bartholinus (wie Anm. 7), S. 19.

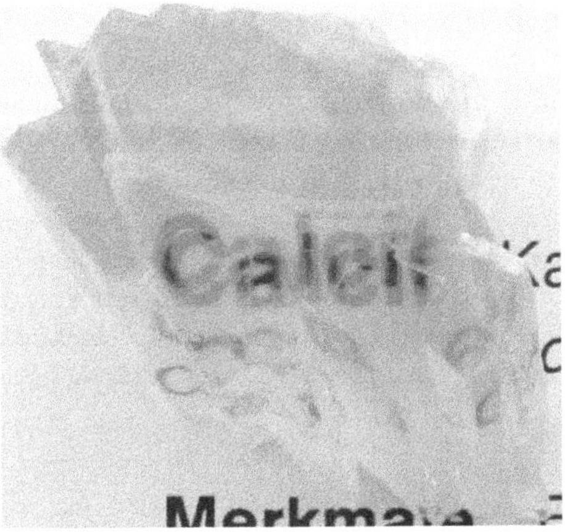

Abb. 5: Kalkspat.

Kristall nicht entgegen der Anordnung seiner Teilchen glätten und genau polieren ließ, mußte eine andere Bestimmungsmethode angewandt werden."[27] Diese Bestimmungsmethode waren Diagrammkonstruktionen, die allerdings nicht auf den materiellen Grund der Dinge vordringen konnten.

Für Huygens, den handwerklich-technisch arbeitenden Gelehrten, war dies ein leichtes Spiel. Mit seinem Bruder Constantijn fertigte er optisches Versuchsmaterial an: Aus Bergkristall schnitten sie „nach verschiedenen Richtungen gut polierte Prismen [...], durch die, wenn man durch sie eine Kerzenflamme [...] betrachtete, alles doppelt erschien".[28] Die bahnbrechende Annahme, die Huygens auf Grundlage seiner kristallographisch determinierten Winkelberechnung aufstellen konnte, war, dass sich das Licht im Kalkspat nicht nur in Form von kugelförmigen oder sphäroiden, sondern auch ellipsoiden Wellen fortpflanzt. Die verschiedenen Ausbreitungsgeschwindigkeiten beider Wellenformen führen dazu, dass Bilder doppelt gesehen werden. Wie Kepler und Descartes hatte Huygens zur Überprüfung dieser Annahme eine Anleitung zur Konstruktion von Ellipsen beigefügt, erwiesenermaßen die für die Enträtselung der Lichtbrechung brauchbarste Kurvenform des Kegelschnittes. Darüber hinaus zog Huygens „den Schluß, daß man aus diesem Kristall seiner natürlichen Gestalt ähnliche Körper formen kann, welche an allen ihren Flächen dieselbe regelmäßige und unregelmäßige Brechung bewirken, wie die natürlichen Flächen. Damit aber Jedermann, der von die-

27 Ebenda, S. 23.
28 Huygens (wie Anm. 21), S. 56.

sem Stein besitzt, durch seine eigenen Versuche die Wahrheit [der] Angaben prüfen kann",[29] fügte Huygens seiner *Abhandlung* eine knappe Anleitung zum Schneiden und Polieren des Bergkristalls hinzu, der härter als der Kalkspat und so leichter auf seine bestimmten Winkelverhältnisse schneidbar und polierbar war. Ob dieser Blueprint in die Handwerksstätten der Glasmacher und -schleifer gelangte, ist fraglich. Ihre Fabrikate, zumal für den Einsatz als Zierde, imitierten aber offensichtlich die Dispositionen von brechenden und das Licht reflektierenden Kristallen. Die Abbildungen 6 zeigen Handzeichnungen von Kristallkronleuchterbehang *(Pendeloque)*, der sich im Bestand des Schlosses Sanssouci (a) und des Neuen Palais (b und c) befindet.

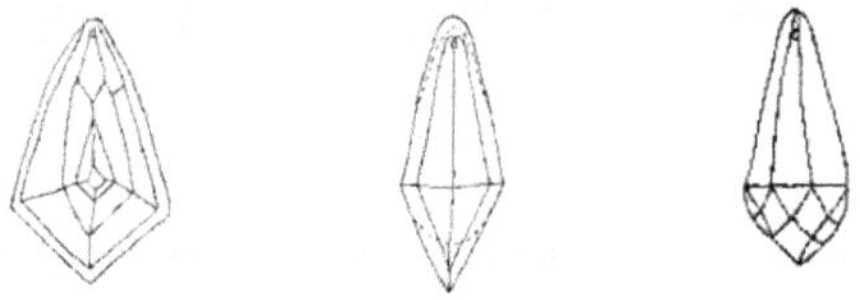

Abb. 6 a–b–c: Kristallbehang.

V. Ars vitraria experimentalis

Die höchsten Ziele der Glasmacher waren also technischer Natur: Einerseits sollte die Verwirklichung einer Mixtur ermöglicht, die Glas hart und somit schleifbar macht,[30] andererseits Bearbeitungstechniken erdacht werden, die es zu einer solchen Kristallähnlichkeit verfeinern helfen, dass neben der Herstellung von Gebrauchsgläsern vor allem Zierrat und Schmuckwerk produziert werden können.[31] Verziert werden sollte das vornehmste Gut des Barock: Die Kronleuchter mit Behang aus (Berg-) Kristallglas. Der einfache Kronleuchter, also ein kronenförmiger Kerzenhangleuchter, hing seit dem Mittelalter in Kirchen und seit 1600 in Bürgerhäusern.[32] Lüster, von der französischen Bezeichnung „lustre" für glänzend[33] und somit Kronleuchter mit kristallenem Behang, schmückten

29 Ebenda, S. 77 f.

30 Darunter zählen das englische Bleiglas (um 1670) und das böhmische Kristallglas (um 1680).

31 Käthe Klappenbach: Kronleuchter mit Behang aus Bergkristall und Glas sowie Glasarmkronleuchter bis 1810, Berlin 2001, S. 116.

32 Die flämischen Kronen, Kronleuchter aus Messing oder Bronze, sind fast auf allen Gemälden von Vermeer zu entdecken.

33 Mit „lustre" ist vor allem der Glanz auf Stoffen und Materialien wie Seide, Gold, Sil-

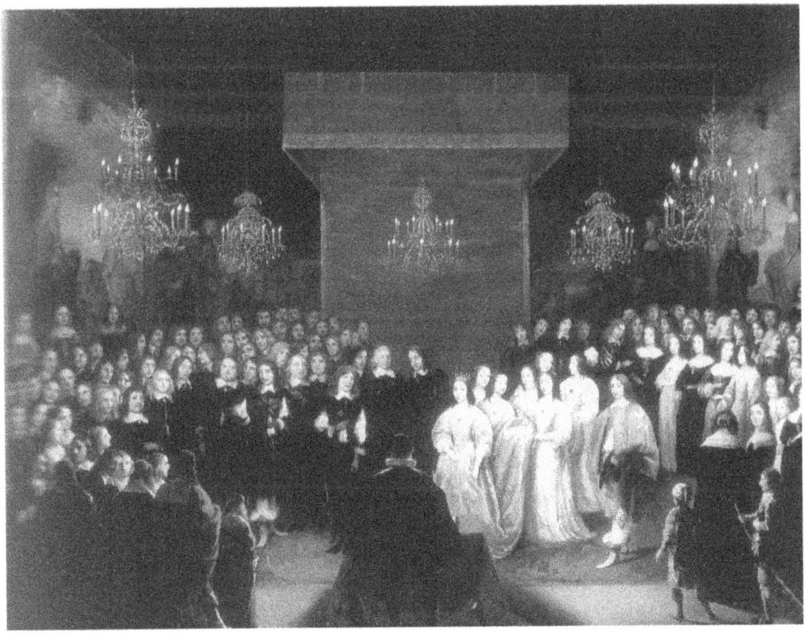

Abb. 7: Mytens' Vermählung.

ten ausschließlich königliche Festsäle, denn sie waren selten und kostspielig. Im 17. Jahrhundert war der Oranische Hof neben Versailles, das die Vorbildfunktion erfüllte, einer der ersten in Europa, der den „Gebrauch von Kronleuchtern als Ausdruck von Wohlstand und Prachtentfaltung“[34] praktizierte (vgl. Abb. 7). Ein Gemälde von Jan Mytens, einem angesehenen Porträtisten des Adels und wohlhabender Bürger Den Haags, zu denen auch Christiaan Huygens zählte,[35] zeigt die Vermählung des Kurfürsten Friedrich Wilhelm mit Louise Henriette von Oranien am 7. Dezember 1646 im Lichte einer „ungewöhnlich hohe[n] Anzahl“[36] von fünf Kronleuchtern mit Bergkristallbehang. Diese beleuchten die festliche Versammlung nach dem *Chiaroscuro*-Prinzip: Wäh-

ber und Edelsteinen gemeint. Erst mit der Formierung der Mineralogie im 19. Jahrhundert münzte man „lustre“ in einen Fachbegriff um, der das für einen bestimmten Kristall typische Oberflächenlichtspiel bezeichnet. Mineralogen können an der Art und Weise, wie das Licht auf der Kristalloberfläche schimmert und glänzt, die Lichtbrechungsverhältnisse (Refraktionsindex) des Kristallinneren erahnen.

34 Klappenbach (wie Anm. 31), S. 21.

35 Der Verbleib des Huygens-Portraits, das Jan Mytens um 1660 gemalt haben soll, ist unbekannt. Eine Abbildung findet sich in: Alexandra Nina Bauer: Jan Mijtens, Petersberg 2006, S. 357.

36 Klappenbach (wie Anm. 31).

rend der Geistliche im Schatten fast verschwindet, strahlen die kristallfarbenen Kleider der Kurfürstin und ihrer Brautjungfern mit blendendem Licht, so dass sie selbst wie sprießende Kristalle wirken. Ein weiteres Glanzlicht trägt die Krone von Louise Henriette. Den Fokus des Bildes bildet nichtsdestotrotz die Triade der großen Kronleuchter, die selbst wie ein überdimensioniertes Diadem die Krönung der Szenerie symbolisiert.

1676 wird genau ein solcher Lüster vom Oranischen Hof an den Zaren Alexander verschenkt, um die Gunst und Unterstützung Russlands im Krieg gegen Schweden zu gewinnen. Friedrich Wilhelm konnte dieses einmalige und kostspielige Präsent schon im Jahr darauf durch bessere Erzeugnisse ersetzen, denn er warb Johann Kunckel an, den wichtigsten deutschen Glasmacher. In seinen Diensten entwickelte Kunckel „tadellos klares Kristallglas“[37] und Goldrubinglas, für das er die Pfaueninsel bekam. Da er dort seine Glashütte aufstellte, nannte man die Insel von diesem Zeitpunkt an „deutsches Murano“.

1679 schrieb Kunckel die *Ars vitraria experimentalis*, das berühmteste Werk der Glasherstellung dieser Zeit. Mit der *Ars vitraria* machte er es sich zur Aufgabe, die Glasherstellung als experimentell-technisches Kunsthandwerk zu etablieren.[38] In der Tradition von Agricolas *De re metallica* schreibend, widmet sich Kunckel einzelnen Herstellungsprozessen, unterteilt und systematisiert ihre Arbeitsschritte und ihr Fachwissen. Neben den verschiedenen Stufen des Schmelzens, Blasens, Gestaltens (Politur, Facettierung und Farbe) und Kühlens empfiehlt er Arbeitsteilungsmaßnahmen und gibt Vorschläge zur Optimierung des Fabrikats. Doch damit nicht genug: Das Werk basierte auf der vollständigen Übersetzung von *L'arte vertraria* Antonio Neris, eines berühmten *Cristallari* aus Florenz. *Cristallari* nannte man die Gilde der Glasmacher, die sich ausschließlich mit der Herstellung von Kristallobjekten *(oggetti di cristallo)* beschäftigte. Sie genoss in Italien hohes Ansehen und hatte europaweit das Monopol auf die Geheimnisse der Glasherstellung. Nicht nur durch die Übersetzung erwies Kunckel deutschsprachigen Glasmachern einen Gefallen. Um die Richtigkeit von Neris Angaben zu prüfen, experimentierte Kunckel alle Herstellungsprozesse und Mischprozeduren minutiös durch, korrigierte und verbesserte sie durch praktisch erlangtes Wissen. Diese Experimente gibt er in Versuchsprotokollen wieder, für jeden nachvollziehbar und wiederholbar. Sowohl für Kunckel als auch für Friedrich Wilhelm war das Vertragsverhältnis also dienlich: Der Kurfürst musste nicht mehr in der Heimat seiner Frau teures Glas einkaufen, und Kun-

37 Wolfgang Fetzer: Johann Kunckel, Berlin 1977, S. 23.

38 Johann Kunckel: Ars vitraria experimentalis oder die vollkommene Glasmacher-Kunst, Hildesheim 1972.

ckel konnte, nach unbefriedigender Karriere als Hofalchimist in Dresden, seine Expertise der verschiedensten Glasherstellungstechniken[39] bei der Anfertigung von zierlichen (Kristall-)Glasobjekten unter höchster Annerkennung beweisen und sich darüber hinaus zum technisch orientierten Gelehrten emanzipieren.[40]

VI. Zusammenführendes

Das Beherrschen barocker Lichtinszenierung fiel zusammen mit der Etablierung der Glasherstellung als experimentell-technisches Kunsthandwerk und der Perfektionierung ihrer Techniken. Der Facettenschliff, ein seitliches und frontales Anschleifen von (Kristall-)Glasobjekten, führte dazu, dass *Pendeloques* der Kronleuchter bei geringster Luftbewegung das Licht in ein brillantes Schillern verwandelten. Der Blick ruhte nicht mehr auf einem linear einfallenden Lichtstrahl oder -punkt, sondern verschwamm in gekriselten Doppelungen von regenbogenfarbenen Glanzlichtern. Er verschwamm durch eine Lichttäuschung, wie sie sich beim direkten Hineinsehen in einen beleuchteten Kristallkronleuchter ereignet.

Diese Lichtdoppelungen und -verzerrungen sind es auch gewesen, die Huygens' Überlegungen und Experimente zur Wellentheorie des Lichts initiiert haben. Sein Experimentiermaterial aus Bergkristall präparierte er so, dass es zugeschliffen die Winkelverhältnisse des doppelt brechenden Kalkspats wiedergab. Diese technische Rekonstruktion half ihm, experimentelle und epistemische Eckpfeiler der Wellentheorie zu ergründen. Das Lenken, ja Überhöhen der Mimesis zu Zwecken der Schärfung optischer Wahrnehmung durch Medien mündete nicht nur in eine theoretische Neubegründung der Optik, sondern in neue Formen des Sehens. Das Sehen durch etwas hindurch oder das vermittelte Sehen wurde zur Norm. So scheute man nicht mehr davor zurück, eine Augenweide zum Gegenstand wissenschaftlicher Beobachtungen und ästhetischer Betrachtungen zu designieren: Die Spiele des Lichts in einem Kristall.

Abbildungsverzeichnis

(Abb. 1): Christiaan Huygens: Abhandlung über das Licht, Frankfurt a. M. 1996, S. 45.
(Abb. 2): Linse von Christiaan Huygens. Boerhaave Museums, Leiden, Niederlande.
(Abb. 3): René Descartes: Dioptrik, Meisenheim am Glan 1954, Bild 3, S. 75.

39 Kunckels Ausbildungsweg führte ihn in die Niederlande, wo er die Geheimnisse des perfekten (Linsen-)Schliffs erlernte. Vgl. Fetzer (wie Anm. 39), S. 17.

40 Sein späteres Buch, *Collegium physico – Laboratorium Chymicum,* ist die Aufarbeitung dieser experimentellen Ergebnisse in einer Theorie, die das Korpus für eine physikalisch-chemische Lehre im Bereich der Glasmacherausbildung bereitstellen sollte.

(Abb. 4): Christiaan Huygens: Abhandlung über das Licht, Frankfurt a. M. 1996, S. 21.

(Abb. 5): Blick durch den Kalkspat.

(Abb. 6 a, b, c): Kristallkronleuchterbehang. Handzeichnung von Dr. Käthe Klappenbach. Für die freundliche Nutzungserlaubnis danke der Stiftung Preußischer Schlösser und Gärten.

(Abb. 7): Jan Mytens: Vermählung des Kurfürsten Friedrich Wilhelm und Louise Henriette von Oranien (1648), Musée des Beaux Arts, Rennes, Frankreich.

Erika Fischer-Lichte

Beleuchtung, Erleuchtung, Verklärung
Über praktische, symbolische und performative Funktionen des Lichts im Theater

Am 7. November 1920, dem dritten Jahrestag der Oktoberrevolution, wurde auf dem ehemaligen Schlossplatz, der nun in Uricky-Platz umbenannt war, in der ebenfalls umbenannten Stadt Petrograd das Massenspektakel *Die Erstürmung des Winterpalais* aufgeführt. Bis zum „Blutsonntag" des Jahres 1905 hatte dieser Platz in gewisser Weise als tabuisiert gegolten – politische Demonstrationen waren hier undenkbar. Am „Blutsonntag" wurde er zum Schauplatz eines blutigen Gemetzels. Eine friedliche Massenprozession, die sich, angeführt von einem Priester und mit Ikonen und Bildern des Zaren ausgestattet, über den Platz bewegte, wurde brutal zusammengeschossen. Steine und Erde des Platzes waren mit dem Blut dieser „Märtyrer" getränkt. Daher galt der Platz fortan als ein „heiliger Raum", in dem proletarische Massen ihr Blut für die gemeinsame Sache einer besseren Zukunft vergossen hatten. Das Winterpalais dagegen wurde als „derselbe alte Ahnensitz, ein Nest von Geheimnissen und Verbrechen, eine Wiege uralter Flüche wie die unwandelbare Palastfassade im griechischen Theater"[1] angesehen. Und eben dieses Palais war durch die „Erstürmung", die sich am 7. November 1917 ereignete, „in ein Gebäude transformiert, das von Geschichte geheiligt war"[2] – auch wenn die „Erstürmung" nicht den Sturz der Selbstherrschaft herbeiführte, den die Februarrevolution bereits bewirkt hatte, sondern die Ablösung eben dieser Februarrevolution, d. h. Kerenskys und der Menscheviki. Mit der Aufführung der *Erstürmung des Winterpalais* auf diesem Platz, am Jahrestag des ursprünglichen Ereignisses und zum Teil mit „Darstellern", die selbst an diesem Ereignis beteiligt gewesen waren und insofern ihre eige-

1 A. Piotrovsky: Sverzhenie samoderszhaviia – Predstavlenie na Dvortsovoi ploshchadi (Der Sturz der Selbstherrschaft – eine Aufführung auf dem Schlossplatz). In: Zhisn iskusstva 199–200 v. 26./27.7.1919, S. 2.

2 A. Piotrovsky: Khronika Leningradskich prazdnestv 1919–1922 (Chronik der Leningrader Festspiele 1919–1922). In: A. Gvozdev, A. Piotrosky, N. P. Izvekov (Hrsg.): Massovye prazdestva (Massenfestspiele), Leningrad 1926, S. 53–84, hier S. 78.

nen Handlungen re-inszenierten, wurde ein Ursprungsmythos geschaffen – der Mythos der Revolution,[3] der von Sergej Eisenstein in seinem Film *Zehn Tage, die die Welt erschütterten* aufgenommen und weiterentwickelt wurde.

An der Aufführung waren fast 10.000 Darsteller und 100.000 Zuschauer beteiligt. Vor der Fassade des Generalstabs, also gegenüber dem Winterpalais, wurden zwei Plattformen errichtet: die Bühne der Weißen und die Bühne der Roten. Beide Bühnen waren durch Plattformen in mehrere Ebenen unterteilt. Sie waren durch eine Brücke miteinander verbunden, welche dem Bogen des Generalstabs direkt hinter ihr nachgebildet war. Das 500-köpfige Orchester brachte man hinter der Brücke unter, unter dem Bogen des Generalstabs.

Die Zuschauer standen in zwei großen Blöcken in der Mitte des Platzes. Ein breiter Korridor, der vom Generalstab zum Tor des Winterpalais führte, trennte die Blöcke voneinander. Der Zugang zum Korridor war für die Zuschauer durch Seile abgesperrt. Außerdem gab es eine besondere Zuschauertribüne, die vor der Fassade des Archivs auf der linken Seite des Platzes (vom Palais her gesehen) errichtet war. Sie war für einige „besonders wichtige" zahlende Gäste reserviert, die so das Privileg eines Überblicks über den ganzen Platz genossen. In der Mitte des Platzes, direkt an der Alexandersäule, befand sich eine weitere Plattform. Hier stand Nikolai Evreinov, der das Regieteam leitete, dem außerdem noch Jurij Annenkov, Nikolaj Petrov und Alexander Kugel angehörten. Mithilfe von Feldtelefonen, Lichtsignalen und Motorrad-Kurieren dirigierte er das Geschehen. Militäreinheiten, Lastwagen und Automobile waren in den Seitenstraßen geparkt, die zum Platz führten, und warteten auf die Signale des Regisseurs.

Die Aufführung begann um 22.00 Uhr in völliger Dunkelheit. Auch die Lichter im Winterpalais waren gelöscht.

Es war der gedämpfte Donner einer Kanone zu hören, und von der Kommandobrücke, die um die Alexandersäule herum errichtet war, kam das Signal zum Anfang. Die bogenförmige Brücke wurde beleuchtet und acht Fanfaren ertönten mit durchdringendem Klang. Als der Laut verklang, verschwanden sie wieder in der Dunkelheit. Die nachfolgende Stille wurde von Litoffs mächtigem *Robespierre* gebrochen, gespielt vom Petrograder Militär-Symphonie-Orchester. Und die Aufführung begann.[4]

In diesem Augenblick wurden 150 Scheinwerfer, die auf den Dächern der umliegenden Gebäude installiert waren, eingeschaltet und sie beleuch-

3 Vgl. hierzu James van Geldern: Bolshevik Festivals 1917–1920, Berkeley u. a. 1993.

4 N. Schubskij: Na ploscadi Uritskogo (Upechatlenia moskvicha) (Auf dem Uricky-Platz) (Eindrücke eines Moskauers). In: Vestnik Teatra 75 (1920), S. 4 f., hier S. 4.

teten die Bühne der Weißen, auf der das Spiel begann. Im Laufe der Aufführung wechselten die Scheinwerfer immer wieder zwischen der Bühne der Weißen und der Bühne der Roten hin und her, bis der Kampf zwischen Weißen und Roten auf der Brücke begann und die Weißen sich mit Automobilen in das Winterpalais retteten. Die zunächst auf die Brücke gerichteten Scheinwerfer beleuchteten nun den Korridor und den Platz vor dem Eingang des Winterpalais, wo sich die weiteren Ereignisse abspielten. Die Aufführung endete nach eineinviertel Stunden mit dem Sieg der Roten und einem Feuerwerk, das den nächtlichen Himmel im Glanz von Formationen aus roten Sternen und Lichtexplosionen erstrahlen ließ. Die Scheinwerfer des Schlachtschiffes *Aurora,* das wie vor drei Jahren auf der Newa hinter dem Palais vor Anker lag, erleuchteten das Gebäude von hinten, so dass es durchsichtig zu werden und sich im Lichte aufzulösen schien. Dann schwenkten sie zusammen mit den Scheinwerfern auf den Gebäuden um den Platz zu einem Punkt hoch über dem Palais, an dem eine riesige rote Fahne gehisst und zugleich von Licht überflutet wurde, und in den Fenstern des Palais leuchteten rote Lichter auf. Die Aufführung endete mit einem gemeinsamen Chorgesang und einer festlichen Prozession, an der sich die Zuschauer beteiligten.

In der Aufführung der *Erstürmung des Winterpalais* zeichnen sich deutlich drei Funktionen ab, in denen Licht eingesetzt wurde: eine *praktische* (I.), eine *symbolische* (II.) und eine *performative* (III.). Alle drei erscheinen hier fast unauflöslich miteinander verbunden. Die grundlegende Funktion war zweifellos die *praktische*. Da um 22.00 Uhr im November in Sankt Petersburg tiefe Dunkelheit herrscht, wird das Licht der Scheinwerfer gebraucht, um die Handlungen und Ereignisse für alle Beteiligten überhaupt erst sichtbar zu machen. So trivial es klingen mag, es muss in diesem Zusammenhang doch ausgesprochen werden: Für das Theater, den Raum zum Schauen, ist Licht die Bedingung seiner Möglichkeit. Ohne Licht gibt es nichts zu schauen – lediglich zu hören und zu spüren. Licht wird als Beleuchtung gebraucht; es war das Licht der Scheinwerfer, das hier die Fanfarenbläser und nach dem Verstummen des Orchesters den Kampf zwischen den Weißen und den Roten zur Erscheinung brachte.

Bereits in dieser *praktischen* Funktion zeichnet sich eine *symbolische* Funktion des Lichts ab. Das „Es werde Licht“ erklärte den Beginn der Aufführung zu einem Schöpfungsakt, mit dem eine neue Welt hervorgebracht wird. Zugleich erschien das Licht als Widerpart der Dunkelheit – im Verlauf der Aufführung wurde der mythische Kampf der Kräfte des Lichts gegen die Kräfte der Finsternis ausgetragen, aus dem das Licht als alles überstrahlender Sieger hervorging. Mit dem Sieg der Revolution hatten die Kräfte des Lichts endgültig die Kräfte der Dunkelheit besiegt. Das Licht schien den alten, verschlossenen „Ahnensitz“, das

„Nest von Geheimnissen und Verbrechen" durchsichtig zu machen, ja geradezu in seiner Festigkeit und Undurchdringlichkeit aufzulösen. Und die im Licht am Fahnenmast hoch über dem Schloss hochgezogene rote Fahne symbolisierte den Aufstieg des Proletariats, der Masse der Unterdrückten, Erniedrigten und Beleidigten aus den dumpfen Verliesen ihrer Sklaverei ins Licht der Geschichte. Die Fahne erschien verklärt, und in ihrer Verklärung konnte sich die Masse der Zuschauer als ebenfalls transfiguriert erfahren. Hier ging die symbolische Funktion mit einer *performativen* Hand in Hand. Die Verklärung der Massen wurde nicht nur bedeutet, sie wurde zum Ende der Aufführung tatsächlich vollzogen.

Dies zeigt sich auch am Feuerwerk. Das Feuerwerk bedeutete nicht nur den Sieg des Lichts über die Finsternis, es konnte vielmehr von jedem Zuschauer körperlich als dieser Sieg erfahren werden. Mit dem Feuerwerk, das die nächtliche Dunkelheit in taghelles Licht verwandelte, trat zugleich die Macht der neuen Herrschaft des Volkes in Erscheinung – das Feuerwerk bedeutete nicht nur, sondern vollzog in diesem Sinne einen Akt der Selbstermächtigung der Massen. Der gemeinsame Chorgesang und die festliche Prozession von Akteuren und Zuschauern am Ende der Aufführung beglaubigte diesen durch das Feuerwerk vollzogenen Akt der Selbstermächtigung. Die Aufführung hatte sich in der Tat nicht als eine Repräsentation des ewigen Kampfes zwischen Licht und Finsternis, sondern als deren Kampf selbst vollzogen, der nun mit dem überwältigenden Sieg des Lichts endete.

Wie hier am Beispiel der *Erstürmung des Winterpalais* gezeigt, wirken im Theater in der Regel praktische, symbolische und performative Funktionen zusammen. Gleichwohl sollen sie aus heuristischen Gründen nachfolgend einzeln diskutiert werden, auch wenn dabei immer wieder die jeweils beiden anderen notwendigerweise mit ins Spiel kommen.

I.

Die *praktischen* Funktionen des Lichts im Theater bestehen vor allem in der Sichtbarmachung der dargestellten Ereignisse und häufig auch in der Sichtbarmachung des Publikums. Zumindest bis zur Erfindung des elektrischen Lichtes war bei Theateraufführungen nicht nur die Bühne, sondern auch der Zuschauerraum beleuchtet. Dies geschah bis zum 17. Jahrhundert überwiegend durch das Tageslicht – die Aufführungen im antiken Griechenland, im elisabethanischen Theater, in den Corral-Theatern des spanischen *Siglo de Oro* oder auch Aufführungen der Commedia dell'arte-Truppen fanden bei Tageslicht statt. Als sie im Verlaufe des 17. Jahrhunderts vom Tag auf den Abend und vom Freien in geschlossene Räume verlegt wurden, erfolgte die Beleuchtung durch Öllampen, Kerzen, Fackeln, durch Metallscheiben, die das Licht reflektierten, durch mit Wasser gefüllte Glaskugeln, Spiegel oder die Laterna magica, die allerdings nicht mehr nur der Beleuchtung, sondern zugleich der Hervorbringung spektakulärer Lichteffekte dienten.

Die Zuschauer konnten sowohl die Akteure als auch die anderen Zuschauer sehen, ebenso die Akteure nicht nur ihre Kollegen, sondern auch die Zuschauer. Der erleuchtete Zuschauerraum wurde daher vom Publikum vorwiegend als ein geselliger Raum begriffen, der in vielerlei Hinsicht seiner Unterhaltung diente. Im 17. Jahrhundert wurde er von adligen Zuschauern darüber hinaus auch als Raum genutzt, der die gesellschaftliche Ordnung repräsentierte, indem er die Aufmerksamkeit der anderen Zuschauer auf die Akteure der Gesellschaft lenkte. Ihnen waren die Plätze vorbehalten, die von allen anderen Plätzen aus gut gesehen werden konnten, wie die Logen und insbesondere die Fürstenloge, oder auch, wie in Frankreich, die Bühne selbst, auf der sich Adlige neben den Schauspielern, deren Aktionsraum so empfindlich eingeschränkt wurde, auf Sesseln niederließen. Im 18. Jahrhundert wurde der gesellige Raum des Auditoriums zu einem Ort, an dem der Bürger sich als ein empfindsamer Mensch öffentlich zeigen und seine Tränen und andere Zeichen des Gefühls zur Schau stellen konnte. Die Gefühlsansteckung vermochte vor allem deshalb ihre Wirksamkeit zu entfalten, weil der weinende Zuschauer auch die anderen Zuschauer in Tränen zerfließen sah. Nur weil die gemeinsame Rührung von allen Zuschauern wahrgenommen werden konnte, vermochte sie verstärkend und zugleich vereinend zu wirken.

Wie aus den kritischen Artikeln in den Theaterzeitschriften bis weit ins 19. Jahrhundert hinein hervorgeht, fungierte der Zuschauerraum allerdings auch in anderer Hinsicht als ein geselliger Raum: Man kam und ging, aß und trank, führte „Gevattergespräche" über die Köpfe anderer Zuschauer hinweg, versuchte mit der Lorgnette herauszufinden, was sich in anderen Logen zutrug, und unterhielt sich darüber weit lebhafter und ungenierter als über die Vorgänge auf der Bühne.

In den 20er Jahren des 19. Jahrhunderts wurde die Gasbeleuchtung eingeführt, die eine Verdunkelung des Zuschauerraums möglich machte. Entsprechende Experimente führte Charles Kean in England bereits seit den 40er Jahren des 18. Jahrhunderts durch. Der erste, der konsequent den Zuschauerraum während der Aufführung vollständig verdunkelte, war Richard Wagner. Ihm war das gesellige Treiben vor allem des Opernpremierenpublikums ein derartiger Gräuel, dass er ihm bei den ersten Bayreuther Festspielen 1876 ein für allemal ein Ende zu bereiten trachtete.

Mit seiner Verdunkelung hörte der Zuschauerraum auf, ein geselliger Raum zu sein. Der ins Dunkel versetzte Zuschauer vermochte die Reaktionen der anderen Zuschauer nur noch wahrzunehmen, insofern sie sich lautlich artikulierten. Statt eine Beziehung sowohl zum Bühnengeschehen als auch zu den anderen Zuschauern eingehen zu können, musste er nun seine Aufmerksamkeit ausschließlich auf die Bühne richten; Wagner bezeichnete diese neue, von ihm geforderte Haltung des Zuschauers als „ein dämmerndes Wähnen, ein Wahrträumen des nie Erlebten".[5] Für den im Dunkeln sitzenden Zuschauer wurde die Bühne, auf die alles Licht fiel, in diesem Sinne zu seinem Innenraum – dem Raum, in dem er seine Wünsche oder Albträume ausagiert sah. Die Bühne wurde zum „Traumbild", wie Hugo von Hofmannsthal es knapp dreißig Jahre später formulierte.

Seit den 60er Jahren des 20. Jahrhunderts wird zunehmend wieder mit Beleuchtung im Zuschauerraum experimentiert – oder auch mit Aufführungen bei Tageslicht. So fand die Uraufführung von Handkes *Publikumsbeschimpfung* durch Claus Peymann während der ersten Frankfurter Experimenta (1966) mit beleuchtetem Auditorium statt. Dies erleichterte es denjenigen Zuschauern, die sich von den Bühnenvorgängen animiert, wenn nicht gar provoziert fühlten „mitzuspielen", auf die Bühne zu klettern und ihr Verhältnis zu den Darstellern neu auszuhandeln. Die von Richard Schechners Performance Group und Julian Becks und Judith Malinas Living Theatre geforderte Zuschauerpartizipation war nur mit Beleuchtung des Zuschauerraums möglich. Seit Hermann Nitsch seine Lammzerreißungsaktionen bei Tage im Hof von Schloss Prinzendorf durchführt, werden die Zuschauer hier zu Akteuren. Die praktische Funktion des Lichts ist, wie sich hier zeigt, die Voraussetzung für eine Fülle von künstlerischen Innovationen, die vor allem eine Neubestimmung der Rolle des Zuschauers betreffen und die Möglichkeit eröffnen, die Beziehungen zwischen Akteuren und Zuschauern neu zu verhandeln.

In Einar Schleefs Inszenierung der *Salome* (Düsseldorfer Schauspielhaus 1997) zum Beispiel war der Zuschauerraum während der ersten zehn Minuten der Aufführung hell erleuchtet. Als der Eiserne Vorhang hochging, enthüllte er dem Publikum ein *tableau vivant*. Graublaues Dämmerlicht breitete sich im Bühnenraum aus, in dem sich achtzehn grau oder schwarz gekleidete Figuren vollkommen bewegungslos in malerischen Attitüden und Konfigurationen verteilten. Das ausgesprochen schöne, in feinen Schattierungen gehaltene und wohlproportionierte Bild wurde den Zuschauern zehn Minuten lang gezeigt. Dann senkte sich der

5 Richard Wagner: Ein Einblick in das heutige deutsche Opernwesen (1872). In: Richard Wagners Gesammelte Schriften, hrsg. v. J. Kapp, 10 Bde., Leipzig 1914, Bd. 9, S. 340.

Eiserne Vorhang wieder, und das Publikum wurde in die Pause entlassen. Bei der Aufführung, die ich beim Berliner Theatertreffen 1998 besuchte, wurde das Bild mit einzelnen bewundernden Ausrufen begrüßt. Als es jedoch länger als eine Minute andauerte, fingen die Zuschauer an, sehr unterschiedliche Verhaltensweisen an den Tag zu legen. Die einen applaudierten, pfiffen, riefen „bravo" und „dacapo" und spielten so Verhaltensweisen aus, die konventionell auf den Theaterrahmen bezogen sind. Andere dagegen übernahmen ausdrücklich anstelle der Schauspieler den Part von Akteuren; sie erhoben sich zum Teil von ihren Plätzen und machten mehr oder weniger geistreiche Bemerkungen, wodurch sie die Aufmerksamkeit anderer Zuschauer auf sich zogen. Wieder andere rügten sie dafür und forderten lautstark ihr Recht ein, sich ohne ablenkenden Lärm in die Betrachtung des *tableau vivant* versenken zu können. Wie auch immer die Zuschauer sich verhielten, sie konnten dabei von den anderen Zuschauern ebenso wie von den Schauspielern beobachtet werden, die sich jedoch kein Lächeln, kein Räuspern, keine Bewegung entlocken ließen. Das Licht, das den Zuschauerraum beleuchtete, schuf so die Voraussetzung dafür, dass sich die Rollen zwischen Darstellern und Zuschauern umkehren konnten: Einige Zuschauer inszenierten sich selbst vor den Augen der unbeweglichen – und in diesem Sinne „passiven" – Schauspieler und anderer Zuschauer. Sie spielten „ihr" Theater. Die praktische Funktion des Lichts als Beleuchtung ermöglichte, dass in der Aufführung die grundlegende Bedingung von Theater in Erscheinung treten konnte – die leibliche Ko-Präsenz von Akteuren und Zuschauern.

II.

Seit im 17. Jahrhundert künstliches Licht im Theater eingesetzt wurde, hatte es *symbolische* Funktionen zu übernehmen. Es wurde nun geradezu als ein spezifisches System theatraler Zeichen eingesetzt, das dem Theater ganz neue Bedeutungsmöglichkeiten eröffnete.

Mithilfe der bereits genannten einfachen Vorrichtungen ließen sich verblüffende Lichteffekte erzielen, welche nicht nur die Zuschauer zutiefst zu affizieren vermochten – wodurch sie performative Funktionen erfüllten , sondern auch ganz spezifische Bedeutungen generieren. Diese lassen sich im Wesentlichen zwei unterschiedlichen Gruppen zuordnen: den krassen, grellen Feuereffekten und den sanften, milden Lichteffekten.

Feuereffekte wurden eingesetzt, um Vulkanausbrüche oder Feuersbrünste darzustellen, um Blitze einschlagen, Kometen über den Himmel rasen oder die Hölle lodernde Flammen ausspeien zu lassen. Sie waren eindeutig dem Bereich des Bösen und des Satanischen zugeordnet und fungierten als Zeichen für nahendes Unheil oder Katastrophen, in denen sich das Wirken des Teufels in der Welt offenbart. Ihnen traten die sanften Lichteffekte gegenüber, die Heiligenscheine, die leuchtenden Wolken, in denen Heilige oder Engel zur Erde hinabstiegen, und vor allem die Schlussapotheosen. In ihnen erschienen die Insignien des Reiches, der Namenszug des Herrschers, die Hostie oder das Kreuz in strahlendem Glanz. Diese Lichteffekte gehörten dem Bereich des Göttlichen an und fungierten entsprechend als Zeichen für seine Manifestationen in der Welt.

Mit dem Licht der künstlichen Beleuchtung schuf sich das Theater im 17. Jahrhundert ein System theatraler Zeichen, das in besonderer Weise auf das Satanische wie auf das Göttliche hinzuweisen imstande war. Der Kampf transzendenter Mächte um das Seelenheil des Einzelnen oder das Schicksal der Welt konnte mithilfe von Zeichen bedeutet werden, die der Zeit als vollkommene und angemessene Repräsentation dieser Mächte galten: dem Feuer als Repräsentation des Satanischen und dem Licht als Repräsentation des Göttlichen.

Wenn am Ende der Aufführung in der Schlussapotheose aus dem Dunkel des Bühnenraumes in leuchtenden Lettern der Namenszug des Herrschers aufglänzte oder im Strahlenkreuz die Hostie verklärt erschien und die Welt des Bühnenraums mit ihrem Licht durchflutete, so ist dieser Vorgang nicht nur als ein Zeichen zu begreifen, das auf Ruhm und Größe des Herrschers oder auf die göttliche Gnade hindeuten sollte. Die Aufhebung der Bühnenwelt im Licht der Schlussapotheose erscheint darüber hinaus vielmehr als ein Zeichen, das auf den endgültigen Ausgang jenes Kampfes, ihn bedeutend, vorausweist: So wird am Ende der Zeit die ganze Welt im Glanz der göttlichen Gnade aufgehoben sein. Entsprechend lässt sich die Schlussapotheose als Allegorie der Auferstehung und des ewigen Lebens begreifen und interpretieren.

Es ist daher kein Zufall, dass die angeblich atheistische sowjetische Presse den Schluss der Aufführung der *Erstürmung des Winterpalais* als Apotheose bezeichnete. Die Parallelen zwischen den Lichteffekten des höfischen und religiösen Theaters des 17. Jahrhunderts und dem des sowjetischen Massenspektakels sind nicht zu übersehen; dies gilt hinsichtlich der symbolischen ebenso wie der performativen Funktionen des Lichts.

Licht lässt sich im Theater in den unterschiedlichsten Zeichenfunktionen verwenden. Seine nächstliegende Funktion besteht darin, Licht zu bedeuten: Sonnenlicht, Mondlicht, Fackellicht, Kerzenlicht, Licht des Regenbogens, Neonlicht u. a. m. Indem es diese Funktion erfüllt, kann es gleichzeitig viele andere realisieren, die auf die jeweilige Art des Lichts bezogen sind. Denn das Licht erscheint jeweils als ein ganz konkretes, das seinerseits auf Bedeutungen zu verweisen vermag, die in den unterschiedlichsten kulturellen Kodes entwickelt wurden. Sonnenlicht kann beispielsweise durch intensiv gelbes, schmutzig gelbes, goldenes, rötlich gelbes, weißes u. a. Licht symbolisiert werden, wodurch die Sonne metaphorisch als Feuerball, Eidotter, Götterhaar u. Ä. bezeichnet wird. Mondlicht lässt sich durch silbernes, bläuliches, grünliches oder rötliches Licht darstellen, so dass es den Mond als Silberschiff, Totenlicht, Wasserleiche oder blutig rotes Eisen zu bedeuten vermag. In der besonderen Art und Weise, in der Licht die Bedeutung „Sonnenlicht" oder „Mondlicht" konstituiert, sind die unterschiedlichsten Möglichkeiten der symbolischen Bedeutungen, die sich diesen zusprechen lassen, impliziert bzw. angelegt.

Licht kann darüber hinaus noch viele andere Bedeutungen generieren. So kann es einen spezifischen Ort anzeigen: Adolphe Appia beispielsweise schuf den Wald, durch den Siegfried geht, allein mithilfe einer Bewegung von Licht und Schatten, und Gustaf Gründgens Faustens Grab durch einen rechteckigen Lichtkegel auf einer leeren Bühne. Das Licht kann ein Zimmer oder eine Hütte bedeuten, einen Wald oder eine Kathedrale u. a. m. und vermag so jegliche Dekoration zu ersetzen. Da es auch auf Tages- und Jahreszeit, auf Situationen und Handlungen sowie auf Figuren verweisen kann, stellt es ein äußerst flexibles und reiches System theatraler Zeichen dar.[6]

III.

Mit den symbolischen bzw. semiotischen Funktionen sind vielfach *performative* Funktionen des Lichts verbunden, die sich häufig als dominant erweisen. Dies zeigte sich bereits am Beispiel der *Erstürmung des Winterpalais* und drängt sich geradezu auf im Hinblick auf das Theater des 17. Jahrhunderts. Ehe die Zuschauer noch Zeit fanden, den Lichteffekten Bedeutungen zuzusprechen, wurden sie körperlich von ihnen affiziert, in Angst, Schrecken, Faszination oder auch andachtsvolle Bewunderung versetzt. Es waren vor allem die Feuereffekte, die imstande waren, dem Zuschauer Grauen, Angst und Schrecken einzuflößen. Wenn die Hölle lodernde Flammen ausspie, ein Vulkan ausbrach oder ein Komet über den Himmel raste, so wirkten solche Vorgänge unmittelbar auf die Sinne der Zuschauer ein, ließen sie erzittern, ihr Herz rasen, Schreie

6 Vgl. Erika Fischer-Lichte: Semiotik des Theaters, Tübingen 1994 ([1]1983), Bd. 1, S. 155–161.

ausstoßen, sogar aufspringen und die Flucht ergreifen. Und in der Schlussapotheose wurde nicht nur die Macht des Herrschers oder die Kraft der göttlichen Gnade den Zuschauern durch das Licht bedeutet, sondern sie erfuhren sie, wenn sie – vom Glanz des Lichts geblendet – die Augen schließen mussten, weil sie seinen Anblick nicht zu ertragen vermochten.

Die performative Funktion des Lichts im Theater wurde in ihren Möglichkeiten beträchtlich durch die Erfindung des elektrischen Lichts verstärkt. Der Schweizer Bühnenbildner Adolphe Appia forderte in seiner 1899 publizierten Schrift *Die Musik und die Inszenierung* einen völlig neuen Einsatz des Lichtes. Nicht zufällig entwickelte er diese Theorie unter Bezug auf Richard Wagners Musikdrama. Denn es war ihr Ziel, durch Licht eben jene beweglichen Räume zu erzeugen, die „ein dämmerndes Wähnen, ein Wahrträumen des nie Erlebten" allererst ermöglichen. Appia räumte die Kulissen von der Bühne, gliederte den Bühnenboden durch unterschiedliche Treppen, Stufen und Podeste, die dem Darsteller die unterschiedlichsten Stellungen und Bewegungen im/durch den Raum erlaubten und so den Raum in rhythmische Bewegung zu versetzen schienen. Da jedoch „der Ausdruck fehlt"[7], wenn „das Licht fehlt", schlug Appia vor, die Beleuchtung so einzusetzen, dass es allein das ständig wechselnde Spiel von Licht und Schatten sei, welches den Raum als einen beweglichen und bewegten hervorbringt. Die „überaus lenksame, weiche Flüssigkeit des Lichts"[8] verflüssigt auch den Raum. Auf diese Weise konnte das Licht den Raum als einen ständig sich wandelnden, in sich bewegten erzeugen.

Appias Visionen ließen sich mit der Beleuchtungstechnik um die Wende vom 19. zum 20. Jahrhundert nur in Ansätzen verwirklichen. Was Appia vorgeschwebt haben mag, ließ Robert Wilson durch Einsatz von Lichtcomputern Realität werden. Wenn innerhalb von 120 Minuten mehr als 300 Lichteinstellungen durchgespielt werden, so entsteht tatsächlich ein ständig sich wandelnder, bewegter und beweglicher Raum ohne wahrnehmbare Grenzen, der uns den Eindruck von flackernd vorbeiziehenden Traumbildern zu suggerieren vermag.

Nicht erst seit Erfindung des Lichtcomputers, sondern bereits seit Einführung der künstlichen Beleuchtung im 17. Jahrhundert wurde Licht im Theater eingesetzt, um ganz besondere, auf den Raum bezogene Erfahrungen beim Zuschauer hervorzurufen. Wenn ein Komet mit einem langen Feuerschweif über den Bühnenhimmel raste, so entstand, wie ausgeführt, eine unheimliche, Angst und Schrecken einflößende Atmosphäre. Wenn die Wolken in mildem Licht erstrahlten, sich mit einem

7 Adolphe Appia: Die Musik und die Inszenierung, München 1899, S. 85.
8 Ebenda, S. 82.

Engel langsam auf die dunkle Erde niedersenkten und diese mit ihrem Schein erhellten, stellte sich eine heitere, Glück verheißende Atmosphäre ein. Es ist keineswegs erst das romantische Theater in den 30er/40er Jahren des 19. Jahrhunderts, das mithilfe der Gasbeleuchtung die unterschiedlichsten „romantischen" Atmosphären herzustellen wusste, oder gar erst Max Reinhardt, der Meister in der Schaffung von Atmosphären zu Beginn des 20. Jahrhunderts, die das Licht zur Erzeugung von Atmosphären eingesetzt haben. Seit es künstliche Beleuchtung gibt, wird Licht für die Herstellung von Atmosphären verwendet. Nun sind es in der Regel nicht nur das Licht, sondern gleichzeitig zu hörende Geräusche (wie das Krachen, das den Kometen begleitete) oder Musik (niederschwebende Wolken) oder auch bestimmte im Bühnenraum wahrzunehmende – gemalte oder praktikable – Objekte, die ebenfalls an der Schaffung einer Atmosphäre beteiligt sind. Das Licht, in das die Objekte getaucht sind – als warmes, freundliches, trübes oder kaltes Licht etc. –, spielt jedoch für die Eigenart der Atmosphäre eine ganz besondere Rolle. Es ist das Licht, das letztlich darüber entscheidet, ob eine Atmosphäre als unheimlich, bedrückend, verstörend, als melancholisch, traurig, niederziehend, als heiter, friedlich, beruhigend oder beglückend empfunden wird.

Nun sind Atmosphären, wie Gernot Böhme in seinem Buch *Atmosphäre* (1995) dargelegt hat, weder als etwas objektiv Existierendes zu begreifen, nämlich als Eigenschaften, über die die Dinge, von denen sie auszugehen scheinen, verfügen, noch als etwas Subjektives, d. h. als Seelenzustand des wahrnehmenden Subjekts, den es in den Raum mit seinen Objekten hineinprojiziert. Zwar gehören sie insofern durchaus zu den Dingen, als diese erst durch ihre Eigenschaften in Erscheinung treten. Und sie sind subjektiv in dem Sinne, dass Menschen in ihrer leiblichen Anwesenheit sie spüren, d. h. die Atmosphäre ist als etwas zu denken, das sich räumlich *zwischen* Objekt und Subjekt „ergießt". Es ist in der Tat die „unvergleichlich lenksame Flüssigkeit des Lichtes", von der Appia sprach, welche den Atmosphären diese besondere Seinsweise ermöglicht. Es stellt sicher, dass sie sich sozusagen im Raum zwischen Bühne und Zuschauerraum ereignet, und definiert den Raum der Atmosphäre gerade als einen beweglichen Zwischenraum.

Es war Max Reinhardt, der als Erster nach der Erfindung des elektrischen Lichts seine Möglichkeiten zur Schaffung von Atmosphären systematisch austestete und – durch eigene Erfindungen, die er sich patentieren ließ – planmäßig erweiterte. In seiner Inszenierung des *Kaufmanns von Venedig* (Deutsches Theater, Berlin 1905), in der nach weitgehend übereinstimmender Meinung der Kritiker die Stadt Venedig letztlich die Hauptrolle spielte, wurde das Licht eingesetzt, um diesen Protagonisten durch wechselnde Atmosphären buchstäblich in immer neuem Licht erscheinen zu lassen. Der Rezensent der *Berliner Volkszeitung* beschrieb dieses Phänomen mit folgenden Worten:

> Renaissance – überall leuchtete sie in satten Farben, in Lebensfülle und Heiterkeit: Renaissance in den prunkvoll-lustigen Sälen des Schlosses Belmonte, wo die reiche, die anmutige, die geistvolle Porzia inmitten von Lust und Spiel den Hof hält, heiß umworben von Freiern aus allen Ländern der Welt! Renaissance in den lauschigen Winkeln der Lagunenstadt! Reich gekleidete Venetianerjünglinge wärmen sich an sonnigen Plätzen; […] die Nacht wird durchschwirrt von lockenden Klängen der Gitarren, Serenaden ertönen, Mummenschanz und Maskeraden huschen beim flackernden Fackellichte über Stege und Brücken […]. Dann wieder eine Mondesnacht voll himmlischer Poesie, voll Liebesschwärmerei und Musik; ein zartes, warmes Zittern in der Luft: aus dem violett-dunstigen Himmel blicken verstohlen ein paar Sterne; Blütenduft allerwärts und sanftes Flötenspiel hinter den Büschen.[9]

Die Atmosphären, die Reinhardt durch unterschiedliche Arten des Lichteinsatzes – meist unterstützt von Musik – in seinen Inszenierungen hervorbrachte, wurden zum Markenzeichen seines Theaters. Immer wieder lassen sich die Kritiker ausführlich über die „Stimmungen" aus, die Reinhardt mit Licht zu erzeugen vermochte – allerdings keineswegs immer so positiv wie im hier zitierten Beispiel. Viele befürchteten, dass in Reinhardts Inszenierungen die performativen Funktionen die semiotischen überwiegen und in den Hintergrund rücken würden, dass sie auf die „Sinne" und die „Nerven" einwirkten, nicht aber auf den „Geist" und die „Seele". Die von Reinhardt geradezu emphatisch hervorgehobenen performativen Funktionen des Lichts schienen Kritikern, die das Theater zuvörderst als eine Stätte der Bildung begriffen, eher unheimlich gewesen zu sein.

Brechts Kritik an Reinhardts Inszenierungen zielte zwar nicht in dieselbe Richtung, betraf jedoch ausdrücklich den spezifischen Einsatz des Lichts, das unmittelbar auf die Körper der Zuschauer einwirkte und sie in seinen Bann zu ziehen vermochte, sie „verzauberte". Brecht entschied sich dagegen dafür, das Licht nur in seiner praktischen Funktion – nämlich um die Bühne sichtbar zu machen – einzusetzen, und legte großen Wert darauf, dass die Zuschauer die Scheinwerfer wahrnehmen konnten, so dass sie nicht von einem Lichtzauber eingelullt würden. Gleichwohl schuf er damit auch eine besondere Atmosphäre – eine Atmosphäre der Nüchternheit, der Klarsicht, der Aufklärung –, die der Zuschauer durchaus leiblich spürte und die seine weitere Wahrnehmung und Rezeption der Bühnenvorgänge entscheidend beeinflusste.

9 Zitiert nach Norbert Jaron, Renate Möhrmann, Hedwig Müller (Hrsg.): Berlin – Theater der Jahrhundertwende. Bühnengeschichte der Reichshauptstadt im Spiegel der Kritik (1889–1914), Tübingen 1986, S. 589 f.

Mit Blick auf den differenzierten Einsatz von Licht in seiner performativen Funktion ist es vor allem Robert Wilson, der mit Reinhardt vergleichbar ist: Er verwendete in seinen Inszenierungen das Licht u. a., um die sich im Raum bewegenden Schauspieler/Performer so auf der Bühne auszustellen – ins rechte Licht zu rücken –, dass sie vom Zuschauer als verklärte Körper erfahren werden. In der Inszenierung der *Hamletmaschine* z. B. saß eine Frau am Tisch, die auf dem Kopf kratzte und lächelte, während eine andere Frau die Sätze Ophelias sprach: „Mit meinen blutenden Händen zerreiße ich die Fotographien der Männer, die ich geliebt habe". Das Licht fiel von oben auf die erste Frau, die sich auf dem Kopf kratzte und lächelte, und umfing diesen wie mit einem Heiligenschein. Im *Parzival* trat Christopher Knowles singend auf (er sang ein Lied aus einem einzigen Ton), balancierte ein Brett auf dem Kopf und kreiste auf der Stelle, und überall, wo er sang und kreiste, leuchtete ein Licht aus der Erde, das ihn durchstrahlte. Im *Lear* brach in dem Augenblick, da Marianne Hoppe (Lear) aufhörte zu sprechen und sich zu bewegen, ein helles, gleißendes Licht hervor, das ihren Körper aufzulösen schien und zugleich die Zuschauer so blendete, dass sie die Augen schließen mussten.

Dies war das dritte Mal im Verlauf der Aufführung, dass die Zuschauer buchstäblich geblendet waren. Die erste Blendung markierte den Anfang der Aufführung, die im Bockenheimer Depot in Frankfurt a. M. (1987) stattfand. Als die Zuschauer das Depot betraten, sahen sie sich mit einer offenen Guckkastenbühne konfrontiert, die an beiden Seiten von mehreren Reihen schwarzer Kulissen und an der Rückwand von einer weißen Leinwand abgeschlossen war. Die Aufführung setzte mit einem flirrenden, sirrenden Geräusch und einem dumpfen Trommelwirbel ein (Musik: Hans Peter Kuhn). Quer über das Bühnenportal wanderte aufrecht von links nach rechts ein schmaler Stab aus Licht, der die Zuschauer blendete. Die zweite Blendung erfolgte nach der Pause. Zunächst wurde Glosters Blendung vollzogen, wobei die weiße Leinwand im Hintergrund mit einem schwarzen Tuch verhängt war. Als im Übergang zur nächsten Szene der geblendete Gloster allein zurückblieb, fiel das Tuch schlagartig von der Leinwand, die eine so gleißende Helligkeit zurückwarf, dass die Zuschauer für einen Augenblick geblendet die Augen schließen mussten. Die dritte Blendung ereignete sich, wie erwähnt, im Moment von Lears Tod, als der Körper Marianne Hoppes sich im gleißenden Licht aufzulösen schien. Während der Leib der Schauspieler – wie in den anderen zitierten Fällen – den Zuschauern verklärt erschien, wurden sie selbst von dem Glanz der Verklärung geblendet, erfuhren die Blendung als eine Überwältigung.

Robert Wilson arbeitet vorzugsweise mit der so genannten Over-Head-Beleuchtung, die den Gestalten der Akteure einen gewissen Glanz verleiht. Sehr häufig verwendet er auch das Contre-Jour, die Gegenlicht-Beleuchtung. Wie der Beleuchtungsmeister Hanns-Joachim Haas erläutert, erhält man mit einem Contre-Jour und Over-Head-Licht einen ganz besonderen Schimmer, der den Eindruck erweckt, als habe der Mensch Raum hinter sich. „Der Raum wird wesenhaft gegenwärtig, in dem der Mensch als Gestalt steht.“[10]

Einerseits wird also durch die Art der Beleuchtung der Raum als solcher gegenwärtig, andererseits scheinen die Körper der Schauspieler, ihre Gesten und Bewegungen wie von Licht durchstrahlt. Wilson erläuterte diesen Vorgang anlässlich seiner Stuttgarter *Alkestis*-Inszenierung:

> Stellen Sie sich vor, dass das Licht hinter Ihrem Kopf beginnt und bis auf einen Meter vor Ihrem Körper projiziert wird, dann nicht nur auf einen Meter Entfernung, sondern von hier bis in die Stadt Stuttgart, dann ins Unendliche, dann beginnt es wieder hinter Ihrem Kopf. Die Präsenz des Lichts im Körper ist immer da und ändert sich dauernd. Der Körper sieht und fühlt die Vibration der Farbe. Wenn die Augen nach innen blicken, so ist die Vision des Lichts im Hinterkopf. Die Augen blicken nach außen, wenn die Vision des Lichts vor dem Gesicht bis zur Unendlichkeit projiziert wird. Die Linien, die wir ziehen, können projiziert werden, so weit unsere Vorstellungskraft reicht und – darüber hinaus.[11]

Es ist die unmittelbare Einwirkung des Lichts auf den Organismus des Wahrnehmenden, losgelöst von jeglichen semiotischen, ja sogar von den praktischen Funktionen des Lichts, um die es hier geht – nicht so sehr um die Wahrnehmung von etwas, das durch das Licht sichtbar gemacht werden soll, sondern um die Blendung durch das Licht, um die fühlbare Präsenz des Lichts im Körper. Es sind die performativen Funktionen des Lichts, seine transformative Kraft, die das Ereignis der Aufführung für den Zuschauer bestimmen. Das Licht, das er wahrnimmt, verwandelt nicht nur den Körper des Performers in einen verklärten Leib; es transformiert auch den Zuschauer selbst, lässt ihn sich selbst als einen von Licht durchfluteten Leib erfahren. Dies ist das eigentliche Ereignis der Aufführung einer Wilson-Inszenierung – ganz unabhängig davon, ob er *Alkestis, Lear, Dantons Tod, Ein Traumspiel* oder *Peer Gynt* inszeniert.

Es ist eine spezifische Erfahrung von Transzendenz, die seine Verwendung des Lichts dem Zuschauer ermöglicht. Sie wird zum einen durch die Wahrnehmung der vom Licht verklärten Leiber möglich. Ohne jegliche direkte Referenz rufen die Momente der Wahrnehmung,

10 Hanns-Joachim Haas: Wilson behandelt das Licht musikalisch. Interview mit H. J. Haas. In: Bühnenkunst 4, Stuttgart 1987, S. 23.

11 P. de Smit, W. Veit: Die Theatervision des Robert Wilson. In: Ebenda, S. 4–29, hier S. 9.

ja der Teilhabe an einer solchen Transformation die Stelle in Markus 9,1–13 auf, in der Jesu Transfiguration beschrieben wird:

> Und nach sechs Tagen nahm Jesus den Petrus und den Jakobus und Johannes mit und führte sie auf einen hohen Berg für sich allein.
> Und er wurde vor ihren Augen verwandelt, und seine Kleider wurden glänzend, sehr weiß, wie sie kein Walken auf Erden so weiß machen kann.[12]

Was sich hier ereignet, ist die Teilhabe an einem Vorgang der Transfiguration, der die Teilhabenden durch den Glanz, den er verbreitet, blendet. Es ist eine solche Erfahrung, die Wilsons Inszenierungen in ihren gelungenen Momenten auszulösen vermögen.

Damit stellen sie sich durchaus in eine bestimmte Tradition. Seit im abendländischen Theater künstliches Licht eingeführt wurde, zielt seine Verwendung immer wieder auf seine transformative Kraft, die eine Erfahrung der Transzendenz auszulösen vermag. Im Barocktheater wurde sie vor allem durch die Schlussapotheose ermöglicht: Wenn das Licht den Bühnenraum durchflutete und in seinen Grenzen aufzuheben schien, konnte der Zuschauer dies nicht nur als Allegorie der Auferstehung und des ewigen Lebens deuten, sondern wurde in seiner Blendung durch das Licht zugleich des Glanzes der göttlichen Gnade teilhaftig. Als am Schluss von Max Reinhardts Inszenierung *The Eternal Road* (New York 1937) die Mitglieder der jüdischen Gemeinde zusammen mit den biblischen Gestalten den gewundenen Weg der Verheißung ins Licht, in die Arme des Engels der letzten Tage antraten, wurde das Licht mit jeder Wegbiegung heller, so dass sie sich zuletzt im Licht aufzulösen schienen und die Zuschauer geblendet die Augen schließen mussten. Auch dieser Moment mag eine Erfahrung von Transzendenz ermöglicht haben. Und in der *Erstürmung des Winterpalais* gelang die Schaffung eines Ursprungsmythos, weil hier die Zuschauer ihre eigene Verwandlung miterleben konnten. In der Schlussapotheose wurde die Selbstermächtigung der Massen, ihre „Erlösung" aus der Versklavung, nicht nur dargestellt, sondern zugleich für alle Anwesenden im Glanz der Scheinwerfer der *Aurora*, welche das Palais transparent zu machen, ja in Licht aufzulösen schienen sowie die rote Fahne im Licht erstrahlen ließen, und des Feuerwerks leibhaftig erfahrbar.

Es hat den Anschein, als ob Verklärung und Blendung nicht nur im religiösen Theater eine Erfahrung von Transzendenz ausgelöst haben bzw. auslösen können, sondern bis heute auch in einem dezidiert säkularen, ja ästhetizistischen Theater eine derartige Erfahrung bewirken können. Die Spannweite der Verwendung von Licht im Theater ist weit. Sie

12 Mk 9,2–3.

reicht von der bloßen Beleuchtung, der Sichtbarmachung von Handlungen und Ereignissen bis zur Auslösung einer Erfahrung von Transzendenz in den transformativen Akten von Verklärung und Blendung. Es ist „die unvergleichlich lenksame Flüssigkeit des Lichts", die dies möglich macht.

Baeumker, Clemens: Exkurs über die Lichtmetaphysik oder Lichtontologie des Mittelalters und des Altertums. In: Ders.: Witelo, ein Philosoph und Naturforscher des 13. Jahrhunderts, Münster 1908, S. 357–514.

Barnickel, Klaus-Dieter: Farbe, Helligkeit und Glanz im Mittelenglischen. Bedeutungsstruktur und literarische Erscheinungsform eines Wortschatzbereiches, Düsseldorf 1975.

Becksmann, Rüdiger: Raum, Licht, Farbe. Überlegungen zur Glasmalerei in staufischer Zeit. In: R. Hausherr u. a. (Hrsg.): Die Zeit der Staufer. Katalog der Ausstellung, Stuttgart 1977–1979, S. 107–130.

Benedetti, Sergio: Darkness and Light. In: Darkness and Light. Caravaggio and His World. Ausstellungskatalog, Art Gallery of New South Wales, National Gallery of Victoria, Melbourne 2003).

Bergmann, Marianne: Die Strahlen der Herrscher. Theomorphes Herrscherbild und politische Symbolik im Hellenismus und in der Römischen Kaiserzeit, Mainz 1998.

Blumenberg, Hans: Licht als Metapher der Wahrheit. In: A. Haverkamp (Hrsg.): Hans Blumenberg. Ästhetische und metaphorologische Schriften, Frankfurt a. M. 2001, S. 139–171.

Böhme, Gernot: Licht und Raum: Zur Phänomenologie des Lichts. In: Logos 7 (2001/2002), S. 448–463.

– Hartmut Böhme: Feuer, Wasser, Erde, Luft. Eine Kulturgeschichte der Elemente, München 2004.

– Reinhard Olschanski (Hrsg.): Licht und Zeit, München 2004.

Brackert, Helmut: „diu verborgen finsternisse der ewigen gottheit". Licht und Zeit bei Meister Eckhart. In: G. Böhme, R. Olschanski (Hrsg.): Licht und Zeit, München 2004, S. 107–120.

Bremer, Dieter: Hinweise zum griechischen Ursprung und zur europäischen Geschichte der Lichtmetaphysik. In: Archiv für Begriffsgeschichte 17 (1973).

–: Licht als universelles Darstellungsmedium. In: Archiv für Begriffsgeschichte 18 (1974), S. 185–206

Bultmann, Rudolf: Zur Geschichte der Lichtsymbolik im Altertum. In: Philologus 97 (1948), S. 1–36; erneut in: E. Dinkler (Hrsg.): Exegetica, Tübingen 1967, S. 323–355.

Busch, Bernd: Licht Brechungen. Zur Ökonomie des Lichts. In: Katalog Licht. Museum für Gestaltung Basel, Basel 1991.

Butterworth, Philipp: The Light of Heaven: Flame as Special Effect. In: C. Davidson (Hrsg.): The Iconography of Heaven, Kalamazoo 1994, S. 128–145.

–: Die *Books of Secrets* und die Magie des Lichts im frühneuzeitlichen Theater. In: H. Schramm, L. Schwarte, J. Lazardzig (Hrsg.): Spektakuläre Experimente. Praktiken der Evidenzbildung im 17. Jahrhundert, Berlin, New York 2006, S. 18–42.

Cessari, Michaela Fabrizi: Der Erwählte, das Licht und der Teufel. Eine literarhistorisch-philosophische Studie zur Lichtmetaphorik in Wolframs „Parzival", Heidelberg 2000.

Diedrichs, Christof L.: Vom Glauben zum Sehen. Die Sichtbarkeit der Reliquie im Reliquiar. Ein Beitrag zur Geschichte des Sehens, Berlin 2001.

Engell, Lorenz, Bernhard Siegert (Hrsg.): Archiv für Mediengeschichte No. 2: Licht und Leitung, Weimar 2002.

Gebhard, Walter (Hrsg.): Licht. Religiöse und literarische Gebrauchsformen, Frankfurt a. M. 1990.

Gilson, Simon A.: Light reflection, mirror metaphors, and optical framing in Dante's Comedy: precedents and transformations. In: Neophilologus. an International Journal of Modern an Medieval Language and Literature 83 (1999), S. 241–252.

Haas, Alois M.: Der Lichtsprung der Gottheit. In: FS Max Wehrli, Zürich 1969, S. 205–232.

Harms, Wolfgang, C. Stephen Jaeger, Peter Strohschneider, Horst Wenzel (Hrsg.): Visualisierungsstrategien in mittelalterlichen Text- und Bildzeugnissen, Berlin 2005.

Hauskeller, Michael: Das Wesen an sich eines Sonnenstrahls. Mittelalterliche Ästhetik als Metaphysik des Lichts. In: G. Böhme, R. Olschanski (Hrsg.): Licht und Zeit. In: G. Böhme, R. Olschanski (Hrsg.): Licht und Zeit, München 2004, S. 121–128.

Hempel, Johannes: Die Lichtsymbolik im Alten Testament. In: Studium Generale 13 (1960), S. 352–368.

Hippel, Gebriele von: Licht und Finsternis in der Sprache Meister Eckharts, Diss.-Masch., Bonn 1953.

Hornung, Erich: Licht und Finsternis in der Vorstellungswelt Ägyptens. In: Studium Generale 18 (1965), S. 73–83.

Huber, Hanspeter M.: Licht und Schönheit in Wolframs Parzival, Zürich 1981.

Kirchmann, Kay: Licht-Zeiten – Licht-Räume. Das Licht als symbolische Form im Theater der Neuzeit, Siegen 2000.

Kittler, Friedrich: Von der optischen Telegraphie zur Photonentechnik. In: VVS Saarbrücken (Hrsg.): Mehr Licht, Berlin 1999, S. 51–67.

Koch, Josef: Über die Lichtsymbolik im Bereich der Philosophie und der Mystik des Mittelalters. In: Studium Generale 13 (1960), S. 653–670.

Langbein, Uwe: Lichtvermittelte Zeit. Zeitbezüge in den Licht-Bildern der Physik. In: In: G. Böhme, R. Olschanski (Hrsg.): Licht und Zeit, München 2004, S. 38–49.

Engell, Lorenz, Bernhard Siegert (Hrsg.): Archiv für Mediengeschichte No. 2: Licht und Leitung, Weimar 2002.

Lindberg, David C.: Auge und Licht im Mittelalter. Die Entwicklung der Optik von Alkindi bis Kepler, Frankfurt a. M. 1987 (Theories of Vision from Al-Kindi to Kepler, Chicago, London 1976), S. 24–27.

Mensching, Gustav: Die Lichtsymbolik in der Religionsgeschichte. In: Studium Generale 10, 1957, S. 422–432.

Motte-Haber, Helga de la: Musik und Licht: Zeitfarben. In: In: G. Böhme, R. Olschanski (Hrsg.): Licht und Zeit, München 2004, S. 87–93.

Ofak, Ana: Meinst du Glas? Das Durchscheinende und die Geometrie des Durchscheinens. In: F. Kittler, A. Ofak (Hrsg.): Medien vor den Medien, München 2006.

Olschanski, Reinhard: Licht-Ortungen. Zur Reflexionen des Sichtbaren, Bodenheim 1998.

– : Qualitäten und Sequenzen – Zur Vergegenwärtigung des Lichts. In: Ebenda.

Perkowitz, Sidney: Eine kurze Geschichte des Lichts. Die Erforschung eines Mysteriums, München ^{2}1999.

Ratzinger, Josef: Licht und Erleuchtung. Erwägungen zur Stellung und Entwicklung des Themas in der abendländischen Geistesgeschichte. In: Studium generale 13 (1960), S. 368–378.

Rieger, Stefan: Licht und Mensch. Eine Geschichte der Wandlungen. In: L. Engell, B. Siegert, J. Vogl (Hrsg.): Licht und Leitung, Weimar 2002.

Schaeffler, Richard: Licht und Sonne – Bemerkungen zu Sachproblem und Wirkungsgeschichte eines platonischen Gleichnisses. In: P. Gerlitz (Hrsg.): Licht und Paradies, Frankfurt a. M. 1995, S. 137–148.

Schivelbusch, Wolfgang: Lichtblicke. Zur Geschichte der künstlichen Helligkeit im 19. Jahrhundert, München, Wien 1983.

Schleusener-Eichholz, Gudrun: Das Auge im Mittelalter, 2 Bde., München 1985.

Schmitz, Hermann: Zeit und Licht zwischen Heidegger und Einstein. In: In: G. Böhme, R. Olschanski (Hrsg.): Licht und Zeit, München 2004, S. 25–37

Schnapp, Jeffrey T.: Injured by the light. Violence and paidera in Dante's Purgatorio. In: Dante Studies 111 (1993). S. 107–188.

Schöne, Wolfgang: Über das Licht in der Malerei, Berlin 1983.

Schuller, Manfred: 5000 Jahr Bauen mit Licht. Eine Einführung. In: Dom im Licht – Licht im Dom. Vom Umgang mit Licht in Sakralbauten in Geschichte und Gegenwart, Regensburg 2004, S. 21–58.

Seipel, Wilfried, Horst Wenzel, Gotthart Wunberg (Hrsg.): Audiovisualität vor und nach Gutenberg, Wien 2003.

Seitter, Walter: Vom Licht zum Äther. Der Einfluss einer Medienphysik auf die Elementenlehre. In: L. Engell, B. Siegert, J. Vogl (Hrsg.): Licht und Leitung, Weimar 2002.

Starkey, Kathryn, Horst Wenzel (Hrsg.): Visual Culture in the German Middle Ages, New York 2005.

Stauffer, Marie Theres: „Nihil tam obvium, quam specula; nihil tam prodigiosum, quam speculorum phasmata". Zur Visualisierung von katoptrischen Experimenten des späten 16. und 17. Jahrhunderts. In: S. Schütze: Kunst und ihre Betrachter in der Frühen Neuzeit. Ansichten – Standpunkte – Perspektiven, Berlin 2005, S. 251–290.

Stubenrauch, Bertram: Der Kirchenraum als Glaubensbild. Theologische Voraussetzungen für den Umgang mit Licht im Mittelalter. In: Dom im Licht – Licht im Dom, S. 81–87.

Treml, Martin: Schöpfungslicht, Erscheinungsfeuer, Gerichtsbrand. Zum Licht als Medium der Offenbarung in Judentum und Christentum. In: L. Engell, B. Siegert, J. Vogl (Hrsg.): Licht und Leitung, Weimar 2002.

Walcher, Thomas und Herbert: Was ist Licht, München 1999.

Wenzel, Horst: Repräsentation und schöner Schein am Hof und in der höfischen Literatur. In: H. Wenzel, H. Ragotzky (Hrsg.): Höfische Repräsentation. Das Zeremoniell und die Zeichen, Tübingen 1990, S. 171–209.

– : Hören und Sehen, Schrift und Bild. Kultur und Gedächtnis im Mittelalter, München 1995.

– : Der Leser als Augenzeuge. Zur mittelalterlichen Vorgeschichte kinematographischer Wahrnehmung. In: J. Huber (Hrsg.): Singularitäten – Allianzen, Zürich u. a. 2002, S. 147–175.

Zajonc, Arthur: Die gemeinsame Geschichte von Licht und Bewusstsein, übers. v. Hainer Kober, Reinbek b. Hamburg 1994.

Zu den Autorinnen und Autoren

Claudia Brinker-von der Heyde

Geb. 1950; Professorin für ältere deutsche Literatur von den Anfängen bis 1700 an der Universität Kassel; Sprecherin des Graduiertenkollegs der Universitäten Kassel und Frankfurt a. M. *Öffentlichkeiten und Geschlechterverhältnisse. Dimensionen von Erfahrung;* Arbeitsschwerpunkte: erzählende Literatur des Mittelalters und der Frühen Neuzeit, Gender-Studies, Bildungs- und Erziehungskonzepte, Genealogie und Familie, Literatur und Lebenswelt; zuletzt erschienen: *Erziehung und Bildung im Mittelalter* (hrsg. zus. m. I. Kasten, 2003); *Familienmuster-Musterfamilien. Zur Konstruktion von Familie in der Literatur* (hrsg. zus. m. H. Scheuer, 2004); *Die literarische Welt des Mittelalters* (2007).

Karl Brunner

Geb.: 1944; Professor für Mittelalterliche Geschichte und Historische Hilfswissenschaften an der Universität Wien, Direktor des Instituts für österreichische Geschichtsforschung; Arbeitsschwerpunkte: Mittelalterliche Sozial- und Kulturgeschichte; zuletzt erschienen: *Herzogtümer und Marken. Vom Ungarnsturm bis zum 12. Jahrhundert* (1994); *Bilder im Kopf* (in: *Mediävistik und Kulturwissenschaften* [betreut v. H. Wenzel, S. Jaeger, A. Ebenbauer], 2002).

Wolfgang Coy

Geb.: 1947; Professor für Informatik an der Humboldt-Universität zu Berlin; Forschungsschwerpunkte: Digitale Medien, Informatik und Gesellschaft, Theorie der Informatik, Sozial- und Kulturgeschichte der Informatik, philosophische und theoretische Fragen der Informatik; *Industrieroboter. Archäologie der Zweiten Schöpfung* (zus. m. L. Bonsiepen, 1985), *Erfahrung und Berechnung. Zur Kritik der Expertensysteme* (1990), *HyperKult. Geschichte, Theorie und Kontext Digitaler Medien,* Bd. 1 (zus. m. M. Warnke, G. Ch. Tholen, 1997), *HyperKult II. Zur Ortsbestimmung analoger und digitaler Medien,* Bd. 2, 2005.

Christof L. Diedrichs

Geb.: 1966; Promotion 2000 (*Vom Glauben zum Sehen. Die Sichtbarkeit der Reliquie im Reliquiar,* 2001), seit 2002 wissenschaftlicher Mitarbeiter im SFB 447 *Kulturen des Performativen* an der Humboldt-Universität zu Berlin; Arbeitsschwerpunkte: Kunst- und Frömmigkeitsgeschichte in Mittelalter und Früher Neuzeit; zuletzt erschienen: *Terribilis est locus iste. Zum Verhältnis des Gläubigen zu Reliquie und Bild im Mittelalter* (in: K. Marek u. a. [Hrsg.]: *Bild und Körper im Mittelalter,* 2006); *Andacht – Neugier – Kunstgenuss. Sehen im Reliquienkult in Mittelalter und Früher Neuzeit* (in: M. Schnitter, E. Vavra, H. Wenzel [Hrsg.]: *Vom Körper zur Schrift,* 2006).

Ulrich Ernst

Geb. 1944; Professor für Allgemeine Literaturwissenschaft an der Bergischen Universität Wuppertal; Arbeitsschwerpunkte: Mediävistik, Komparatistik, Literaturtheorie, Geschichte der visuellen Poesie, höfischer Roman, Mediengeschichte, Manierismus, experimentelle Literatur; zuletzt erschienen: *Intermedialität im europäischen Kulturzusammenhang* (2002); *Facetten mittelalterlicher Schriftkultur* (2006).

Erika Fischer-Lichte

Geb.: 1943, Professorin für Theaterwissenschaft an der Freien Universität Berlin; Arbeitsschwerpunkte: Ästhetik, Theorie und Geschichte des Theaters, Ästhetik des Gegenwartstheaters, Transkulturelle Theaterästhetik; zuletzt erschienen: *Metzler Lexikon Theatertheorie* (hrsg. zus. mit D. Kolesch u. M. Warstat, 2005), *Auf der Schwelle. Kunst, Risiken und Nebenwirkungen* (hrsg. zus. mit R. Sollich, S. Umathum u. M. Warstat, 2006), *Verklärte Körper. Ästhetiken der Transfiguration* (hrsg. zus. mit Nicola Suthor, 2006), *Wege der Wahrnehmung* (hrsg. zus. mit B. Gronau, S. Schouten u. C. Weiler, 2006).

Daniela Hammer-Tugendhat

Geb.: 1946; Professorin für Kunstgeschichte an der Universität für angewandte Kunst Wien; Arbeitsschwerpunkte: Malerei der Frühen Neuzeit, Geschlechterbeziehungen in der Kunst; Text-Bild Relationen, Kunstgeschichte mit kulturwissenschaftlicher Perspektive; zuletzt erschienen: *Kunst/Konstruktionen* (in: L. Musner, G. Wunberg [Hrsg.]: *Kulturwissenschaften. Forschung – Praxis – Positionen*, 2002), *Heterogenität und Differenz. Zur Aktualität der Kunst von Pieter Bruegel d. Ä.* (in: A. Friedrich [Hrsg.]: *Die Freiheit der Anderen,* 2004).

Christina Lechtermann

Geb.: 1971; wissenschaftliche Mitarbeiterin am Institut für deutsche Literatur der Humboldt-Universität zu Berlin; Mitarbeiterin im SFB 447 *Kulturen des Performativen*; Dissertation 2003 *Berührt werden. Narrative Strategien der Präsenz in der höfischen Literatur um 1200;* Arbeitsschwerpunkte: Deutsche Literatur des späteren 13. und frühen 14. Jahrhunderts, Geschichte rhetorischer Figuren, historische Medienanthropologie.

Christina Lutter

Geb.: 1970; Univ.-Dozentin für Mittelalterliche Geschichte am Institut für Geschichte der Universität Wien; stellv. Leiterin der Abt. Gesellschaftswissenschaften im Bundesministerium für Bildung, Wissenschaft und Kultur; Arbeitsschwerpunkte: Kultur- und Geschlechtergeschichte des Mittelalters und der Frühen Neuzeit; Cultural Studies; Gender Studies; zuletzt erschienen: *Geschlecht & Wissen, Norm & Praxis, Lesen & Schreiben. Monastische Reformgemeinschaften im 12. Jahrhundert* (2005); *Cultural Studies. Eine Einführung* (hrsg. zus. mit M. Reisenleitner, ^{5}2005).

Thomas Macho

Geb.: 1952; Professor für Kulturgeschichte am Institut für Kultur- und Kunstwissenschaften der Humboldt-Universität zu Berlin; Arbeitsschwerpunkte: Geschichte des Kalenders, der Zeitmessung und der Chronologie; Geschichte der Rituale (Bestattung); Kulturgeschichte der Tiere; Disability Studies; zuletzt erschienen: *Das zeremonielle Tier. Rituale – Feste – Zeiten zwischen den Zeiten* (2004); *Arme Schweine. Eine Kulturgeschichte* (2006).

Jörn Münkner

Geb.: 1970; Wissenschaftlicher Mitarbeiter am Helmholtz-Zentrum für Kulturtechnik an der Humboldt-Universität zu Berlin; Arbeitsschwerpunkte: Bildpublizistik der Frühen Neuzeit, Druckmedien mit interaktiven Elementen; zuletzt erschienen: *Verwöhnung der Augen. Imaginationslenkung in Flugblättern* (in: K. Starkey, H. Wenzel [Hrsg.]: *Imagination und Deixis. Studien zur Wahrnehmung im Mittelalter,* 2007); *Aufgedeckt und rumgedreht: Bewegte Geschichten auf fliegenden Blättern.* Eine Ausstellung zur Mediengeschichte der Frühen Neuzeit, zus. m. Anita Hermannstädter, <http://www.humboldt-forum.de/ausstellungen/ flugblaetter/>.

ANA OFAK
Geb.: 1976, Wissenschaftliche Mitarbeiterin am Helmholtz Zentrum für Kulturtechnik, Humboldt Universität zu Berlin; Arbeitsschwerpunkte: Mediengeschichte der Optik, Wissenschaftsgeschichte der Kristallographie und der Kristalloptik, Visionen in Wissenschaften und Künsten; im Erscheinen: *Medien vor den Medien* (hrsg. zus. mit F. Kittler, 2006).

KLAUS THIEME
Geb.: 1935, Studium der Klassischen Philologie, Germanistik, Philosophie in Berlin und München, z. Zt.. Lehrbeauftragter am Seminar für Ältere deutsche Literatur der Humboldt-Universität zu Berlin; zuletzt erschienen: Arbeiten zur Philosophie und Literatur der Renaissance und der modernen französischen Philosophie, Übersetzungen aus dem Lateinischen und Französischen.

HAIKO WANDHOFF
Geb.: 1963; Gastprofessor für Ältere deutsche Philologie an der Humboldt-Universität zu Berlin; Arbeitsschwerpunkte: Literaturgeschichte des Mittelalters und der frühen Neuzeit, Historische Medienanthropologie, Text-Bild-Forschung; zuletzt erschienen: *Ekphrasis. Kunstbeschreibungen und virtuelle Räume in der Literatur des Mittelalters* (2003).

MORITZ WEDELL
Geb.: 1971; Wissenschaftlicher Mitarbeiter am Helmholtz-Zentrum für Kulturtechnik der Humboldt Universität zu Berlin; Arbeitsschwerpunkte: Geschichte des numerischen Wissens im Mittelalter, historische Metrologie; Text-Bild-Forschung; zuletzt erschienen: *Grenzfälle. Transformationen von Bild, Schrift und Zahl* (hrsg. zus. mit P. Schneider, 2004), *Flore und Blanscheflur im Bilde. Bilderzeugung und Bildübertragung bei Konrad Fleck* (in: Das Mittelalter, Bd. 13, 2008).

Personenregister

In der Reihe *Publikationen zur Zeitschrift für Germanistik* sind erschienen:

Band 1
WALTER DELABAR, HORST DENKLER, ERHARD SCHÜTZ (Hrsg.):
Banalität mit Stil. Zur Widersprüchlichkeit der Literaturproduktion im Nationalsozialismus, Bern 1999, 289 S., ISBN 3-906762-18-1, br.

Band 2
ALEXANDER HONOLD, KLAUS R. SCHERPE (Hrsg.):
Das Fremde. Reiseerfahrungen, Schreibformen und kulturelles Wissen, unter Mitarbeit von Stephan Besser, Markus Joch, Oliver Simons, Bern 1999, 341 S., zahlr. Abb., ISBN 3-906765-28-8, br., 2. überarb. Aufl. 2002.

Band 3
WERNER RÖCKE (Hrsg.):
Thomas Mann. Doktor Faustus. 1947–1997, Bern 2001, 378 S., zahlr. Abb., ISBN 3-906766-29-2, br., 2. Aufl. 2004.

Band 4
KAI KAUFFMANN (Hrsg.):
Dichterische Politik. Studien zu Rudolf Borchardt, Bern 2001, 214 S., ISBN 3-906768-85-6, br.

Band 5
ERNST OSTERKAMP (Hrsg.):
Wechselwirkungen. Kunst und Wissenschaft in Berlin und Weimar im Zeichen Goethes, Bern 2002, 341 S., zahlr. Abb., ISBN 3-906770-13-3, br.

Band 6
ERHARD SCHÜTZ, GREGOR STREIM (Hrsg.):
Reflexe und Reflexionen von Modernisierung. 1933–1945, Bern 2002, 364 S., zahl. Abb., ISBN 3-906770-14-1, br.

Band 7
INGE STEPHAN, HANS-GERD WINTER (Hrsg.):
„Die Wunde Lenz“. J. M. R. Lenz. Leben, Werk und Rezeption, Bern 2003, 507 S., zahl. Abb., ISBN 3-03910-050-5, br.

Band 8
CHRISTINA LECHTERMANN, CARSTEN MORSCH (Hrsg.):
Kunst der Bewegung. Kinästhetische Wahrnehmung und Probehandeln in virtuellen Welten, Bern 2004, 364 S., zahlr. Abb., ISBN 3-03910-418-7, br.

Band 9
Institut für deutsche Literatur der Humboldt-Universität zu Berlin (Hrsg.):
„lasst uns, da es uns vergönnt ist, vernünftig seyn! –“ Ludwig Tieck (1773–1853), Bern 2004, 407 S., 5 Abb, 1 Tab., 2 Notenbeispiele, ISBN 3-03910-419-5, br.

Band 10
Inge Stephan, Barbara Becker-Cantarino (Hrsg.):
„Von der Unzerstörbarkeit des Menschen“. Ingeborg Drewitz im literarischen und politischen Feld der 50er bis 80er Jahre, Bern 2004, 441 S., zahlr. Abb., ISBN 3-03910-429-2, br.

Band 11
Steffen Martus, Stefan Scherer, Claudia Stockinger (Hrsg.):
Lyrik im 19. Jahrhundert. Gattungspoetik als Reflexionsmedium der Kultur, Bern 2005, 486 S., ISBN 3-03910-608-2, br.

Band 12
Thomas Wegmann (Hrsg.):
MARKT. *Literarisch*, Bern 2005, 258 S., zahlr. Abb., ISBN 3-03910-693-7, br.

Band 13
Steffen Martus, Andrea Polaschegg (Hrsg.):
Das Buch der Bücher – gelesen. Lesarten der Bibel in den Wissenschaften und Künsten, Bern 2006, 490 S., zahl. Abb., ISBN 3-03910-839-5, br.

Band 14
Inge Stephan, Hans-Gerd Winter (Hrsg.):
Jakob Michael Reinhold Lenz. Zwischen Kunst und Wissenschaft, Bern 2006, 307 S., zahlr. Abb., ISBN 3-03910-885–9, br.

Band 15
Manuel Köppen, Erhard Schütz (Hrsg.):
Kunst der Propaganda. Der Film im Dritten Reich, Bern 2007, 300 S., zahlr. Abb., ISBN 978-03911-179-4, br.

Band 16
Joachim Rickes, Volker Ladenthin, Michael Baum (Hrsg.):
1955–2005: Emil Staiger und *Die Kunst der Interpretation* heute, Bern 2007, 288 S., zahlr. Abb., ISBN 978-3-03911-171-8, br.

Band 19
Ralf Klausnitzer, Carlos Spoerhase (Hrsg.):
Kontroversen in der Literaturtheorie/ Literaturtheorie in der Kontroverse, Bern 2007, 516 S., ISBN 978-3-03911-247-0, br.

Christina Lechtermann / Carsten Morsch (Hrsg.)

Kunst der Bewegung

Kinästhetische Wahrnehmung und Probehandeln in virtuellen Welten

Bern, Berlin, Bruxelles, Frankfurt am Main, New York, Oxford, Wien, 2004. XIV, 364 S., 67 Abb.
Publikationen zur Zeitschrift für Germanistik. Neue Folge. Bd. 8
Herausgegeben von der Philosophischen Fakultät II / Germanistische Institute der Humboldt-Universität zu Berlin
ISBN 978-3-03910-418-5 br.
sFr. 84.– / € 57.90 / €** 59.50 / € 54.10 / £ 37.90 / US-$ 64.95*

* inkl. MWSt. – gültig für Deutschland ** inkl. MWSt. – gültig für Österreich

Dieser Band versammelt Beiträge aus der Kulturwissenschaft, Medientheorie, Linguistik und Philosophie, Kunst- und Literaturwissenschaft, mit einem Schwerpunkt in der Germanistischen Mediävistik. Sie gehen auf eine Arbeitstagung an der Humboldt-Universität zu Berlin 2002 zurück und befassen sich mit dem grundsätzlichen Stellenwert, den Bewegung für kulturell je unterschiedliche Kommunikations- und Wahrnehmungsroutinen hat. Im Hinblick auf eine historische Anthropologie medialer Praktiken wird untersucht, wie jemand als Wahrnehmender, das heißt, als Hörender oder Lesender, als Sehender und (sich) Spürender in Bewegung versetzt werden kann. Kinästhetik wird damit als transmediales Phänomen aufgefaßt, als eine grundlegende Bedingung der Fähigkeit von Medien, Dinge wahrnehmbar zu machen, weil Wahrnehmung und Bewegung immer miteinander verbunden sind. Die Frage nach dem Kinästhetischen bezieht sich daher auf die spezifischen Erfahrungen, die verschiedene historische Medienkonstellationen offerieren. Um das Zusammenspiel zwischen solchen Angeboten und den damit jeweils eingeforderten Aktualisierungen beschreibbar zu machen, das der doppelten Bestimmung von Wahrnehmung als Bewegung und Bewegtwerden korrespondiert, ist dem Band die Wendung auf die 'virtuellen Welten' eingeschrieben.

Mit Beiträgen von: Christina Lechtermann – Carsten Morsch – Peter Matussek – Jörg Jochen Berns – Haiko Wandhoff – Stephan Müller – Hildegard Elisabeth Keller – Nadia Ghattas – Horst Wenzel – Thomas Rahn – Sarah Romeyke – Christof L. Diedrichs – Robert Felfe – Gisela Fehrmann – Ludwig Jäger – Sybille Krämer.

«Das Buch liefert wichtige Anstöße und verdient Aufmerksamkeit.» (Hartmut Kugler, Zeitschrift für Germanistik)

PETER LANG
Bern · Berlin · Bruxelles · Frankfurt am Main · New York · Oxford · Wien

Nigel Harris (ed.)

The Light of the Soul

The *Lumen anime C* and Ulrich Putsch's *Das liecht der sel*
Critical Edition with Introduction

Oxford, Bern, Berlin, Bruxelles, Frankfurt am Main, New York, Wien, 2007. 487 pp.
ISBN 978-3-03910-737-7 pb.
sFr. 120.– / € 82.30 / €** 84.60 / € 76.90 / £ 50.– / US-$ 99.95*

* includes VAT – valid for Germany   ** includes VAT – valid for Austria

This is the first edition of the fourteenth-century *Lumen anime C* and of its German translation *Das liecht der sel*, completed in 1426 by Ulrich Putsch, Bishop of Brixen (Bressanone) in the South Tyrol. The two works are theological compendia for use in homiletic and catechetical contexts, and teach their intended readership much about basic Christian doctrine and morality, with a special emphasis on the Virgin Mary. Their didactic method makes particular use of nature exempla and of (frequently spurious) quotations from authorities. Both were highly influential in late-medieval Germany, especially in Austria and Bavaria, but their important role in conveying the insights of late-medieval Catholicism to an increasingly numerous lay audience has yet to be fully appreciated. The present edition should facilitate this and several other necessary re-assessments. Critical texts of the Latin and German versions are printed in parallel. They are preceded by an introduction which offers, for each text in turn, descriptions of its manuscripts, an account of its textual history, and an evaluation of previous research – and, in respect of *Das liecht der sel*, also covers the biography of Ulrich Putsch.

Contents: The Latin *Lumen anime* and research into it – *Lumen anime A* – *Lumen anime B* – *Lumen anime C* – Manuscripts used in this edition and textual criticism – Ulrich Putsch: life and works – Research on Putsch and his *Liecht der sel* – Manuscripts and textual criticism of *Das liecht der sel* – Synoptic edition of *Lumen anime C* and *Das liecht der sel*.

The Editor: Nigel Harris is Senior Lecturer in German Studies at the University of Birmingham (UK). His previous publications include editions of the Latin and German *Etymachia* treatises and (with Richard Newhauser) of the 'emblematic conflictus' *In campo mundi* attributed to Ulrich von Lilienfeld.

PETER LANG
Bern · Berlin · Bruxelles · Frankfurt am Main · New York · Oxford · Wien